공학 도구로 수학 탐구하기

Allison W. McCulloch · Jennifer N. Lovett 지음
임해미 · 박진형 · 신동조 · 조진우 · 이지연 옮김

Exploring Math with Technology
Practices for Secondary math teachers

KM 경문사

번역자 서문

우리나라의 2022 개정 수학과 교육과정은 그 어느 때보다 공학 도구의 활용을 강조하고 있습니다. 이는 미래 사회를 살아갈 학생들이 수학적 사고력뿐만 아니라 문제해결을 위한 융합적 도구 활용 역량까지 함께 기를 수 있게 해야 한다는 교육적 요구에 부응하는 변화입니다. 그러나 여전히 많은 교사들이 공학 도구를 실제 수업에서 어떻게 효과적으로 활용할 수 있을지에 대한 구체적인 지침과 사례를 필요로 하고 있습니다.

『공학 도구로 수학 탐구하기:(Exploring Math with Technology: Practices for Secondary Math Teachers)』는 이러한 요구에 매우 적절한 응답이 될 수 있습니다. 이 책은 단순히 공학 도구의 기능을 나열하거나 이론적으로 접근하는 것이 아니라, 실제 교실 수업 장면에서 공학 도구를 활용한 구체적인 수업 사례와 실천 전략들을 중심으로 구성되어 있습니다. 특히, 교사가 자신이 설계한 수업을 실행하는 과정에서 학생들과의 상호작용을 통해 수학적 개념을 탐구해 나가는 장면을 생생하게 보여줍니다. 책과 함께 제공되는 웹사이트의 링크들은 공학 도구를 활용한 수업을 위한 유용한 자료가 될 것으로 기대됩니다.

우리는 2022 개정 수학과 교육과정에서 공학 도구를 어떻게 활용할 것인지에 대한 연구를 수행하는 과정에서 이 책을 발견했고, 우리나라의 수학 선생님들과 이 책의 내용을 함께 나누고 싶다는 바람으로 번역을 시작하게 되었습니다. 이 책이 수학 선생님들에게 공학 도구 활용에 대한 자신감과 영감을 줄 수 있기를 바랍니다. 아울러, 공학 도구를 효과적으로 수업에 통합함으로써 학생의 깊이 있는 탐구를 실현하고자 하는 교사들에게 구체적인 방향과 실천 전략을 제공하는 안내서로 활용되기를 기대합니다.

끝으로, 이 책이 우리나라의 수학교육 현장에 의미 있는 자료로 자리매김할 수 있도록 출간을 함께해 주신 경문사 관계자분들께 깊이 감사드립니다.

2025년 여름

임해미, 박진형, 신동조, 조진우, 이지연

공학 도구로 수학 탐구하기
Exploring Math with Technology

최근의 시대 변화에 발맞추어 출간된 이 책은 중등 수학 교사가 동적인 수학 공학 도구로 양질의 공정한 수학 수업을 실행하는 데 도움을 준다.

저자들은 자신의 경험과 23명의 뛰어난 공학 도구 활용 수학 교사들과의 인터뷰를 바탕으로, 모든 학생들이 강력한 수학 실천가로 자리매김하도록 하는 공학 도구 기반 수업에 대한 비전을 제시한다. 이 책에서 다루는 수학 공학 도구에는 동적 그래핑 및 기하 애플리케이션, 자료 탐구 도구, 컴퓨터 대수 시스템, 가상 조작물 등이 있다. 각 장에는 예시 과제, 공학 도구를 활용하는 수학 교사들의 조언, 그리고 교사의 실행을 돕는 질문이 포함되어 있다. 이 책은 중등 수학 교사들이 공학 도구를 활용한 교수법과 관련된 중요한 수업 실제를 탐구할 수 있는 풍부한 장을 제공하며, 더 나아가 학생들이 할 수 있는 수학과 마땅히 누려야 할 수학을 강조하면서, 학생들에 대한 내러티브를 변화시키는 것에 대한 폭넓은 논의를 포함하고 있다.

책과 함께 제공되는 온라인 자료에는 공학 도구 활용 과제를 사용하여 교사와 학생들이 상호작용하는 수업 장면을 담은 동영상 클립과 30개 이상의 양질의 공학 도구 활용 과제가 포함되어 있다.

Allison W. McCulloch는 미국의 노스캐롤라이나 대학교 샬럿 캠퍼스(University of North Carolina Charlotte)의 수리통계학과에서 수학교육전공 교수로 재직 중이다.

Jennifer N. Lovett은 미국의 미들 테네시 주립 대학교(Middle Tennessee State University)의 수리과학과에서 수학교육전공 부교수로 재직 중이다.

추천사

이 놀라운 책은 공학 도구를 교실에 효과적으로 통합하여 학생들을 수학적 탐구자로 자리매김할 수 있도록 돕는 의미 있고 실용적인 도구들을 제공한다. 높은 인지적 요구를 반영한 풍부한 과제와 이를 교실에서 활용하는 수업 장면은 공학 도구를 활용한 수학교육을 깊이 탐구하고 학생들의 의미 있는 참여를 돕는다. 또한 저자들은 '5가지 관행(5 Practices)'과 같은 수업 관행 및 프레임워크와의 연계를 통해, 혁신적인 공학 도구를 기존의 수학 수업에 자연스럽게 통합할 수 있도록 안내하고 있다.

– **Mike Steele**, 수학교사교육자협회(Association of Mathematics Teacher Educators) 전 회장

McCulloch, Lovett, 그리고 이 책에 소개된 23명의 뛰어난 중등 교사들은 공학 도구를 수학 교실에 통합하는 방법을 안내하는 데 있어 선도적인 교육자들이다. 학생들을 수학적 탐구자로 자리매김하는 것은, 공학 도구를 활용하여 "장벽을 제거하고 학생들에게 주도성을 부여하는" 공정한 교수법의 본질과 비전을 담고 있다. 저자들은 흥미로운 모범 수업 사례, 학생 과제가 포함된 수업 장면, 그리고 동영상 자료를 공유하며, 교육자들이 이 비전을 자신의 교실에서 실현할 수 있도록 돕는다. 이를 통해 모든 학생이 동적인 공학 도구를 활용하여 통찰력을 키우고, 개념을 깊이 이해하며, 수학자로서의 자신감을 가지게 될 것이다. 이 책은 모든 교사가 반드시 읽어야 할 필독서이다!

– **Jennifer Suh**, 조지 메이슨 대학교(George Mason University) 수학교육전공 교수

이 책은 교사, 학생, 수학, 그리고 공학 도구를 심도 있게 탐구한 드문 연구로, 각각의 가치를 명확히 이해하는 동시에, 신중한 교수법이 그 가치를 배가할 수 있는 방법까지 조명하고 있다.

– **Dan Meyer**, Desmos Classroom 연구 이사

헌사

언제나 나를 격려해 주고, 내가 나눌 무언가가 있음을 일깨워 주는 Ian, Brendan, Gavin, 그리고 Jenn에게 이 책을 바친다.

\- Allison

내가 글을 쓰느라 함께 놀아주지 못할 때도 한없이 인내해 준 Kyle과 Claire에게 이 책을 바친다.

\- Jen

목차

링크 목차

이 책에 소개된 공학 도구 활용 과제와 보충 영상 링크는 https://www.tlmtresearch.com/teachingmathtechbook에서 확인할 수 있다.

제4장 공학 도구를 활용한 과제 선정하기

제5장 공학 도구를 활용한 과제 시작하기

제6장 공학 도구 기반 환경에서 학생의 사고에 주목하고 이끌어내기

제7장 공학 도구 기반 환경에서 전체 학급 논의 촉진하기

제8장 공학 도구를 활용한 대수와 함수 과제

제9장 공학 도구 활용 과제를 사용하여 학생의 기하 탐구 지원하기

제10장 공학 도구 활용 과제를 사용하여 확률과 통계에서 학생의 탐구 지원하기

감사의 글

이 책은 공학 도구를 활용한 수학 수업과 이를 배우는 이들과 함께한 오랜 경력에서 탄생했다. 우리는 수년에 걸쳐 뛰어난 교사들, 동료들과 함께 수학 공학 도구를 활용하는 과정에서 학생과 교사의 학습을 깊이 고민할 수 있는 특권을 누렸다. Allison(이 책의 저자)의 여정은 Max Coleman과 Mark Klespis로부터 시작되었다. 그들은 Allison에게 TI-81과 TI-92를 소개하며 Allison의 교수법을 완전히 바꿔 놓았다. Jen(이 책의 저자)은 Suzanne Harper와의 만남을 통해 Geometer's Sketchpad를 접하게 되었다. 이후 우리는 지난 15년 동안 수많은 수학교육자들과 함께 연구하며 배움을 쌓아왔다. 특히 Hollylynne Lee와 Karen Hollebrands에게 특별한 감사를 전한다. 또한 책을 저술하는 과정 내내 아낌없는 지원과 꼼꼼한 검토, 그리고 귀중한 조언을 제공해 준 Lara Dick과 Nina Bailey에게 깊은 감사를 드린다.

이 책은 공학 도구를 활용하는 23명의 뛰어난 중등 수학 교사들이 자신의 전문성을 아낌없이 공유해 준 덕분에 가능할 수 있었다. 우리는 이들과 시간을 보내며, 그들이 수업에서 공학 도구를 언제 사용할지 결정하는 방법, 교실에서 공학 도구 사용과 관련된 규범과 루틴을 설정하는 방식, 그리고 공학 도구를 활용한 과제를 식별하고 활용하는 과정 등을 배웠다. 이들은 모두 자신의 시간을 기꺼이 내어주었고, 공학 도구를 활용한 수학 과제를 효과적으로 수업에 통합하는 방법을 공유함으로써 다른 교사들이 같은 길을 걸을 수 있도록 돕는 것에 큰 열정을 보여주었다. 그들의 시간과 깊이 있는 고민에 대해 진심으로 감사드린다. 특히, 1년 동안 우리를 교실로 초대해 공학 도구를 활용한 수업을 직접 관찰하고 기록할 수 있도록 허락해 준 Kristen Fye에게 특별한 감사를 전한다.

이 책 전반에서 이 교사들의 목소리를 직접 들을 수 있다. 그러나 공학 도구를 활용하는 중등 수학 교사들(Technology-Using Secondary Math Teachers)이라는 표현을 계속 반복하기에는 너무 길기 때문에, 앞으로는 'Tech-Math 교사'로 부를 것이다. 이제 이분들을 소개하고자 한다.

Tech-Math 교사 소개

Dan Anderson*

Dan은 뉴욕주 클리프턴 파크에서 고등학교 수학 및 컴퓨터 과학을 가르치는 교사이다. Desmos Fellow로 활동하며, 수학과 컴퓨터 과학 교육과정 간의 공통점을 찾는 것을 즐긴다. 수학 수업에서 공학 도구를 사용할 때 가장 좋아하는 부분은, 학생들이 수학적 창의력을 발휘하고 공학 도구 없이는 탐구할 수 없는 개념을 탐구할 수 있도록 돕는 것이다.

Nina Bailey*

Nina는 이전에는 고등학교에서 수학을 가르쳤으며, 현재는 대학에서 기초 통계 및 미래의 고등학교 수학교사를 위한 과목을 가르치고 있다. 또한, 방과 후 수학 프로그램에서 고등학생을 지도하고 있다. 수학 공학 도구가 학생들에게 중요한 수학 및 통계 개념을 탐구하고 의미를 구성하는 기회를 제공하며, 형식적인 용어나 절차를 배우기 전에 개념을 직접 경험하도록 도울 수 있다는 점을 좋아한다.

Lauren Baucom*

Lauren은 현재 Amplify Desmos Math의 교육과정 개발자로 활동하고 있다. 12년 동안 고등학교에서 수학을 가르쳤으며, 농촌과 도시 지역의 학생들이 수학을 통해 자신과 타인, 그리고 세상을 이해할 수 있도록 돕는 데 전념해 왔다. 최근 취득한 박사 학위 논문의 주제는 공학 도구를 활용한 통계 교육을 통해 수학교육 시스템 내의 권력 구조를 변화시키고, 소외된 학생들과 교사들을 위한 정의를 추구하는 것이다.

Joel Bezaire*

Joel은 테네시주 내슈빌 학교에서 8학년 대수 1을 가르치고 있다. Desmos Fellow이자 Desmos 공인 강사이며, Rosenthal Prize 최종 후보로 선정된 바 있다. 또한 Educators' Cooperative 이사회에서 활동하고 있다. Joel은 Desmos와 CODAP을 활용하여 학생들이 특히 대수와 데이터 분석과 같은 어려운 개념을 깊이 이해할 수 있도록 돕는 것을 즐긴다.

Nick Corley

Nick은 뉴저지주 노스필드의 중학교에서 수학을 가르치는 교사로, 20년 이상의 교직 경력을 가지고 있다. Nick은 수업 외에도 Desmos Fellow, Desmos 공인 강사, Amplify 전문 학습 전문가, 그리고 교육과정 상담사로 활동하고 있다. Nick은 공학 도구를 활용하여 수학 수업에 활력을 불어넣고, 다른 수학 교사들과 소통하며 지원하는 것을 즐긴다.

Nolan Doyle

Nolan은 버지니아주 체스터필드에서 고등학교 수학 교사로 재직 중이다. Desmos 공인 강사로 활동하며, Desmos Fellowship 활동과 수업에서 얻은 경험을 지역, 주, 전국 단위의 학회에서 다른 교육자들과 공유하는 것을 즐긴다. Nolan은 모든 학생이 수학을 배우고, 수학 학습을 즐길 수 있도록 돕기 위해 Desmos 도구 활용을 지원하는 방법을 끊임없이 탐색하고 있다.

Samantha Fitzgerald

Samantha는 노스캐롤라이나주에서 4년째 고등학교 수학을 가르치고 있다. 노스캐롤라이나대학교 샬럿 캠퍼스에서 학부 과정을 이수하면서 처음으로 수학 공학 도구를 접하게 되었다. 이후 Desmos와 GeoGebra와 같은 도구를 자신의 수업에 적극 활용해 왔다. 공학 도구를 활용한 수업에서 가장 좋아하는 점은, 학생들이 토론에 적극적으로 참여할 수 있도록 도울 수 있으며, 비원어민 학생들에게도 학습 접근성을 제공할 수 있다는 점이다.

Karen Forrester

Karen은 아이오와주 디모인의 고등학교에서 수학을 가르치고 있다. Desmos와 GeoGebra를 활용하여 학생들이 수학 개념을 깊이 이해할 수 있도록 돕고 있다. 공학 도구는 학생들이 규칙성을 발견하고, 개념 간의 연결을 형성하며, 자신의 사고를 논리적으로 정당화하는 과정을 지원하는 중요한 역할을 한다고 생각한다.

Sarah Furman

Sarah는 미시간주 북부 농촌 지역에서 10년 동안 영어를 가르친 후, 13년 동안 수학을 가르쳐온 교육자이다. Desmos Fellow이자 Open Middle 팀의 일원이며, 국립 수학 박물관(National Mathematics Museum)에서 수학교사를 대상으로 운영하는 로젠탈 상 협회(Rosenthal Prize Institute)의 참가자이다. 수학 교실을 더욱 공정하고, 즐겁고, 창의적인 공간으로 만드는 것에 깊은 열정을 가지고 있다.

Kristen Fye*

Kristen은 노스캐롤라이나주 샬럿에서 고등학교 수학 대수 선이수 과정(Early College) 수업을 가르치는 교사이다. 학생들이 호기심을 가지고 탐구하며, 직관과 이전 경험을 바탕으로 개념을 구축할 수 있도록 돕는 공학 도구를 활용하는 것을 좋아한다. Desmos Fellow로 활동 중이며, 현재 수학교육 박사 과정을 밟고 있다. 특히, 공학 도구를 활용한 수학 과제가 학생들의 긍정적이고 강력한 수학 정체성(Math Identity) 형성에 어떻게 기여할 수 있는지에 대해 깊은 관심을 가지고 연구하고 있다.

Juan Gomez*

Juan은 캘리포니아주 카멜에서 고등학교 수학을 가르치는 교사이다. Desmos Fellow이자 AP 통계 채점자로 활동하고 있으며, 공학 도구를 활용하여 학생들의 호기심을 자극하는 것을 즐긴다.

Andy Hamric*

Andrew는 앨라배마주 터스칼루사 지역에서 17년간 수학을 가르쳐온 고등학교 교사이다. 학부 과정에서 공학 도구를 활용한 교수법을 처음 접했으며, 이후 이를 자신의 수업에서 적극적으로 활용하고 있다. 공학 도구를 활용한 수학 수업이 학생들에게 어려워 보이거나 시간이 많이 걸리는 수학 개념에 보다 쉽게 접근할 수 있도록 돕는다고 믿는다.

Shauna Hedgepeth*

Shauna는 미시시피주에서 20년 넘게 중등 수학과 과학을 가르쳐왔으며, 교직 생활 내내 공학 도구를 적극 활용해 왔다. 공학 도구를 통해 학생들이 수학에 호기심을 가지고 적극적으로 참여하는 과정을 함께하는 것을 즐긴다. 특히, 학생들이 소셜 미디어에서 접하는 통계 자료에 대해 비판적인 사고를 기를 수 있도록 돕는 것에 관심이 있다.

Kristy Jacob

Kristy는 오하이오주 신시내티에 위치한 Riverview East Academy에서 고등학교 수학을 가르치는 교사이다. 교직 5년 차로, 수학과 예술의 접점을 탐구하여 수학을 보다 시각적으로 표현하고, 모든 학습자가 쉽게 접근할 수 있도록 돕는 것에 열정을 가지고 있다.

Nathan Kenny

Nathan은 2013년부터 앨라배마주에서 고등학교 수학을 가르치고 있는 교사이다. 몇 년간의 교직 생활 후, 중등 수학교육 석사 과정(대체 인증 프로그램)을 밟으면서 수학 공학 도구를 처음 접하게 되었다. 이때 Desmos, GeoGebra, TI-Nspire와 같은 수학 공학 도구가 학생들이 탐구와 발견을 통해 개념을 깊이 이해할 수 있도록 돕는 강력한 도구라는 것을 깨달았다. 현재 국가공인교사(National Board-Certified Teacher) 이며, 앨라배마 대학교에서 미국 국립과학재단(NSF) 지원을 받는 A-PLUS in Math 프로그램의 연구원으로서 공학 도구를 효과적으로 활용하여 수학적 토론을 촉진하고, 학생들의 긍정적인 수학 정체성, 자기 효능감, 그리고 학습 주도성을 향상시키는 방법을 지속적으로 탐구하고 있다.

Allyson Klovekorn

Allyson은 오하이오주 옥스퍼드의 6년 차 고등학교 수학 교사이다. 학생들과의 유대를 형성하고, 그들이 성장하며 목표를 달성하도록 돕는 것을 즐긴다. 또한, Desmos와 GeoGebra와 같은 공학 도구를 활용한 새로운 활동을 수업에 접목하여, 학생들이 수학 용어와 개념을 더욱 효과적으로 이해할 수 있도록 지원하는 것을 좋아한다.

Sabrina Monserate

Sabrina는 노스캐롤라이나주 더럼에서 고등학교 수학을 가르치는 교사이다. 노스캐롤라이나 주립대학교에서 학부 과정을 이수하면서 처음으로 수학에 특화된 공학 도구를 접하게 되었다. 이후, Desmos, GeoGebra, CODAP과 같은 도구를 자신의 수업에 적극적으로 활용하며, 학생들의 학습 경험을 향상시키고 있다.

Zachary Patterson

Zack은 오하이오주 콜럼버스 근처의 New Albany High School에서 수학 교사이자 수업 코치로 활동하고 있다. Zack은 학생들에게 의미 있는 방식으로 수학을 가르치는 것에 깊은 열정을 가지고 있다. 또한, 공학 도구를 활용하여 학생들의 자연스러운 호기심을 자극하고, 교실에서 적극적으로 수학에 참여하도록 돕는 것을 중요하게 생각한다.

Andrew Schwartz*

Andrew는 콜로라도 북동부에서 고등학교 수학을 가르치는 교사이다. 기하, 대수2, 미적분기초, 미적분1 수업에서 Desmos와 GeoGebra와 같은 공학 도구를 활용해 왔다. 특히 학생들이 수학 개념을 탐구하고, 추상적인 아이디어를 시각적으로 이해할 수 있도록 돕는 공학 도구의 활용을 중요하게 생각한다.

Leah Simon

Leah는 Amplify의 Desmos Classroom 팀에서 Computation Layer 전문가로 활동하고 있다. 이전에는 오하이오주 데이턴에서 고등학교 수학 교사로 근무했다. 학생들이 다양한 방식으로 수학을 탐구하고, 개념을 이해하며, 깊이 있는 학습을 할 수 있도록 돕는 디지털 학습 자료를 만드는 것에 열정을 가지고 있다.

Michele Torres

Michele은 일리노이주 웨스트 시카고의 Community High School에서 고등학교 수학을 가르치는 교사이다. Desmos Fellow로 활동하며, 동적 기하와 여러 가지 공학 도구를 활용하는 방법을 다른 교사들과 공유하는 것을 좋아한다. 또한, 공학 도구를 활용하여 학생들이 수학 개념을 창의적으로 발견할 수 있도록 돕는 것을 즐긴다.

Harsh Upadhyay

Harsh는 켄터키주 루이빌에서 고등학교 수학을 가르치는 교사이다. Desmos Fellow로도 활동하며, 다른 중등 교사들과 함께 공학 도구를 활용한 수학 교수법을 연구하고 공유하는 일에 힘쓰고 있다. 특히 역동적인 공학 도구가 학생들이 다양한 수학적 표현 간의 연결을 형성하는 데 큰 도움을 준다는 점을 강조하며, 이러한 접근법이 없었다면 이해하기 어려웠을 개념들도 보다 효과적으로 학습할 수 있다고 믿고 있다.

Mark Vasicek

Mark는 아이오와주 벌링턴 고등학교에서 수학을 가르치는 교사이다. Desmos와 GeoGebra를 활용하여 학생들이 수학을 탐구할 수 있도록 지원하고 있다. 특히, 동적 기하 공학 도구를 활용하면 학생들이 실수를 두려워하지 않고, 실패하더라도 다시 시도하며 끈기 있게 학습할 수 있다는 점을 중요하게 생각한다.

Drew Willett

Drew는 노스캐롤라이나에서 고등학교 수학을 가르치는 교사이다. 노스캐롤라이나 대학교 샬럿 캠퍼스에서 학부 과정을 이수하는 동안 공학 도구를 활용한 수업에 대해 배웠다. Desmos와 CODAP과 같은 도구를 정기적으로 활용하며, 이러한 공학 도구가 학생들의 개념적 이해를 발전시키는 데 중요한 역할을 한다는 점을 높이 평가하고 있다.

- 이름 옆에 *표시가 된 교사들은 이 책을 위해 공학 도구 활용 수학 과제와 이에 대한 세부 수업 계획을 공유해 주었기에 더욱 깊은 감사를 드린다. 이 계획에는 학생들의 예상 반응, 과제 도입 방법, 학생 작업을 모니터링할 때 주목해야 할 요소, 그리고 전체 학급 토론을 조직하는 전략 등이 포함되어 있다.

저자 소개

Allison W. McCulloch (앨리슨 맥컬러)

노스캐롤라이나주 노스캐롤라이나 대학교 샬럿 캠퍼스에서 수학교육학 교수로 재직 중이다. 예비 중등 수학 교사와 대학원생을 대상으로 수학, 수학교육, 연구 방법론을 가르치고 있다. 교사 교육자로 활동하기 전, 10년 이상 중학교와 고등학교에서 수학을 가르쳤으며, 1990년대 중등 수학교사로 근무할 당시부터 수학 공학 도구를 활용한 수업을 선도적으로 도입하여 학생들의 학습을 지원하고 그들의 사고 과정을 보다 깊이 이해하는 데 활용했다. 현재 연구는 공학 도구를 활용한 수학 교수·학습 지원 및 연구, 그리고 중등 수학교사를 위한 공학 도구 기반 교육과정 설계에 중점을 두고 있다.

Jennifer N. Lovett (제니퍼 러벳)

미들 테네시 주립대학교에서 수학교육학 부교수로 재직 중이다. 예비 중등 수학 교사와 대학원생을 대상으로 수학/통계, 수학교육, 연구 방법론을 가르치고 있다. 교사 교육자로 활동하기 전, 중학교와 고등학교에서 수학을 가르쳤으며 수학 교사로서 모든 학생의 학습을 지원하기 위해 수학 공학 도구를 적극적으로 수업에 활용해 왔다. 공학 도구를 활용한 수학 교수·학습 지원 및 연구, 그리고 중등 수학교사를 위한 공학 도구 기반 교육과정 개발에 대한 풍부한 경험을 가지고 있다.

제1부
공학 도구 활용 수학 과제의 계획 및 실행

나(Allison)의 공학 도구를 활용한 수업의 여정은 1990년대 초반, 고등학교 교사로 재직하며 TI-81 그래핑 계산기를 수업에 도입했던 시절로 거슬러 올라간다. 당시 계산기를 사용하면서 학생들은 단순한 계산을 넘어서 그래프를 빠르고 정확하게 생성할 수 있게 되었다. 하지만 더욱 중요한 변화는 이 도구가 학생들이 수학 개념을 탐구하는 방식 자체를 바꿨다는 점이었다. 그래핑 계산기를 활용하여 수치 계산, 표 생성, 그래프 작성을 하면서, 단순한 연산을 넘어 패턴을 찾고, 가설을 세우고, 이를 검증하는 과정을 경험할 수 있었다. 이 도구가 단순한 계산기가 아니라 새로운 아이디어를 탐색할 수 있는 도구로 자리매김하면서, 교실 내 수학적 논의에 참여할 수 있는 학생들의 범위가 확장되었다. 이전의 학업 성적과는 관계없이 모든 학생이 수학적으로 사고할 수 있는 기회를 얻고, 수학 학습 공간에서 환영받는다고 느끼게 된 것이다. 이러한 초기 경험들은 적절한 방식으로 활용된 공학 도구가 학생들의 수학 경험에 깊은 영향을 미칠 수 있다는 신념을 더욱 확고히 하는 계기가 되었다.

나(Jennifer)의 공학 도구를 활용한 수업의 여정은 교사 양성 과정에서 수학교육공학 강의를 들으면서 시작되었다. 수업 첫날, 교수님께 제출한 성찰일지에 "공학 도구는 학생들의 수학 개념 이해를 방해하며, 공학 도구를 다루는 불편함이 공학 도구의 이점을 능가한다고 생각한다"라고 적었다. 당시 수업에서 공학 도구를 활용한 경험은 그래핑 계산기를 사용하는 것뿐이었으며, Allison이 경험했던 것과 같은 방식으로 활용된 적은 없었다. 그러나 동적 기하 및 통계 소프트웨어가 학생들이 중요한 핵심 개념을 의미 있게 이해하도록 지원할 수 있다는 것을 배우면서, 생각이 완전히 바뀌었다. 강의 마지막 날의 성찰일지에는 "공학 도구는 교실에서 '중요한' 요소이며, 이를 통해 학생들은 종이와 연필만으로는 탐구할 수 없는 방식으로 수학 개념을 탐색할 수 있다"고 적었다. 이러한 믿음은 실제 나의 수업으로 이어졌으며, 비교적 이른 시기부터 동적 기하 소프트웨어를 수업에 도입한 교사가 되었다. 이 도구를 활용함으로써, 학생들은 기하학 정리를 탐구하고, 가설을 세우며, 비형식적인 증명을 시작하는 기회를 가질 수 있었다. 이러한 수업 경험을 통해, 나는 공학 도구가 학생들에게 비형식적인 탐구 경험을 제공할 수 있다는 강력한 믿음을 가지게 되었다.

지금 우리는 처음 공학 도구를 활용한 수업을 시도했던 때보다 훨씬 더 멀리 나아왔다. 그 과정에서 우리는 Geometer's Sketchpad, Cabri, SimCalc, TinkerPlots, Fathom, Virtual Manipulatives, GeoGebra, Desmos 등 다양한 공학 도구를 익히고 활용해 왔다. 우리의 출발점은 서로 달랐지만, 각자 독학을 하며 비슷한 관심을 가진 동료들을 찾아 협력하는 과정을 거쳤다. 결국 우리는 학교와 교육청에서 다른 교사들이 공학 도구를 활용한 교수법을 배울 수 있도록 지원하는 역할을 맡게 되었고, 마침내 같은 시기, 같은 자리에서 만나, 더 많은 교사를 지원할 방법을 함께 고민할 수 있는 기회를 얻었다. 처음에는 공학 도구 자체를 익히는 것에 초점이 맞춰져 있었다. 그러나 이제 우리가 만나는 대부분의 교사들은 그래핑 계산기부터 Desmos와 같은 웹 기반 도구까지, 어떤 형태로든 공학 도구를 활용하고 있다. 이제 교사들이 이 도구들을 다루는 방법을 익히는 것은 어렵지 않다. 하지만 공학 도구를 어떻게 효과적으로 활용하여 좋은 교수법과 연결할 것인가를 고민하는 자료는 여전히 부족하다. 우리에게 중요한 것은 모든 학생이 수학을 탐구하고, 수학적 사고를 표현하며, 의미 있는 방식으로 사고할 수 있는 기회를 제공하는 것이다. 이 책을 통해, 공학 도구가 점점 더 많은 수학 교실에 도입되는 이 시점에서, 공학 도구가 모든 학생을 '수학을 하는 사람(doers of mathematics)'으로 자리매김할 수 있도록 활용되기를 바란다.

우리가 말하는 '공학 도구 활용 수학 과제(technology-enhanced math tasks)'란?

중등학교의 수학 수업에서 공학 도구를 활용하는 모습을 생각하면 여러 가지 장면이 떠오를 수 있다. 예를 들어, 프로젝터 화면에 이미지나 슬라이드가 표시되는 장면, 학생들이 그래핑 계산기를 사용하는 모습, 학생들이 휴대폰으로 정보를 검색하는 모습, 책상마다 노트북이 놓여 있고 학생들이 동적 공학 도구를 활용하여 활동을 하는 모습, 온라인 연습문제를 푸는 모습, 수학 강의 동영상을 시청하는 모습이 있을 것이다. 이러한 공학 도구는 일반적으로 두 가지 범주로 나눌 수 있다. 첫째는 '정보 전달 공학 도구(conveyance technology)'이고, 둘째는 일부 학자들이 '수학 행동 공학 도구(math action technology)'라고 부르는 범주이다(Dick & Hollebrands, 2011). 정보 전달 공학 도구는 말 그대로 정보를 전달하는 역할을 한다. 이러한 공학 도구는 학생과 교사가 정보를 제공하고 의사소

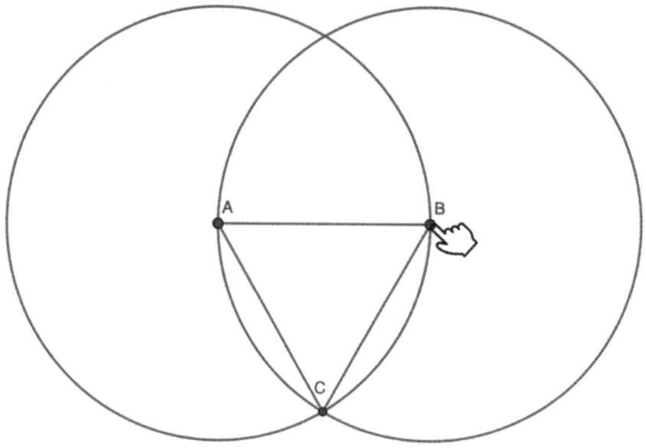

[그림 0.1] 동적 기하 프로그램으로 작도한 삼각형

통하고 협력하는 것을 지원한다. 예를 들어, 파워포인트, 구글 문서, 동영상 등이 여기에 해당한다.

정보 전달 공학 도구는 수학 수업에서 중요한 역할을 하지만, 이 책에서는 수학 행동 공학 도구에 초점을 맞추고자 한다. 이 책에서 '공학 도구'라는 용어는 '수학 행동 공학 도구'를 의미한다. 수학 행동 공학 도구는 사용자의 행동에 수학적으로 정의된 방식으로 반응하는 도구이다(Dick & Hollebrands, 2011). 예를 들어, 학생이 동적 기하 공학 도구를 사용해서 삼각형을 작도한 뒤, 삼각형의 꼭짓점을 드래그하면 단순히 점이 이동하는 것이 아니라 삼각형이 처음 작도된 방식에 따라 수학적으로 정의된 관계를 유지하면서 변화한다. 이를 통해, 학생들은 자신의 행동이 작도한 삼각형에 어떤 영향을 미치는지 즉각적으로 관찰할 수 있다(그림 0.1).

또는 학생이 그래핑 계산기에 '$y=mx+b$'를 입력하고 기울기 m과 y절편 b에 대한 슬라이더를 생성하면, 공학 도구는 주어진 값에 따라 직선의 그래프를 즉시 생성한다. 학생이 슬라이더를 움직이면, m과 b의 값이 실시간으로 변하며 그래프도 즉각적으로 변화한다(그림 0.2). 이러한 수학 행동 공학 도구는 학생들이 수학적 개체와 상호작용하는 방식을 크게 변화시키며, 이는 종이와 연필만으로는 어렵거나 불가능한 학습 경험을 가능하게 한다. 수학 행동 공학 도구는 학생들이 수학적 개념과 상호작용하고, 자신의 사고를 표현하는 방식을 근본적으로 변화시킨다. 그러나 이러한 공학 도구를 수업에 효과적으로 통합하는 것은 도전적인 과제가 될 수 있다. 이 책은 바로 이 문제를 해결하기 위해 만들어졌다. 이 책에서는 공학 도구를 활용하는 23명의 중등 수학교사들과의 인터뷰와 20년 이상의 연구 경험을 바탕으로, 공학 도구를 활용한 효과적인 수학 수업에 대한 통찰을 공유하고자 한다.

그렇다면 공학 도구를 효과적으로 활용한 수학 수업이란 무엇일까? 여기서 '활용한

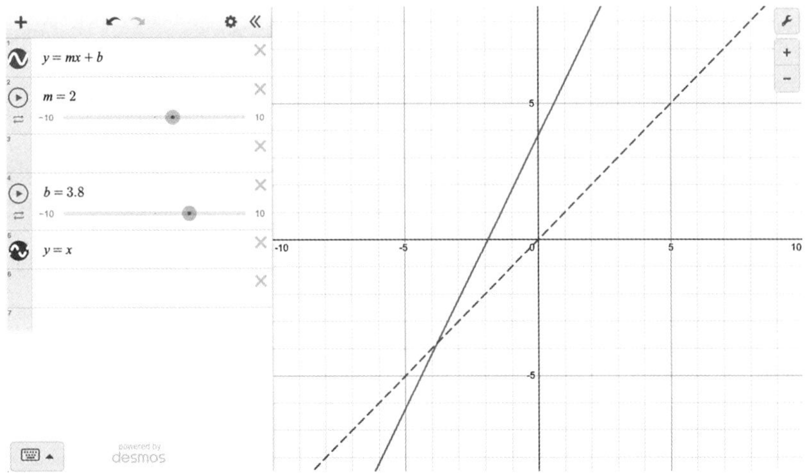

[그림 0.2] 동적 그래핑 프로그램에서 슬라이더를 이용한 일차함수 탐구

(with)'이라는 단어에서 알 수 있듯이, 공학 도구는 학생들의 학습을 지원하는 중요한 역할을 해야 한다. 효과적인 수업은 학생과 교사, 그리고 학습 내용 및 과제 간의 상호작용의 집합으로 볼 수 있으며, 이는 '교수학적 삼각형(instructional triangle)'이라고 부르기도 한다(Cohen et al., 2003, [그림 0.3(a)] 참조).

공학 도구를 과제에 통합할 때, 공학 도구가 과제의 핵심 요소로 포함되든 보조 도구로 사용되든 '학생, 교사, 과제+공학 도구' 간의 상호작용을 중심으로 효과적인 수업을 고민해야 한다(그림 0.3(b) 참조). 그러나 중요한 점은, 공학 도구 자체가 수학을 가르치는 것은 아니라는 점이다. 따라서 이 책에서는 공학 도구를 활용한 상호작용에 초점을 두어, 이러한 상호작용을 어떻게 계획하고 효과적으로 촉진할 것인지에 대해 살펴보고자 한다.

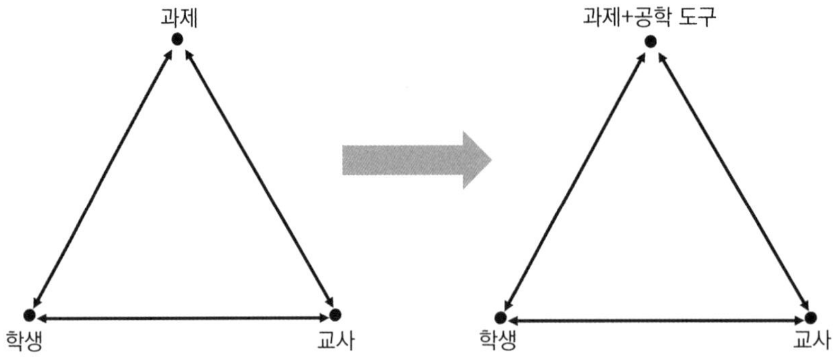

[그림 0.3] (a) 교수학적 삼각형 (b) 공학 도구 활용 과제가 포함된 교수학적 삼각형

이 책에서 기대할 수 있는 내용

지금까지 이 책에서 어떤 유형의 공학 도구에 초점을 맞추는지, 그리고 이를 활용한 효과적인 수업에 대한 접근 방식에 대해 제시하였다. 이제 여러분은 교실에서 공학 도구를 효과적으로 계획하고 실행하는 방법을 깊이 탐구할 준비가 되었다. 이 책에는 저자들의 경험뿐만 아니라 뛰어난 'Tech-Math 교사'의 수업 실제와 통찰(감사의 글 참조)도 확인할 수 있다. 이 책에서 기대할 수 있는 내용은 다음과 같다.

- 공학 도구 활용 수학 과제를 계획하고 자신의 수업에 대해 성찰하는 과정에서 Tech-Math 교사들이 내린 의사 결정에 대한 조언 및 보충 영상
- 공학 도구 활용 수학 과제에 대한 학생들의 실제 활동 예시 및 중등 교실에서의 전체 학급 수업 장면과 보충 영상
- 협업을 장려하기 위한 '동료와 논의할 만한 질문들'
- 각 장의 마지막에 빅 아이디어 구현을 지원하는 질문 요약 제시

이 책에 소개된 공학 도구 활용 과제와 보충 영상 링크는 https://www.tlmtresearch.com/teachingmathtechbook에서 확인할 수 있다.

제 1 장

공학 도구를 활용하여 학생들을 수학 탐구자로 자리매김하기

학생들이 공학 도구를 활용하여 수학 학습을 하는 과정을 상상하면 어떤 장면이 떠오르는가? 학생들은 무엇을 하고 있는가? 학생들은 공학 도구를 어떻게 사용하고 있는가? 우리는 공학 도구를 활용한 효과적이고 공정한 교수법을 고민할 때, 학생들의 경험에서 출발하는 것이 가장 유용하다고 믿는다. 프랜시스 수(Francis Su)는 저서 《Mathematics for Human Flourishing (2020)》에서 "수학을 한다는 것은 곧 탐구하는 것이다"라고 말했다. 우리는 학생들을 수학 탐구자(math explorers)로 바라보는 방식을 좋아한다. 탐구자들은 "왜 그렇지?", "어떻게 되는 거지?", "만약 이렇게 하면?", "항상 그런 걸까?"와 같은 질문을 던진다. 이러한 관점에서 보면, 공학 도구는 학생들이 수학을 탐구하는 도구가 되어야 한다.

학생들을 탐구자로 바라본다면, 학생들은 호기심을 자극하고 수학적 대상과 상호작용하며 자신의 아이디어를 검증할 수 있는 '과제+공학 도구'를 활용해야 한다. 이를 더 잘 이해하기 위해 두 가지 공학 도구 기반 과제를 비교해 보자. 이 두 과제(그림 1.1과 그림 1.2)는 모두 대푯값(measures of center) 비교라는 동일한 수학 개념을 다루고 있다. 첫 번째 예시(그림 1.1)에서 학생들은 두 개의 정적 데이터 분포를 보고 대푯값을 비교하여 이들이 유사한지 또는 다른지를 판단해야 한다. 공학 도구는 학생의 답이 맞았는지, 틀렸는지를 알려주는 역할을 한다. 두 번째 예시(그림 1.2)에서는 학생들에게 두 개의 점그래프(dot plots)의 점을 직접 드래그하여 두 데이터 집합의 평균이 6이 되도록 조정해야 한다. 점을 드래그할 때마다 왼쪽에 표시된 값(평균과 중앙값)이 즉각적으로 변화하는 것을 볼 수 있다. 이 두 활동은 모두 공학 도구를 활용하며 동일한 수학 개념(대푯값)을 다루고 있고, 학생들의 반응에 따라 피드백을 제공한다. 그러나 두 번째 예시만이 학생들을 수학 탐구자로 자리매김하도록 돕는다. 이 과제는 학생들이 점그래프의 모든 점을 드래그할 수 있으며, 그에 따른 변화를 즉각적으로 관찰할 수 있다. 이러한 방식으로, 학생들은 다음과 같은 탐구 질문을 스스로 던지고 탐색할 수 있다. "왜 가장 오른쪽에 있는

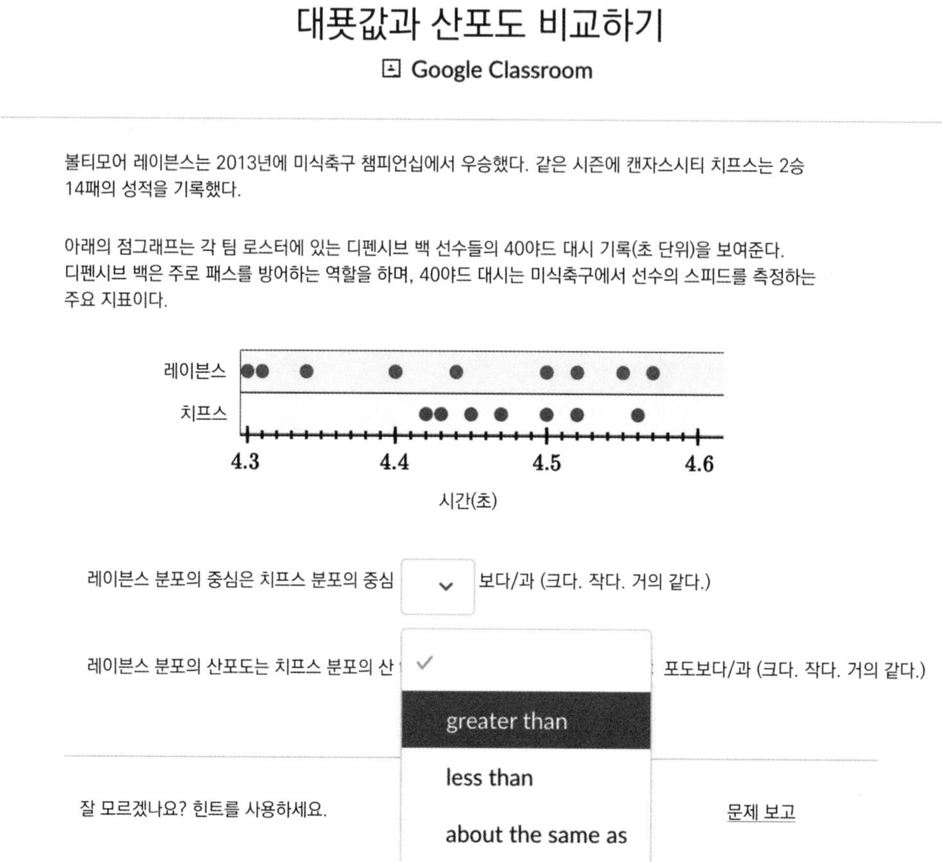

[그림 1.1] 대푯값 비교 예시 1

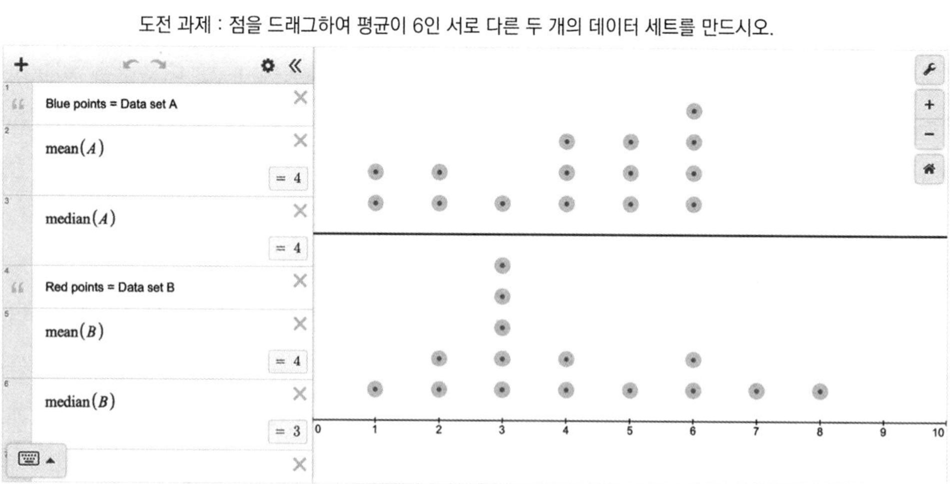

[그림 1.2] 대푯값 비교 예시 2

점을 움직이면 평균은 변하지만 중앙값은 변하지 않을까?", "두 데이터 집합의 평균을 동일하게 만들려면 어떻게 해야 할까?", "중앙 근처의 점들만 이동시키면 어떤 변화가 생길까?", "서로 다른 데이터로 동일한 평균을 항상 만들 수 있을까?" 이와 같은 질문을 던지고 탐구하는 과정에서 학생들은 평균이 무엇인지(균형점)와 평균 계산 방식(평균 = 변량의 합/변량의 개수)이 데이터의 변화와 어떻게 연결되는지를 더 깊이 있게 이해하게 된다.

우리는 이 책 전반에 걸쳐 학생들을 탐구자로 바라보는 개념을 강조할 것이다. 이는 학생과 수학을 이러한 방식으로 바라보는 것이 수학 교실에서, 특히 공학 도구와 관련하여 자주 나타나는 불평등을 해소하는 데 도움이 되기 때문이다. 우리는 많은 학생들이 공학 도구를 단순한 연습 도구나 보충 학습 프로그램으로만 접하는 현실을 목격해 왔다. 반면, 공학 도구를 탐구 도구로 활용할 수 있는 기회는 주로 학습 속도가 빠른 학생이거나 심화 수업에 배정된 특정 학생들에게만 주어지는 경향이 있다. 우리는 모든 학생이 공학 도구를 활용하여 '수학을 하는 사람(Doers of Mathematics)'으로 성장할 기회를 가져야 한다고 강하게 믿는다. 우리는 교사들이 교수학적 삼각형(그림 0.3 참고)을 보다 구체적인 관점에서 바라볼 수 있기를 바란다. 즉, 학생과 교사 간의 상호작용이 단순한 지식 전달이 아니라, 학생들이 '과제+공학 도구'를 활용하여 수학을 탐구하는 과정이 되어야 한다.

공학 도구 활용 과제가 학생들을 수학 탐구자로 자리매김하도록 하는지 평가할 때, 우리는 항상 다음과 같은 요소를 고려한다.

1. 수학에 접근하고 탐구할 수 있도록 한다.
2. 자신의 수학적 아이디어를 의사소통할 수 있도록 한다.
3. 비형식적이지만 강력한 수학적 사고를 개발할 수 있도록 한다.

정말 좋은 공학 도구 기반 수학 과제는, 여느 훌륭한 수학 과제와 마찬가지로, 모든 학생이 문제에 접근할 수 있는 방식을 제공한다. 이것이 바로 우리가 학생들이 수학에 접근하고 탐구할 수 있도록 자리매김하도록 한다는 의미이다. 다시 말해, 모든 학생이 공학 도구를 활용하여 수학적 탐구에 접근하고 참여할 수 있는 방법이 있는지를 스스로에게 물어야 한다. 이러한 유형의 과제는 때때로 '낮은 문턱과 높은 천장(low floor and high ceiling)'을 갖는다고 표현되는데, 이는 문턱이 낮아 누구나 쉽게 들어올 수 있으며, 천장이 높아 더 깊이 탐구할 수 있는 다양한 가능성이 열려 있음을 의미한다(Papert, 1993). 또한, 과제의 '벽(walls)'을 고려할 수도 있다(Resnick & Silverman, 2005). 벽이 넓은 과제는 다양한 경로를 통해 수학을 탐구할 수 있는 공간을 제공한다. 때때로 공학 도구의 활용이 과제의 벽을 확장시켜, 학생들이 바닥에서 천장까지 도달하는 데 추가적인 경로를 제공하기도 한다.

[그림 1.2]에 나오는 두 번째 대푯값 비교 과제를 살펴보자. 모든 학생은 점그래프에서 점을 단순히 드래그하면서 변화를 관찰하는 것만으로 탐구를 시작할 수 있다. 이것이 바로 '낮은 문턱'이다. 점그래프와 통계 측정값(평균, 중앙값)의 표시가 동적으로 연결되어 있기 때문에 학생들은 다양한 방식으로 해결 방법을 탐구할 수 있으며, 정답이 하나만 존재하는 것도 아니다. 이것이 '넓은 벽'을 의미한다. 마지막으로, 학생들이 탐구자로 자리매김하게 되면서 다양한 추가 질문을 던지고 탐색할 수 있다. 이러한 특성이 '높은 천장'을 의미한다.

다른 사람들과 함께 수학을 탐구할 때, 학생들은 다양한 방식으로 자신의 수학적 아이디어를 표현한다. 예를 들어, 자신의 사고를 말로 설명하거나, 그림을 그리거나, 글을 쓰거나, 방정식을 만들기도 한다. 공학 도구 활용 과제에서, 공학 도구는 학생들이 수학적 아이디어를 표현할 수 있는 추가적인 방법을 제공한다. 학생들은 드래그를 통해 동적인 이미지를 만들어 자신의 사고 과정을 공유할 수 있고, 아직 말로 설명할 수 없는 개념을 직접 만든 객체를 가리키면서 표현할 수도 있다. 때로는 학생들이 공학 도구를 사용하는 모습을 지켜보는 것만으로도 그들의 사고 과정을 이해할 수 있다. 공학 도구가 학생들이 수학적 아이디어에 대해 의사소통할 수 있도록 자리매김한다고 말하는 것은 바로 이러한 의미이다. 앞서 제시한 예로 돌아가 보면, 학생들이 두 데이터 집합의 평균을 6으로 만드는 전략에 대해 논의하는 장면을 상상할 수 있다. 만약 학생들의 말만 듣는다면, "이렇게 하면 어떨까? 아니, 그건 아닌 것 같아. 여기로 드래그하면 어떨까?"라고 한 학생이 말하면, 다른 학생이 "봐, 점점 가까워지고 있어! 이 방향으로 드래그하면 평균이 더 크게 바뀔 것 같아"라고 덧붙이는 모습을 들을 수 있을 것이다. 이 학생들은 분명 중요한 수학적 아이디어를 서로 공유하고 있다. 이러한 아이디어는 단순히 말로만 전달되는 것이 아니라, 공학 도구를 활용한 행동 자체가 중요한 수학적 의사소통의 일부가 된다. 특히 교실에서 사용되는 주된 언어(dominant language)를 학생들이 모두 유창하게 구사하지 못하는 경우, 이러한 방식이 얼마나 중요한 역할을 할지 생각해 보자. 이미지가 의사소통을 돕는 것처럼, 학생들이 공학 도구와 상호작용하면서 생성하는 동적인 이미지 또한, 교실에서 사용되는 언어나 형식적인 수학적 언어를 아직 충분히 습득하지 못한 학생들에게 수학적 아이디어를 소통하는 데 큰 도움을 줄 수 있다.

학생들이 수학을 탐구하고, 공학 도구를 활용하여 자신이 만든 것을 통해 수학적 아이디어를 소통할 기회를 가질 때, 그들은 비형식적이면서도 강력한 수학적 사고 방식을 발전시킬 수 있다. 다시 대푯값 비교 예제를 생각해 보자. 학생들이 데이터 집합에서 한 점을 오른쪽으로 멀리 드래그할 때, 평균이 특정한 방식으로 변하는 것을 직접 관찰할 수 있다. 평균은 중앙값에서 멀어지며 값이 점점 커진다. 이 과정을 통해 학생들은 평균과 중앙값에 대한 중요한 개념을 형성하게 된다. 예를 들어, 이상치(outlier)가 대푯값에 미치는 영향과 어떤 대푯값이 이상치에 강한 저항성을 갖는지에 대한 아이디어를 발전시킬 수 있다. 이때 학생들은 아직 '이상치'나 '왜도를 갖는 데이터 집합(skewed data set)'이라는 개념을 모르더라도, 이러한 개념에 대한 중요한 직관을 형성하고 있는 것이다. 교사는 이러한 과정에서 학생들이 형성한 강력한 아이디어를 보다 정확한 수학적 언어로 표현할 수 있도록 개념적 용어를 소개함으로써 학습을 지원할 수 있다.

여기서 논의된 아이디어들은 새로운 것이 아니다. 오랫동안 형평성 있는 공정한 교수법은 다음의 요소들에 기반하고 있음이 밝혀져 왔다. 즉, 의미 있는 문제 해결을 지원하는 복합적 과제가 필요하며, 수학적 아이디어를 표현할 수 있는 도구의 활용이 중요하고, 학생들이 교실에서 자신의 이해를 공유하도록 장려하는 수업 방식이 형평성 있는 수업을 촉진한다는 것이다. 이는 영어 학습자나 장애 학생이 포함된 교실에서도 마찬가지이다(Carpenter & Lehrer, 1999). 이러한 교수법이 처음 등장했을 때, 수학 교실에서 사용되는 공학 도구는 오늘날과는 비교할 수 없을 정도로 제한적이었다. 이제 학생들이 쉽게 접근할 수 있는 다양한 공학 도구들이 존재하는 만큼, 우리는 이러한 도구들을 어떻게 교수·학습 과정에 통합할 것인지 신중하게 고려해야 한다. 이는 미국수학교사협의회(NCTM)의 수학 수업 필수 요소(essential elements of mathematics instruction)에서도 강조되고 있다.

> 우수한 수학교육 프로그램은 수학적 도구와 공학 도구의 활용을 필수 자원으로 통합하여, 학생들이 수학적 아이디어를 학습하고 이해하며, 수학적으로 추론하고, 자신의 수학적 사고를 의사소통할 수 있도록 지원해야 한다.
>
> (NCTM, 2014, p. 78)

이제, 공학 도구 활용 과제에 참여하는 학생들의 사례를 살펴보자. 이러한 과제들은 학생들을 수학 탐구자로 자리매김하게 하며, 학생들이 수학에 접근하고 탐구할 수 있는 기회를 제공하고, 수학적 아이디어를 소통하며, 비형식적이지만 강력한 수학적 사고 방식을 발전시킬 수 있도록 돕는다.

▌사례 1: 원에 대한 접선

학생들에게 새로운 수학적 용어와 관계를 소개할 때, 학생들이 직접 수학적 객체를 조작하며 해당 관계를 탐구하는 것이 효과적이다. 예를 들어, 고등학교에서 원에 대한 접선을 배우는 경우를 생각해 보자. 학생들에게 단순히 접선이 원의 반지름과 수직이라고 설명하는 대신, 동적 기하 도구를 사용하여 학생들이 이 관계를 직접 탐구하고 가설을 세워볼 수 있도록 할 수 있다. 수업을 시작할 때, 학생들에게 상호작용할 수 있는 동적인 도형을 제공하고, 그들이 무엇을 발견하고 궁금해하는지를 질문할 수 있다(그림 1.3 참조). 학생들은 왼쪽에 있는 직선이 대부분의 경우 원과 두 점에서 만나는 반면, 오른쪽 직선은 원 위의 한 점에서만 만난다는 사실을 발견할 수도 있다. 또는 왼쪽에서는 직선과 반지름 사이의 각도가 변하는 반면, 오른쪽에서는 일정하다는 점을 알아차릴 수도 있다. 이러한 관찰들은 모두 접선과 할선을 정의하기 전에 나올 수 있는 중요한 개념적 탐색 과정이다.

공통적인 수학 용어(예: 원과 두 점에서 만나는 직선을 할선, 원과 정확히 한 점에서 만나는 직선은 접선이라 함)를 소개한 후, 학생들은 추가적인 탐구를 통해 더욱 깊이 탐구할 수 있다. 예를 들어, 학생들에게 점 C가 점 B에 점점 가까워지다가 결국 일치할 때 어떤 일이 발생하는지, 그리고 이때 직선과 반지름 사이의 관계가 어떻게 변화하는지를 생각해 보도록 유도할 수 있다(그림 1.4 참조). 학생들이 직접 점을 드래그하고 측정하면서 탐구할 경우, 이러한 성질들은 자연스럽게 눈에 띄게 된다. 이를 통해 학생들은 접선과 반지름 사이의 수직 관계를 직관적으로 이해하고, 이후 형식적인 정의와 정리를 학습하는 데 더 탄탄한 개념적 기반을 갖출 수 있다.

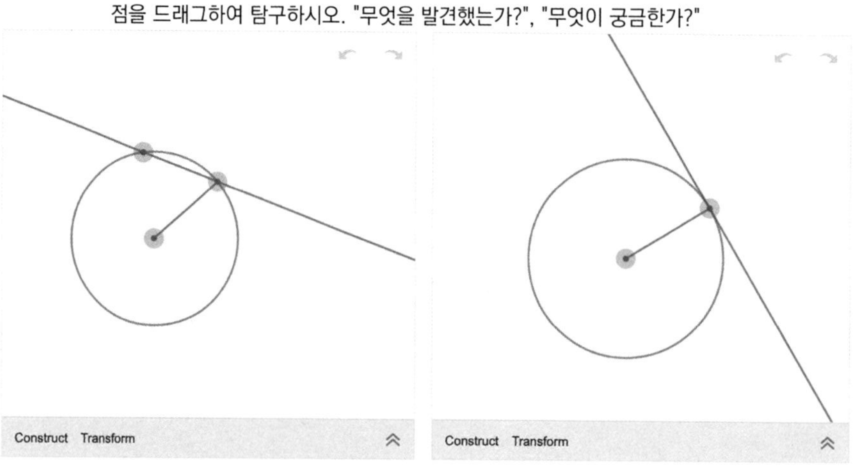

[그림 1.3] 동적 기하를 활용한 할선과 접선 탐구

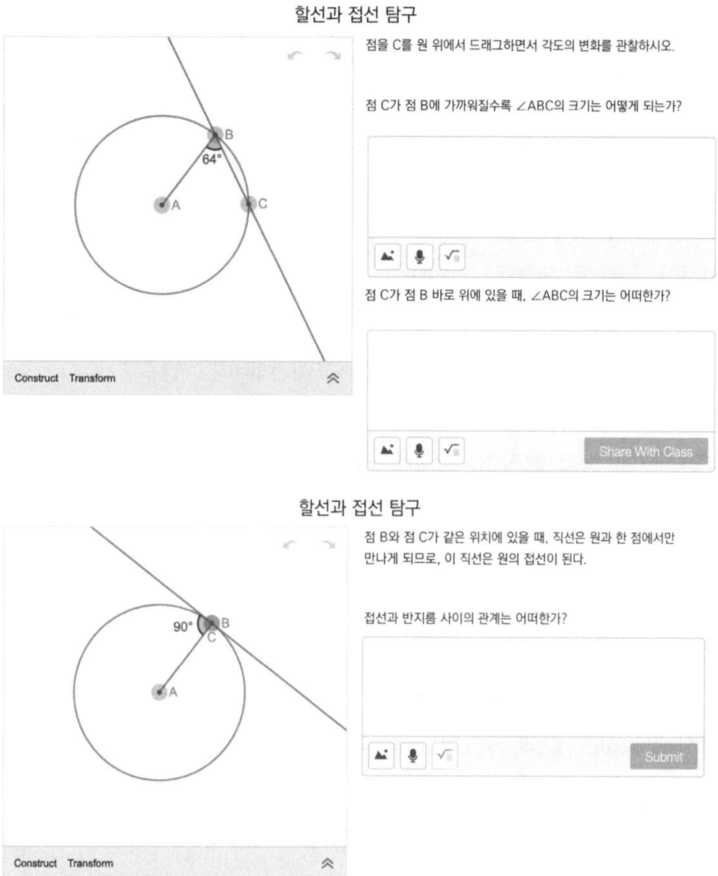

[그림 1.4] 할선과 접선에 대한 심화 탐구

잠시 생각해봅시다.

다음 수업 장면에서는 Isaiah와 Sam이 할선과 접선을 탐구하며, 접점에서 접선과 반지름 사이의 관계를 이해하는 과정을 살펴볼 수 있다. 다음 수업 장면을 읽거나 동영상을 시청하면서 다음 질문에 대해 생각해 보자.

1. '과제+공학 도구'는 Isaiah와 Sam이 문제에 어떻게 접근할 수 있도록 도왔는가?
2. '과제+공학 도구'는 Isaiah와 Sam이 수학적 아이디어를 어떻게 소통할 수 있도록 도왔는가?
3. '과제+공학 도구'는 Isaiah와 Sam이 접점에서 접선과 반지름의 관계를 이해하는 데 어떻게 기여했는가?

[링크 1.1] 원의 접선의 성질 과제[1)]

[링크 1.2] 수업 장면 동영상: Isaiah와 Sam의 원의 접선 탐구[2)]

수업 장면: Isaiah와 Sam의 원의 접선 탐구

Sam: [화면에서 원의 중심을 드래그하며] 자, 그러니까 이렇게 조절하면… 오케이. 음, 직선이 항상 원과 접하고 있어.

Isaiah: 그래. [반지름 끝점이 아닌 호의 끝점을 드래그하며]

Sam: 이건 원의 바깥쪽을 따라 움직이네. 그게 뭐더라? 원주?

Isaiah: 저기 두 개의 점이 있어.

Sam: 맞아, 근데 이걸 측정하면 뭐가 되는 거야?

Isaiah: 원주. [원의 반지름 끝점을 드래그하며]

Sam: 맞아, 원주. 그리고 이게 크기를 조절하는 거네. [할선의 끝점을 다시 드래그하며]

Sam: 이건 원주의 크기를 조절하는 거야.

Isaiah: 그러니까 이게 반지름이네. [원의 중심을 드래그하며]

Sam: 이게 조절하는 건데, 잠깐만, 둘 다 크기를 조절하네. 오케이.

Isaiah: [불분명한 말]

Sam: 아래쪽에 또 다른 게 있나? 응, 있네. [두 번째 스케치로 이동하며 원의 중심을 드래그하며]

Sam: 오케이, 이건 그 이동과 크기를 조절하네.

Isaiah: 이건 그냥 반지름만 있어. [접점을 드래그하며]

Sam: 아, 맞네.

Isaiah: 아마 아래쪽에 또 다른 게 있을 거야. 아래쪽에 있는 거 있어? [페이지 위로 이동하여 입력란에 타이핑한다.]

Sam: 그러니까, 아래쪽에는 반지름만 있네.

Isaiah: 맞아, 여긴 반지름만 있어. 그리고 이건 또 다른 점이 있어서 각도를 만들고 있어.

Sam: 그리고 위쪽에는… 근데 뭐가 빠졌지? 오케이, 왜냐하면 이건 직선이고, 이건 기울어져 있어. 그러니까 기울어진 상태로 움직이네.

Isaiah: 응.

Sam: 잠깐만, 이 각도가 변하나? [첫 번째 스케치를 보며 반지름과 할선이 만나는 점을 드래그한다.]

1) https://teacher.desmos.com/activitybuilder/custom/625ddf9e89c3140780933e37?lang=ko
2) https://www.youtube.com/watch?v=cymJMJOp6Is

Sam: 그렇지? 아, 아닌 것 같아. [두 번째 스케치로 이동하여 접점을 드래그한다.]

Sam: 그러면 이 각도는 변하지 않는 거야?

Isaiah: 응. 아, 왜냐하면 이건 수직이잖아.

Sam: 맞아, 그리고 이건 변하네. 그러니까 이게 맞는 것 같아.

Isaiah: 그래서 원에는 각도 측정이 있어.
[학생들은 활동의 다음 페이지로 이동하며, 원 위의 점 C를 드래그한다.]

Sam: 잠깐, 방금 뭐가 일어난 거야?

Isaiah: [불분명한 말.] [점 C를 B쪽으로 드래그했다가 다시 멀어지게 드래그한다.]

Sam: 아니, 그런데 작아지잖아, 그렇지? [점 C를 원을 따라 반시계 방향으로 드래그하며, 결국 C를 B와 일치시킨다.]

Isaiah: 반지름에 가까워질수록 작아져.

Sam: 아니, 작아지다가 이 점을 지나면 다시 커지잖아, 맞지? 저 선을 지나면서 다시 커져.

Isaiah: 그래서 점 B에 가까워질수록 더 커지다가... [점 C를 시계 방향으로 드래그한다.]

Sam: 아니, 그런데 여기에서 초기화되잖아, 그렇지? ["여기에서"는 점 C를 드래그하여 할선이 반지름과 일치할 때를 지칭한다.]

Isaiah: 점 B의 반대쪽에 있으면… 그러니까 점 C가 점 B 위에 정확히 올라오면 ABC의 각도를 측정할 수 있어. [점 C를 B 위에서 약간 앞뒤로 움직인 후, 활동의 다음 페이지로 이동한다.]

Isaiah: [작게 읽으며] 접선과 반지름. 어떤 게 접선이었지? 이게 접선 맞지?

Sam: 그런 것 같아. [점 B를 C에서 반시계 방향으로 다시 드래그한다.]

Sam: 맞아. 근데 이게 원래 할선이 아니었어?

Isaiah: 왜냐하면 이게 반지름이 될 거니까. 아니, 이건... [커서를 사용해서 BC 선을 가리킨 다음, 점 B를 원 위에서 다시 드래그한다.]

Sam: 기억이 안나.

Isaiah: 이걸 할선이라고 부르잖아.

Sam: 그냥 돌아가서 확인해 보면 되잖아. [두 학생은 할선과 접선의 정의가 나오는 페이지로 돌아가서 확인한다.]

Sam: 오케이, 저게 접점이고, 이게 할선이야.

Isaiah: 아, 이제 이해했어. [이전 활동 페이지로 돌아간다. 점 C를 드래그하여 B와 일치시킨다.]

Sam: 그러면 이게 접선이 되는 거네. [점 C를 B에서 떨어뜨려 원 위를 드래그한다.]

Isaiah: 오케이, 좋았어. [설명을 읽으며] "점 B와 C가 서로 겹칠 때, 선이 원과 한 점에서만 만나게 되므로 접선이 된다. 접선과 반지름 사이의 관계는 무엇인가?" 수직이네. 확실하지? [점 C를 B와 일치하도록 드래그하고, 측정값이 90도임을 확인한다.]

Isaiah: 90도가 나왔으니까 맞아.

잠시 생각해봅시다.

1. '과제+공학 도구'는 Isaiah와 Sam이 문제에 어떻게 접근할 수 있도록 도왔는가?
2. '과제+공학 도구'는 Isaiah와 Sam이 수학적 아이디어를 어떻게 소통할 수 있도록 도왔는가?
3. '과제+공학 도구'는 Isaiah와 Sam이 접점에서 접선과 반지름의 관계를 이해하는 데 어떻게 기여했는가?

우리가 이 과제를 좋아하는 이유는 복잡하지 않으면서도 여러 기하학 정의와 정리를 탐구를 통해 소개할 수 있는 방식을 잘 보여주기 때문이다. 사실, 학생들이 직접 이러한 도형을 구성하여 탐색할 수도 있겠지만, 미리 구성된 스케치를 제공하면 학생들이 즉시 탐색을 시작할 수 있다.

학생들이 처음으로 드래그를 시작할 때, 그들은 특정한 목표를 가지고 탐색하는 것이 아니라, 작도 안에 어떤 객체가 있는지, 그리고 각각을 조작하면 어떤 변화가 일어나는지를 자유롭게 탐색한다. 즉, 처음부터 초점을 맞춘 탐구가 아니라, 주변을 살피면서 개념을 발견하고 궁금증을 가지는 과정이 일어나는 것이다. 이를 통해 학생들은 원의 크기를 조절하는 요소가 무엇인지, 어떤 선분이 각을 형성하는지, 형성된 각이 어떤 유형인지, 그리고 어떤 요소가 전체 도형을 움직이게 하는지를 자연스럽게 알아차린다.

수업 장면에서 학생들의 대화 내용만 읽으면 학생들의 사고 과정을 명확히 이해하기 어려울 수도 있다. 그러나 분명한 것은, 학생들이 탐구하는 수학적 객체에 대해 서로 소통하고 있다는 점이다. 이 과정에서 중요한 역할을 하는 것은 단순한 언어적 설명이 아니라, 서로 드래그해 보이며 관찰한 것을 직접 보여주고, 손짓과 제스처를 활용해 설명하며, 발견한 내용을 다시 확인하는 과정이다. 즉, 학생들이 아직 수학적 용어에 익숙하지 않더라도, 드래그와 시각적 탐색을 통해 제한된 수학적 용어를 보완하며 효과적으로 의사소통하고 있는 것이다.

Isaiah와 Sam이 공학 도구를 활용하여 서로 의사소통하는 방식은 할선과 접선에 대한 비형식적인 개념을 발전시키는 핵심 요소이다. 이들의 탐구 과정을 통해, 할선과 접선이 원의 반지름과 맺는 관계의 유사점과 차이점을 명확히 표현할 수 있게 된다. 이들은 할선의 위치를 변경할 때마다 반지름과 이루는 각도가 변한다는 점을 빠르게 발견한다. 반면, 접선과 반지름이 이루는 각도는 변하지 않는다는 점도 알아차린다. 두 번째 페이지로 넘어가면서, 점 B를 점 C와 일치하도록 드래그하며 접선의 각도가 변하지 않을 뿐만 아니라, 그 각도가 90도임을 추측하게 된다. 즉, 아직 이 사실을 형식적으로 증명하지는 않았지만, 접선이 접점에서 반지름과 항상 수직임을 경험적 증거를 바탕으로 가설을 세운 것이다.

다음 단계로, Isaiah와 Sam이 발견한 내용을 바탕으로 주어진 원에 대해 항상 접하는 직선을 직접 작도하도록 요구할 수 있다. 이 문제를 해결하려면 학생들은 앞서 탐구 과정에서 발견한 성질을 활용해야 하며, 이를 통해 개념에 대한 이해를 더욱 깊이 있게 발전시킬 수 있다.

▌사례 2: 함수의 개념

학생들이 함수 개념을 이해하도록 돕는 일반적인 전략 중 하나는 함수 기계 은유(metaphor)를 사용하는 것이다. 간단한 인터넷 검색만으로도 다양한 함수 기계 애플릿을 찾을 수 있다. 이러한 애플릿들은 종종 '내 규칙을 맞춰봐' 기계의 형태를 갖는다(그림

[그림 1.5] Shodor의 '내 규칙을 맞춰봐' 함수 기계 애플릿

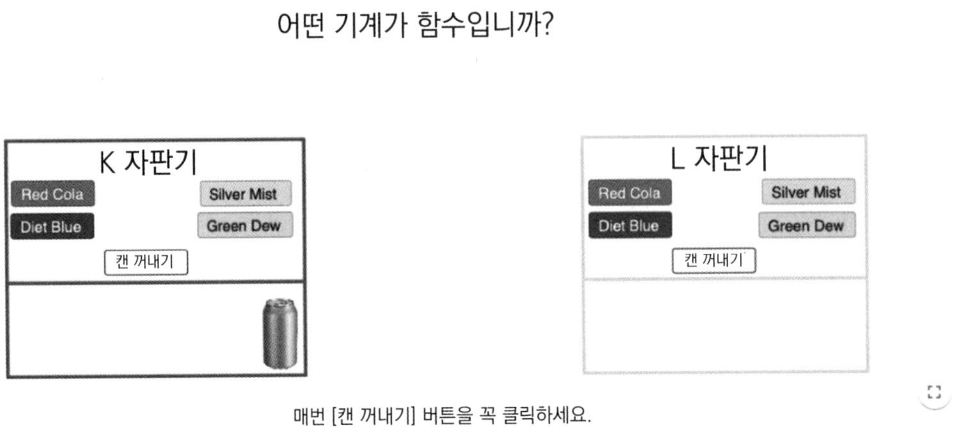

[그림 1.6] 함수 도입 애플릿

1.5). 사용자가 숫자(입력)를 입력하면, 기계는 특정 규칙을 적용하여 결괏값(출력)을 제공한다. 그러나 다음 사례에서는 숫자나 대수적 표현을 전혀 포함하지 않은 함수 기계를 활용하는 학생들의 모습을 살펴볼 것이다. 이 기계는 자판기 은유를 기반으로 설계되었다(그림 1.6). 이렇게 설계한 이유는 학생들이 특정 숫자 값에 집중하는 대신, 입력과 출력 간의 관계에 주목하도록 유도하기 위함이다. 모든 숫자를 제거함으로써, 학생들이 개념적 함수 이해 없이 단순히 수직선 테스트(vertical line test)[3] 절차에 의존하는 것을 방지하고자 했다.

- [링크 1.3] Shodor의 '내 규칙을 맞춰봐' 함수 기계 애플릿[4]
- [링크 1.4] 함수 도입 애플릿[5]

이 GeoGebra book '함수 도입'은 총 8개의 페이지로 구성되어 있다(링크 1.4). 각 페이지에는 두 개의 자판기가 있으며, 각 자판기에는 네 개의 버튼(Red Cola, Diet Blue, Silver Mist, Green Dew)이 있다. 학생들이 버튼을 누르면, 자판기는 빨간색, 파란색, 은색, 초록색의 캔 중에서 0개, 1개 또는 여러 개를 출력한다. 처음 몇 개의 페이지에서는

3) (역자주) 수직선 검사는 그래프가 함수인지 여부를 확인하기 위한 시각적 테스트이다. 첫째, 그래프 위에 수직선을 그어본다. 둘째, 그래프가 어떤 수직선과도 한 점에서만 만난다면, 그 그래프는 함수이다. 반면, 하나의 수직선이 그래프와 두 점 이상에서 만난다면, 그 그래프는 함수가 아니다. 수직선 검사는 함수의 정의, 즉, 각 입력값(독립변수)이 하나의 출력값(종속변수)만 가질 수 있다는 특성을 확인하는 데 사용된다.
4) http://www.shodor.org/interactivate/activities/FunctionMachine/
5) https://www.geogebra.org/m/uR9uFreX

두 개의 다른 자판기가 제공되며, 하나는 함수로, 다른 하나는 함수가 아닌 경우로 설정되어 있다. 학생들은 버튼(입력)을 클릭하여 자판기가 출력하는 캔(출력)을 확인하면서 기계를 탐색하게 된다. 이때, 버튼을 어떻게 눌러야 하는지에 대한 구체적인 지시 없이, 두 기계의 차이를 찾기 위해 여러 번 버튼을 눌러보며 출력을 비교해야 한다. 이후의 페이지에서는 두 개의 기계를 제시한 후, 학생들에게 어느 것이 함수이고, 어느 것이 함수가 아닌지를 판단하도록 요구한다. 이 과제의 목표는 학생들이 기계와의 상호작용을 통해 함수 개념에 대한 비형식적인 정의를 형성하도록 돕는 것이다.

다음으로, 두 명의 7학년 학생 Luz와 Leah가 '함수 도입' 과제를 수행하는 수업 장면을 살펴보려고 한다. 이 학생들은 이전에 '함수'라는 수학 용어를 배운 적이 없는 상태에서 이 활동을 경험하게 되었다. Luz와 Leah의 수업은 수학 교사와 통합 지원 교사가 함께 지도하는 공동 수업 방식으로 운영되었다. 이 수업에서 모든 학생들은 짝을 이루어 이 과제를 수행했으며, 두 명의 교사가 교실을 돌아다니며 학생들을 지도했다. 영상 속에서 등장하는 교사 중 한 명은 영어만 사용했기 때문에, 휴대폰의 Google Translate를 활용하여 Luz와 Leah 사이의 의사소통을 지원했다.

잠시 생각해봅시다.

다음 수업 장면과 동영상에서 Luz와 Leah가 K 자판기와 L 자판기를 조사하면서, 두 자판기 중 어느 것이 함수인지, 그리고 그 이유를 탐색하는 과정을 살펴볼 것이다. 다음 수업 장면을 읽거나 영상을 시청하면서 다음 질문에 대해 생각해 보자.

1. '과제+공학 도구'는 Luz와 Leah가 문제에 어떻게 접근할 수 있도록 도왔는가?
2. '과제+공학 도구'는 Luz와 Leah가 수학적 아이디어를 어떻게 소통할 수 있도록 도왔는가?
3. '과제+공학 도구'는 Luz와 Leah가 함수 개념에 대한 비형식적인 이해를 형성하는 데 어떻게 기여했는가?

🌐 [링크 1.5] 수업 장면 영상: Luz와 Leah의 함수 식별 과정[6]

6) https://www.youtube.com/watch?v=Wy3w6OMlfzI

수업 장면: Luz와 Leah의 함수 식별

교사: [학생이 Red Cola 버튼을 클릭하자 자판기에서 Red Cola 두 개가 나온다.] 좋아요. 빨강은 Red Cola 두 개야. [학생이 Diet Blue 버튼을 클릭하자 파란 캔이 하나가 나온다.]

교사: Azul, 파랑.

교사: 파랑. [학생이 Red Cola 버튼을 클릭하자 자판기에서 Red Cola 두 개가 나온다.]

교사: 좋아요.

Leah: 잠깐만요, 파랑이 뭐였지?

교사: Silver, blanco. [학생이 Silver Mist 버튼을 클릭하자 자판기에서 은색 캔 하나가 나온다.]

교사: 은색. 초록은 초록입니다. [학생이 초록 버튼을 클릭하자 자판기에서 초록 캔 하나가 나온다.]

Luz: 그리고…

교사: 은색은 은색이었어요, Leah. 그리고 초록은 초록이었어요. [학생이 Silver Mist 버튼을 클릭하자 자판기에서 은색 캔 하나가 나온다. 학생이 초록 버튼을 클릭하자 자판기에서 초록 캔 하나가 나온다.]

교사: 좋아요.

교사: Rojo(빨강). [학생이 Red Cola 버튼을 클릭하자 자판기에서 초록색 캔 두 개가 나온다.]

Luz: 뭐지?

교사: 처음에는 뭐라고 했었죠? [학생이 Red Cola 버튼을 클릭하자 자판기에서 빨간 캔 두 개가 나온다.]

Leah: 빨강. 빨강.

Luz: 아니야. [학생이 Red Cola 버튼을 클릭하자 자판기에서 은색 캔 두 개가 나온다.]

Leah: 아니야. [학생이 Red Cola 버튼을 클릭하자 자판기에서 파란 캔 두 개가 나온다.]

Luz: 오, 이제 파란색이네.

교사: Por que?(왜죠?) Porque son diferentes colores. (왜냐하면 색이 다릅니다.)

교사: Diferentes colores? (색이 다르죠?)

교사: Leah, 왜 이건 함수가 아닌가요?

Leah: 버튼을 누를 때마다 바뀌니까요.

교사: 맞아요. 색이 계속 바뀌기 때문이에요. 좋아요!

Leah: 그러면 이건 함수가 아니에요?

교사: 함수가 아니에요. [학생들이 L 자판기로 이동한다. 학생이 Red Cola 버튼을 여러 번 클릭하자, 자판기에서 초록색 캔이 계속 나온다.]

Luz: 초록색이네. [학생이 Blue 버튼을 클릭하자, 자판기에서 초록색 캔이 나온다.]

Leah: 초록색을 눌러봐. [학생이 은색 버튼을 누르자 초록색 캔이 나오고, 이어서 초록 버튼을 누르자 초록색 캔이 나온다.]

Luz: 오, 하하.

Leah: 전부 초록색이야? 전부 초록색이야! [학생이 빨강, 파랑, 은색, 초록 버튼을 모두 다시 클릭해 보지만, 항상 초록색 캔이 나온다.]

Leah: 와, 대박이야!

교사: 뭘 발견했나요?

Luz: Que notastes? (뭘 발견했지?)

Luz: Que siempre sale solamente el color verde (항상 초록색만 나온다는 거요.)

교사: 초록색만 나오네요. 그럼 함수인가요, 아닌가요?

Luz: 네, 함수요.

Leah: 항상 초록색이에요.

Leah: 함수입니다.

교사: 왜죠? Por qué? (왜죠?)

Leah: 항상 초록색이 나오니까요.

교사: 맞아요.

Luz: Porque siempre sale el mismo color, y no se, ugh, I don't know, porque … (항상 같은 색이 나오는데, 모르겠어요. 왜냐하면...)

교사: 그러니까 항상 같은 색이 나오는데, 이유는 잘 모르겠다는 거죠?

Luz: Si, funciona porque siempre sale el mismo color y no sale revuelto. (맞아요, 함수예요. 왜냐하면 항상 같은 색이 나오고 섞이지 않으니까요.)

교사: 그러니까 항상 같은 색이 나오고, 섞이지 않으니까 함수라는 거죠. 맞아요.

교사: 항상 같은 결과가 나오네요. 좋아요.

Leah: 그러면 이건 함수인가요?

교사: 네, 맞아요.

잠시 생각해봅시다.

1. '과제+공학 도구'는 Luz와 Leah가 문제에 어떻게 접근할 수 있도록 도왔는가?
2. '과제+공학 도구'는 Luz와 Leah가 수학적 아이디어를 어떻게 소통할 수 있도록 도왔는가?
3. '과제+공학 도구'는 Luz와 Leah가 함수 개념에 대한 비형식적인 이해를 형성하는 데 어떻게 기여했는가?

이 과제에서 우리가 가장 좋아하는 점 중 하나는 대부분의 학생들이 자판기를 사용해 본 경험이 있다는 것이다. 설령 직접 사용한 적이 없더라도, 학교 내에서 쉽게 찾아볼 수 있어 실제 경험과 연결할 수 있다. 이러한 이전 경험을 자연스럽게 학습 활동으로 전환할 수 있으며, 학생들은 단순히 버튼을 클릭하고 결과를 관찰하는 방식으로 쉽게 탐색할 수 있다. Luz와 Leah는 이전에 GeoGebra book의 여러 페이지를 탐색하면서, 각 버튼을 한 번만 누르는 것만으로는 함수 여부를 판단할 수 없다는 점을 깨닫게 되었다. 영상에서도 볼 수 있듯이, 그들은 각 버튼을 여러 번 눌러 기계를 탐색하면서, 함수인지 여부를 결정하는 데 반복적인 실험이 필요하다는 점을 이해하고 있었다.

Luz와 Leah는 둘 간의 그리고 교사와 단순한 언어적 소통뿐만 아니라 공학 도구를 활용한 방식으로 의사소통을 했다. 이 사례에서 교사는 학생들 간의 대화를 중재하며, Luz가 K 자판기의 버튼을 누를 때 캔의 색상을 스페인어와 영어로 말해 주었다. 특히 중요한 점은, 은색 캔이 나타났을 때 교사가 이를 'Silver, blanco'라고 표현했다는 것이다. 이는 Luz가 처음 활동을 시작할 때 은색 캔을 'blanco(흰색)'라고 불렀기 때문이며, 교사는 이를 수정하지 않고 Luz의 표현을 존중하며 그대로 사용했다.

Luz가 버튼을 계속 클릭하는 동안, Red Cola 버튼을 여러 번 눌렀을 때 서로 다른 색상의 두 개의 캔이 나타나자 Luz와 Leah 모두 놀라는 반응을 보였다. 그들은 즉시 "아니야"라고 말하며, 출력이 일관되지 않음을 인식하고 반응했다. L 자판기에서는 교사의 개입이 줄어들었고, 학생들이 스스로 아이디어를 공유하며 과제에 몰입하는 모습이 나타났다. 예를 들어, Luz는 "solamente el color verde(항상 초록색만 나온다)"라고 설명하며, 마우스를 사용해 L 자판기를 동그라미로 표시했다. 이렇게 함으로써, 교사나 다른 학생이 그녀의 말을 이해하지 못하더라도, 공학 도구를 활용해 명확하게 의사소통할 수 있었다. 즉, 커서를 이용해 객체를 가리키고 동그라미를 그리는 등의 비언어적 의사소통이 최소한의 언어로 중요한 개념을 전달하는 핵심적인 역할을 했다.

이 장면에서는 Luz와 Leah가 '과제+공학 도구'를 활용해 서로 소통했을 뿐만 아니라, 함수 개념에 대한 강력한 비형식적 이해를 발전시키는 모습이 확인된다. 예를 들어, 영상의 마지막 부분에서 Leah는 “L 자판기가 함수인 이유는 모두 초록색이기 때문”이라고 설명했고, 이에 Luz가 “Siempre sale el mismo color y no sale revuelto(항상 같은 색이 나오고 섞이지 않으니까요)”라고 덧붙였다. Google Translate는 이를 교사가 이해할 수 있도록 “It always comes out the same color, and it’s not scrambled”로 번역해 주었다. 이 과정에서 학생들은 형식적인 수학 용어나 동일한 언어를 유창하게 구사하지 않아도, 과세와 공학 도구를 통해 적극적으로 탐구하고 서로 협력하는 모습을 보였다. 이 활동에서 공학 도구의 활용은 Luz와 Leah를 단순한 학습자가 아니라, 강력한 수학 탐구자로 자리매김할 수 있도록 도왔다. 즉, 함수의 정의를 직접 듣고 외우는 것이 아니라, 스스로 탐구하고 개념을 발견한 후 전체 학급 토론을 통해 형식적으로 정의를 정리하는 과정이 이루어졌다.

이 장을 나가며

대푯값 비교, 원의 접선, 함수 개념 등 어떤 주제를 다루든, 공학 도구를 활용한 과제는 학생들이 질문을 던질 수 있도록 유도했다. 학생들은 “이렇게 하면 어떻게 될까?”, “이것은 항상 참일까?”, “왜 그런 걸까?”와 같은 질문을 자연스럽게 하면서 진정한 수학 탐구자가 되었다. 각 과제는 학생들이 직접 객체를 조작하고, 그 결과를 즉각적으로 확인할 수 있는 방식으로 설계되었다. 특히, 공학 도구의 동적인 특성이 이러한 탐구를 촉진하는 중요한 역할을 했다.

우리가 수학 과제에 공학 도구를 도입하는 이유는 학생들이 탐구자로서 활동할 수 있도록 지원하기 위해서이다. 공학 도구는 복잡한 수학적 개념을 보다 쉽게 접근할 수 있도록 만들며, 학생들이 기존의 경험과 상관없이 자유롭게 탐색할 수 있도록 한다. 이러한 탐구 과정을 통해, 공학 도구는 수학적 토론을 촉진하고, 학생들의 개념 형성과 추론을 지원하며, 수학을 알고 실천하는 존재로서 정체성을 형성하는 데 중요한 역할을 한다.

이 장의 핵심 사항

학생들을 수학 탐구자로 생각해 보자. 공학 도구를 활용한 과제를 설계할 때, 모든 학생이 다음과 같은 활동을 할 수 있도록 하는지 확인하자.

1. 수학에 접근하고 탐구할 수 있도록 한다.
2. 자신의 수학적 아이디어를 의사소통할 수 있도록 한다.
3. 비형식적이지만 강력한 수학적 사고를 개발할 수 있도록 한다.

동료와 논의할 만한 질문들

1. 이 장의 도입부에서는 학생들을 수학 탐구자로 생각할 것을 제안했다. 학생들을 탐구자로 바라보는 것이 학생들에게 제공할 과제를 선택하는 방식에 어떤 영향을 미칠 수 있을까? 학생들에게 적절한 과제를 선정할 때 어떤 특징을 갖춘 과제를 고려해야 할지 구체적인 요소를 생각해 볼 수 있는가?
2. 이 장에서는 공학 도구로 교실 내 불평등을 낮추는 방식에 대해 논의했다. 이러한 불평등의 사례 중에서 공감되는 부분이 있었는가? 그렇다면 왜 그런가? 또는 공감되지 않았다면 그 이유는 무엇인가?
3. 최근에 공학 도구를 활용한 수학 과제를 사용했거나 다른 사람이 사용하는 모습을 본 적이 있는가? 그렇다면 그 과제가 학생들을 수학 탐구자로 자리매김하는 데 어떤 방식으로 기여했는가? 만약 그 과제가 학생들을 탐구자로 만들지 못했다면, 어떻게 수정하면 탐구 중심의 활동이 될 수 있을까?

이 책에 소개된 공학 도구 활용 과제와 보충 영상 링크는 https://www.tlmtresearch.com/teachingmathtechbook에서 확인할 수 있다.

제2장

수학 공학 도구

공학 도구가 학생을 수학 탐구자가 되게 하는 방법을 살펴보았으므로, 탐구를 지원하는 데 사용할 수 있는 다양한 공학 도구를 소개하고자 한다. 탐구할 수 있기 위해서는 학생들이 수학적 대상에 대해 행동할 수 있는 것이 중요하고, 공학 도구는 학생들의 행동에 수학적으로 정의된 방식으로 반응하는 것이 중요하다. 이런 종류의 공학 도구는 학생들이 여러 가지(때로는 무한한) 예들을, 다양한 예들이나 극단적인 예들을 고려하게 하고 학생들이 만든 사례들을 체계적으로 살펴볼 수 있게 함으로써 학생들이 탐구자가 될 수 있게 한다(Belnap & Parrot, 2020). 중등 수학에서 탐구자로서 학생들을 지원하기 위해 일반적으로 사용되는 수학 공학 도구에는 동적 그래핑 애플리케이션, 동적 기하 애플리케이션, 자료 분석 애플리케이션, 컴퓨터 대수 시스템(CAS), 스프레드시트, 가상 조작물, 상호작용형 애플릿의 7가지 유형이 있다([표 2.1] 참고).

이 모든 공학 도구는 컴퓨터, 태블릿, 휴대폰에서 사용할 수 있어 누구나 쉽게 접근할 수 있다. 그러나 가장 중요한 것은 이 모든 공학 도구를 통해 학생들이 수학적 아이디어를 탐구하고 수학적 패턴에 대한 추측을 만들고 검증할 수 있다는 것이다. 학생들은 다양한 도구에 익숙해져야 하고, 특정 도구가 언제 도움이 될 수 있는지를 인식하고, 개념을 탐구하고 깊이 이해하는 데 이를 어떻게 사용할 수 있는지를 알아야 한다(National Governors Association Center for Best Practices & Council of Chief State School Officers, 2010). 이를 위해, 이 장은 7가지 유형의 수학 공학 도구를 각각 자세히 설명하고 이러한 공학 도구가 탐구 활동을 지원하는 방식에 대한 몇 가지 예를 제시하는 것을 목적으로 한다.

[표 2.1] 수학 공학 도구의 유형

유형	설명
동적 그래핑 애플리케이션	그래핑 애플리케이션은 표, 그래프, 상징적 표현을 생성함으로써 학생들이 함수와 자료의 다양한 표현들을 관찰하고 탐구할 수 있게 한다. 여기에는 그래핑 계산기가 포함된다.
동적 기하 애플리케이션	동적 기하 소프트웨어는 좌표, 변환, 종합의 맥락에서 기하적 관계의 탐구를 가능하게 한다. 학생들은 기하적 대상을 끌고 불변성을 관찰하면서 추측을 만들고 탐구할 수 있다. 이러한 탐구를 통해 관계의 존재와 이것이 참인 이유에 대한 통찰을 얻을 수 있는데, 이는 형식적인 증명을 생성하는 데 있어서 중요한 단계이다.
자료 분석 애플리케이션	자료 분석 도구는 관찰 가능한 현상을 시뮬레이션하기 위한 도구와 연결된 표현을 통해 대규모 자료 집합의 시각화를 지원한다. 이 도구는 확률과 통계 연구에 매우 중요한 '만약 ~라면' 형태의 질문을 탐구할 수 있는 기회를 제공한다.
컴퓨터 대수 시스템(CAS)/ 동적 대수 표기 시스템 (DANS)	CAS는 대수적 명제에 대해 연산할 수 있다. 이를 통해 대수 함수와 식의 구조에 대한 통찰력을 얻을 수 있으며, 특히 이차방정식의 인수분해와 같은 동치인 규칙을 강조하는 데 유용하다. 마찬가지로 DANS를 사용하면 학생들이 기호 표현에 대해 직접 작업할 수 있다.
스프레드시트	스프레드시트 애플리케이션은 반복 계산의 결과를 빠르게 표시하고 다양한 그래픽 표현에 연결된 값의 표를 생성할 수 있다. 반복 계산을 표시하면 변수 간의 구조와 관계에 대한 통찰력을 얻을 수 있다.
가상 조작물	물리적 조작물과 유사하게 만들어진 가상 조작물은 역동적인 관찰과 수학적 아이디어의 유연한 시각적 표현을 가능하게 한다. 가상의 측면은 종종 더 많은 유연성을 제공하고 물리적 상황에서는 불가능한 초안을 저장할 수 있는 기능을 제공한다.
상호작용형 애플릿	학생들이 물체와 동적으로 상호작용하고 수학적 방식으로 관찰할 수 있는 작은 탐구용 컴퓨터 프로그램(또는 마이크로월드)이다. 수학적 목표에 맞게 신중하게 선택된 경우, 애플릿은 학생들이 수학적 관계를 빠르고 쉽게 탐구할 수 있는 방법을 제공한다.

수학 공학 도구의 유형

잠시 생각해봅시다.

1. [표 2.1]의 공학 도구의 유형 중 이전에 사용해 본 적이 있는 것은 무엇인가?
2. 학생들이 중요한 중등 수학 개념에 대한 이해를 쌓아 수학 탐구자가 되도록 하는 데 어떤 방식으로 사용하였는가?
3. 어떤 것에 대해 더 알고 싶은가? 그리고 그 이유는 무엇인가?

[링크 2.1] 범주별 구체적인 수학 공학 도구의 목록[1)]

동적 그래핑 애플리케이션

중등 교실에서는 동적 그래핑 애플리케이션이 가장 일반적으로 사용된다(예: TI-84 휴대용 그래핑 계산기, Desmos 그래핑 계산기). 이러한 공학 도구는 연결된 표와 그래프 그리고 기호 표현을 생성할 수 있다는 특징이 있다. 이러한 표현은 동적으로 연결되기 때문에 학생들이 하나의 대상(예: 방정식의 항을 변경)을 조작하면 다른 대상(예: 표와 그래프)이 그에 따라 바뀐다. 이를 통해 학생들은 다양한 관점에서 대수 구조를 추론할 수 있으며, 이는 특히 방정식 또는 연립방정식의 해에 대해 추론하는 학생들을 지원하는 데 유용하다.

예를 들어, 학생들이 방정식의 해가 된다는 것이 무엇을 의미하는지 탐구한다고 상상해 보자. 방정식을 푸는 것을 방정식을 참으로 만드는 모든 가능한 값을 찾는 것으로 생각할 때, 표와 그래프는 '참'의 의미를 이미지화하여 도움을 줄 수 있다.

방정식 $-3x+2=x-2$를 생각해 보자. 이 식을 참으로 만드는 값(즉, 해)을 찾기 위해 학생들은 [그림 2.1]에서 보는 것처럼 그래프에 연결된 표를 만들 수 있다. 표에서 $x=1$일 때 방정식의 좌변과 우변이 모두 -1(즉, $-1=-1$)이므로 식이 참이 된다는 것을 알 수 있다. 또한, 두 함수가 교차하는 그래프에서 이를 확인할 수 있다. 부등식에 대해서도 같은 종류의 탐구를 수행할 수 있다.

동적 그래핑 애플리케이션은 함수족의 주요 특성을 탐색하는 데에도 매우 유용하다. [그림 2.2]에 표시된 $f(x)=a\sin(bx)+k$의 동적 그래프를 생각해 보자. 슬라이더는 동

---

1) https://docs.google.com/document/d/1DWgjTgvcI352UFRDzEk220ub0c2IyFgYpjwaaPhKM78/edit?tab=t.0

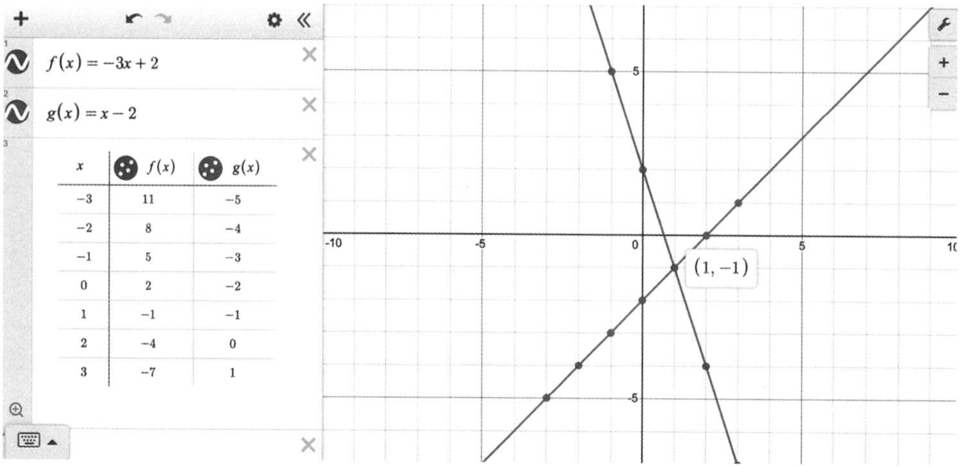

[그림 2.1] 방정식에 대한 해의 표와 그래프 표현

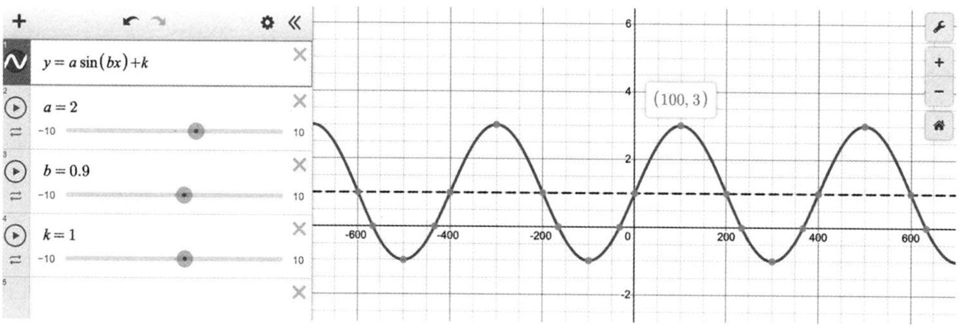

[그림 2.2] a, b, k에 대한 슬라이더가 있는 $y = a\sin(bx) + k$ 그래프

적이다. 즉, 슬라이더의 점을 끌면 값이 바뀌고 함수에 대입되며 그에 따라 그래프가 바뀐다. 학생들은 슬라이더를 끌어서 함수의 매개변수(a, b, k)와 그래프의 진폭, 중간선 및 주기 간의 관계를 탐색할 수 있다.

동적 그래핑 공학 도구로 방정식과 함수를 탐구하는 것뿐만 아니라, 통계적 아이디어도 탐색할 수 있다. 자료 목록을 입력하면 다양한 통계 측정값(예: 평균, 중앙값, 최빈값, 표준편차, 사분위수 범위, 최대 및 최소)을 구하는 기능이 내장되어 있을 뿐만 아니라 1장에서 살펴본 것처럼 동적 그래핑 기능을 사용하여 자료의 개별적인 점들을 드래그하여 분포, 대푯값 및 산포도에 미치는 영향을 탐색할 수 있는 점그래프, 상자그림, 히스토그램을 만들 수도 있다.

동적 기하 애플리케이션

동적 기하 애플리케이션(예: GeoGebra, Geometer's Sketchpad)은 기하학의 역사적 도구인 컴퍼스와 눈금 없는 자를 전자 버전으로 사용하여 기하적 대상(예: 점, 선, 원)을 구성하고 구성한 대상의 수학적 특성을 드래그하고 유지할 수 있는 기능이 있다는 점이 특징이다. 예를 들어, 1장에서 살펴본 것처럼 학생들은 원 도구를 사용하여 중심이 A인 원을 만들고 원 위에 점 B를 놓을 수 있다. 선분 도구를 사용하여 원 A의 반지름인 선분 AB

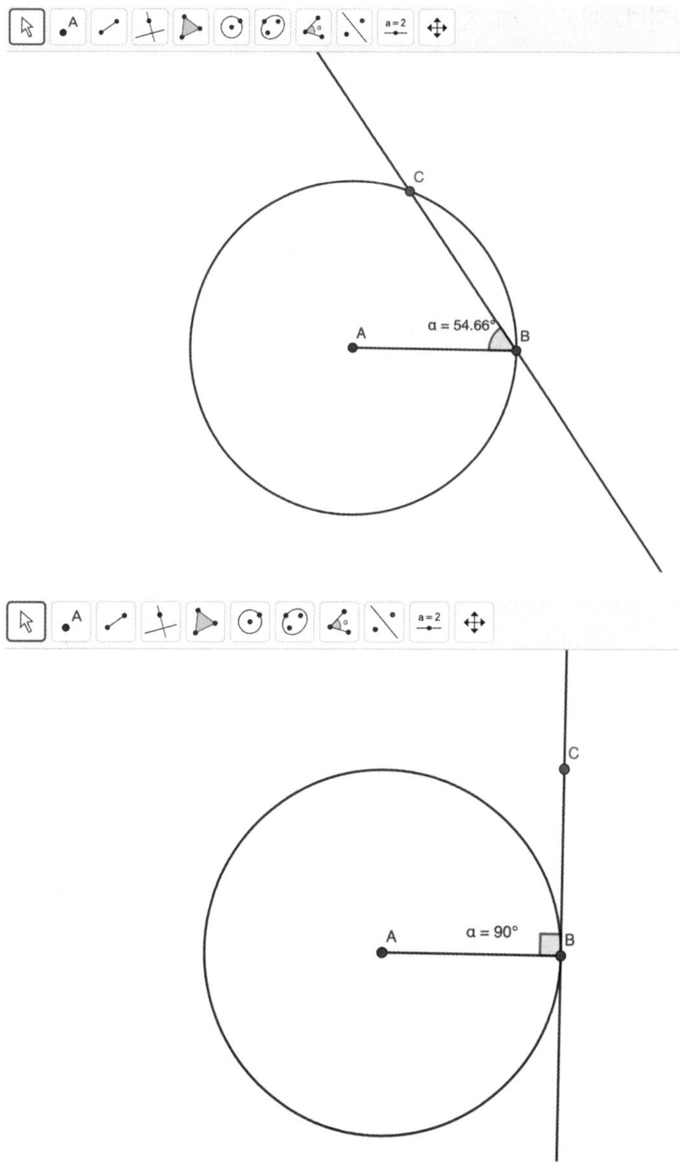

[그림 2.3] 접선이 되도록 할선 위의 점을 드래그하기

를 만든 다음 원에 다른 점 C를 추가하고 직선 도구를 사용하여 할선 BC를 만들 수 있다. 다음으로 ∠ABC를 측정할 수 있다. 학생들이 점 C를 드래그하면 ∠ABC의 측정값이 그에 따라 변경된다. 실제로 학생들이 점 C를 점 B 쪽으로 드래그하면 각도의 측정값이 90도에 가까워진다. 점 C를 점 B 바로 위에 놓으면 ∠ABC의 측정값은 90도가 된다. 이러한 탐색을 통해 할선과 접선의 차이점과 접선이 접하는 지점에서 접선이 반지름에 수직이라는 사실을 이해할 수 있다(그림 2.3 참조).

앞의 예와 같이 구성된 대상을 드래그하고 기하학적 속성이 그대로 유지된 대상의 예가 무한히 생성된다. 이를 통해 학생들은 기하적 대상을 드래그하고 불변성(즉, 드래그할 때 무엇이 변하고 변하지 않는지 알아차리는 것)에 주목하면서 추측을 탐구할 수 있다. 이를 통해 관계의 존재와 관계가 참인 이유에 대한 통찰력을 제공하는 탐구를 할 수 있으며, 이는 형식적인 증명을 생성하는 데 중요한 단계이다.

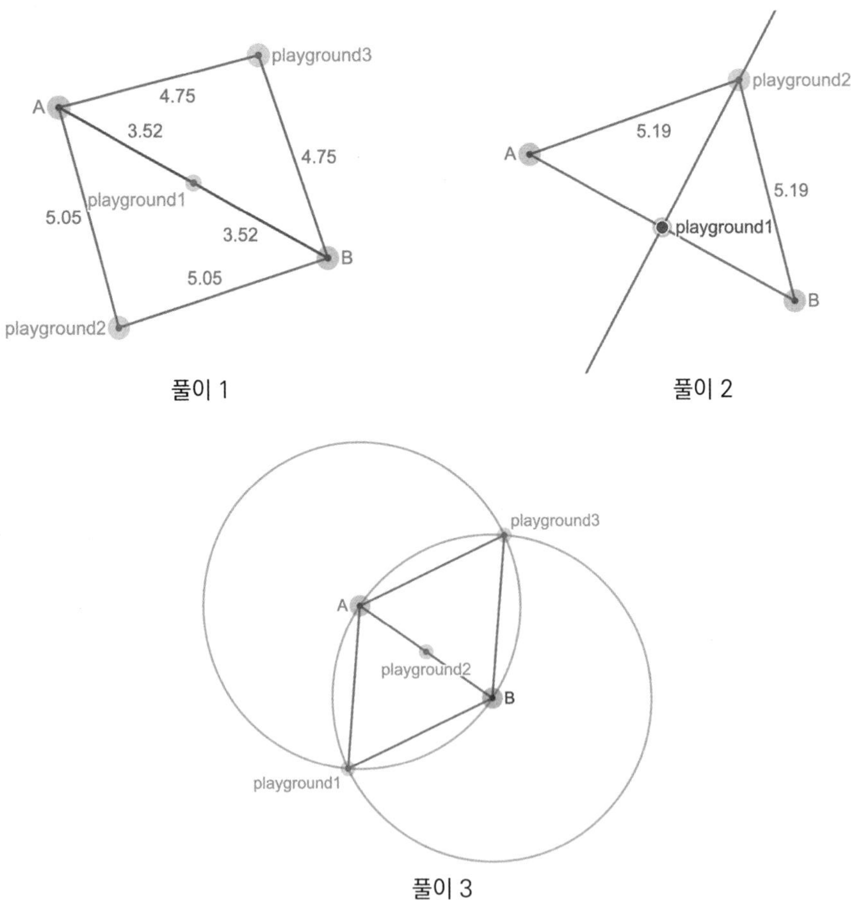

[그림 2.4] 풀이 전략의 예

예를 들어 "선분의 수직 이등분선 위에 있는 한 점으로부터 선분의 두 끝점까지의 거리는 같다"는 정리를 생각해 보자. 이 정리를 소개하는 한 가지 방법은 이 정리가 유용할 수 있는 상황을 생각해 보는 것이다. 이를 위해 새로운 놀이터 만들기 과제(Boston et al., 2017, p. 91)를 사용할 수 있다. 어느 지역위원회가 두 초등학교에서 거리가 같은 곳에 새로운 놀이터를 건설하고자 한다고 가정하자. 학생들에게 동적 기하 플랫폼을 사용하여 두 초등학교를 나타내는 두 점을 평면에 배치한 다음 사용 가능한 도구를 사용하여 놀이터의 최소 세 가지 위치를 찾게 요구한다.

학생들은 이 위치가 두 끝점(즉, 학교)에서 같은 거리에 위치한다는 것을 알고 있으므로 해답을 구할 때 두 점을 연결하는 선분의 중점을 찾는 것부터 시작할 것이다. 추가 위치를 찾기 위해 학생들은 다음을 수행할 수 있다(그림 2.4 참조).

1. 점 C와 선분 AC 및 BC를 만든다. 그런 다음 AC와 BC의 길이를 추가한 후 두 선분의 길이가 일치할 때까지 점 C를 드래그한다.
2. 선분 AD와 직선 GH를 만든다. 그런 다음 대칭이동이 길이를 유지한다는 것을 알고 대칭이동 도구를 사용하여 선분 AD를 직선 GH 위에 대칭이동하고 대칭이동된 선분의 끝점이 D와 B에 놓이는 위치를 찾을 때까지 기준선을 드래그한다.
3. 반지름이 AB인 두 개의 교차하는 원을 만든다. 그런 다음 주어진 원의 반지름은 합동이고 반지름이 합동인 원은 서로 합동이라는 사실을 이용하여 두 원의 교점을 찾는다.

학생들은 학교의 위치가 어디든, 이 해결 방법이 항상 작동하는지 확인해야 한다. 즉, 학교를 나타내는 점을 이동시켜도 놀이터 위치가 여전히 적절한지 검토해야 한다. 학생들이 세 곳 이상의 위치를 결정한 후에는 무엇을 발견했는지 물어본다. 그런 다음 학생들에게 발견한 것을 사용하여 놀이터의 가능한 모든 위치 집합을 찾도록 요청한다. 이 과정은 하나의 흥미로운 추측으로 이어진다. 즉, 한 점이 선분의 수직 이등분선 위에 놓여 있다면, 그 점은 선분의 양 끝점으로부터 같은 거리에 있다는 사실(우리의 정리)이다. 더 나아가, 이 탐구 과정 자체가 정리의 증명에 필요한 핵심 개념을 이해하는 데 중요한 통찰을 제공한다(Raman & Weber, 2006). 어떤 작도 방법을 선택했든 학생들은 합동으로 보이는 일련의 직각삼각형들을 만들었을 것이다. 학생들은 왜 그 위치가 해가 되는지 그 이유를 설명하기 위해 빗변과 수선의 발에 대해 이야기할 것이다. 두 삼각형이 합동이라는 것을 인식하는 것은 증명의 핵심 개념이며, 이를 파악하면 학생들이 형식적인 증명의 세부 사항을 시작하는 데 도움이 된다.

자료 탐구 및 분석 애플리케이션

자료 탐구 및 분석 애플리케이션(예: CODAP, Tuva, Tinkerplots, Fathom)은 연결된 표현으로 대규모 자료 집합의 시각화를 만들 수 있다는 특징이 있다. 이를 통해 통계 측정값뿐만 아니라 점그래프, 상자그림, 히스토그램을 생성하여 여러 수치형 및 범주형 변수를 탐색할 수 있다. 통계적 측정값은 그래프로 표현될 수 있으며, 이를 통해 해당 값에 대한 의미 형성을 지원할 수 있다.

예를 들어, 학생들은 식료품점에서 흔히 볼 수 있는 다양한 시리얼에 대한 자료를 사용하여 "더 건강에 좋은 시리얼을 선택하려면 어느 선반에서 선택해야 할까?"와 같은 질문을 탐구할 수 있다. 학생들은 다양한 변수를 끌어다 놓으며 자료를 시각적으로 표현하고 통계를 생성하여 특정 선반이 더 건강에 좋은 시리얼을 포함하고 있다는 주장을 구성할 수 있다.

예를 들어, CODAP을 사용하는 학생은 '당 함량'을 분석하기로 결정하고, 해당 변수를 표에서 끌어다가 X축에 놓을 수 있다. 그런 다음 '선반' 변수를 Y축에 놓아 자료를 구분할 수 있다. 그런 다음 대푯값(세로선으로 표시)과 상자그림을 추가하여 자료 집합을 설명하고 비교하는 근거로 활용할 수 있다(그림 2.5 참조). 표와 그래프는 동적으로 연결된다. 표에서 특정 행을 클릭하면 그래프에서 해당 데이터가 강조 표시된다. 반대로 그래프에서 데이터를 클릭하면 표에서 연결된 행이 강조 표시된다. 또한 표에서 자료를 숨기거나 삭제 또는 추가하면 그래프가 변경 사항에 맞게 동적으로 변경된다. 중요한 것은 변수를 끌어다 놓는 기능을 통해 여러 범주형 변수를 탐색할 수 있다는 점이다. 또한 이러한 표현을 만드는 속도가 빠르기 때문에 어떤 변수를 더 면밀히 조사할지 빠르게 탐색할 수 있다. 동일한 끌어 놓기 동작으로 연속형 변수 간의 연관성도 탐색할 수 있다.

자료 탐구 및 분석 애플리케이션에는 관찰 가능한 현상을 시뮬레이션하기 위한 도구도 포함되어 있는 경우가 많다. 예를 들어, 학생들이 한 호텔에서 열린 발렌타인데이 경연대회를 조사하게 하는 Illustrative Mathematics의 '발렌타인데이 구슬' 과제를 생각해 보자. 이 경연대회에서 손님들은 빨간색 구슬과 흰색 구슬이 모두 들어 있는 커다란 투명 항아리에서 빨간색 구슬의 비율을 측정하게 된다. 이 과제에서 호텔 직원은 항아리 안에 11,000개의 구슬(빨간색 구슬 3,696개, 흰색 구슬 7,304개)이 있다는 것을 알고 있다. 손님들은 항아리에서 16개의 구슬을 무작위로 가져와서 예상치를 산출할 수 있다. 단순히 표집 분포의 이미지를 보여주는 것이 아니라 100명의 손님들이 각각 16개의 구슬을 임의로 선택하는 과정을 시뮬레이션할 수 있다. 실제로 이 과정을 여러 번 반복하여 학생들이 시간이 지남에 따라 빨간색 구슬의 비율에 근사한 표집 분포가 나온다는 것을 알 수 있도록 할 수 있다. 이 결과가 왜 의미가 있는지, 그리고 이 정보를 사용하여 상황을 추론하는 방법에 대해 토론할 수 있다(그림 2.6).

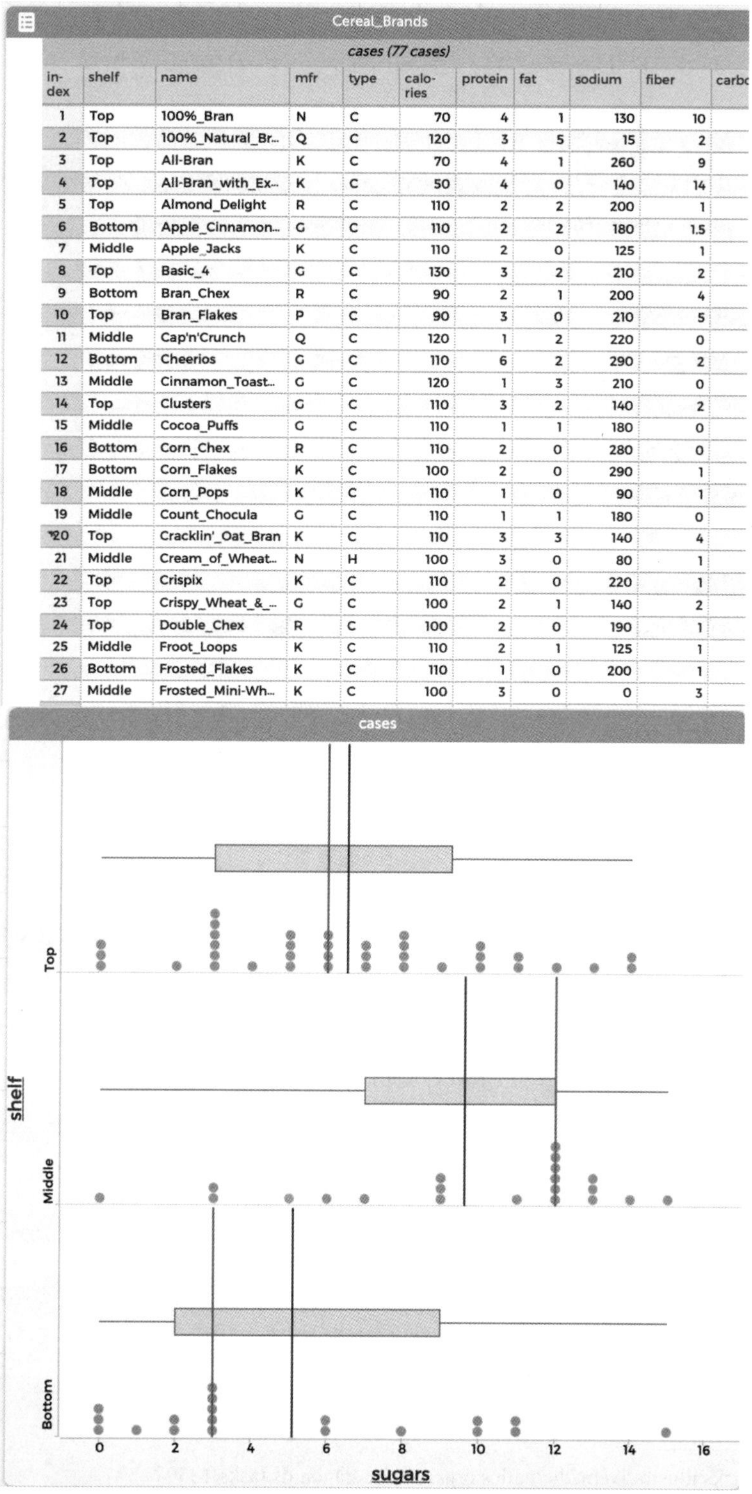

Cereal_Brands

cases (77 cases)

index	shelf	name	mfr	type	calories	protein	fat	sodium	fiber	carbc
1	Top	100%_Bran	N	C	70	4	1	130	10	
2	Top	100%_Natural_Br...	Q	C	120	3	5	15	2	
3	Top	All-Bran	K	C	70	4	1	260	9	
4	Top	All-Bran_with_Ex...	K	C	50	4	0	140	14	
5	Top	Almond_Delight	R	C	110	2	2	200	1	
6	Bottom	Apple_Cinnamon...	G	C	110	2	2	180	1.5	
7	Middle	Apple_Jacks	K	C	110	2	0	125	1	
8	Top	Basic_4	G	C	130	3	2	210	2	
9	Bottom	Bran_Chex	R	C	90	2	1	200	4	
10	Top	Bran_Flakes	P	C	90	3	0	210	5	
11	Middle	Cap'n'Crunch	Q	C	120	1	2	220	0	
12	Bottom	Cheerios	G	C	110	6	2	290	2	
13	Middle	Cinnamon_Toast...	G	C	120	1	3	210	0	
14	Top	Clusters	G	C	110	3	2	140	2	
15	Middle	Cocoa_Puffs	G	C	110	1	1	180	0	
16	Bottom	Corn_Chex	R	C	110	2	0	280	0	
17	Bottom	Corn_Flakes	K	C	100	2	0	290	1	
18	Middle	Corn_Pops	K	C	110	1	0	90	1	
19	Middle	Count_Chocula	G	C	110	1	1	180	0	
20	Top	Cracklin'_Oat_Bran	K	C	110	3	3	140	4	
21	Middle	Cream_of_Wheat...	N	H	100	3	0	80	1	
22	Top	Crispix	K	C	110	2	0	220	1	
23	Top	Crispy_Wheat_&_...	G	C	100	2	1	140	2	
24	Top	Double_Chex	R	C	100	2	0	190	1	
25	Middle	Froot_Loops	K	C	110	2	1	125	1	
26	Bottom	Frosted_Flakes	K	C	110	1	0	200	1	
27	Middle	Frosted_Mini-Wh...	K	C	100	3	0	0	3	

[그림 2.5] CODAP을 이용한 자료 집합의 비교

- [링크 2.2] 발렌타인데이 구슬 과제[2]
- [링크 2.3] 발렌타인데이 구슬 과제의 CODAP 시뮬레이션[3]

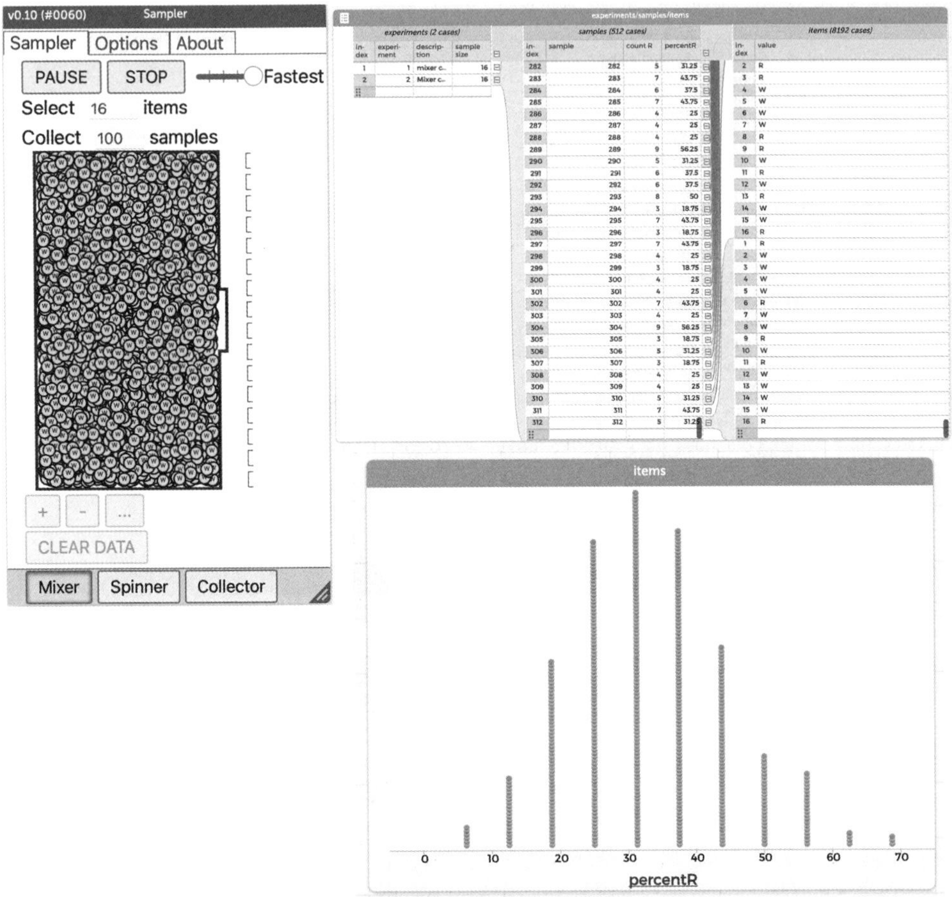

[그림 2.6] CODAP 표집을 이용한 발렌타인데이 구슬 과제의 시뮬레이션

컴퓨터 대수 시스템 및 동적 대수 표기 시스템

CAS(예: GeoGebra CAS, TI-Nspire plus CAS)는 대수식에 대한 연산이 가능하다는 특징이 있다. 예를 들어, CAS에 'factor (x^2+5x+6)'을 입력하면 $(x+2)(x+3)$이 나온다. CAS 명령에는 전개, 풀기, 적분, 미분, 최대공약수, 극한, 이항 분포 등이 포함되지만 이에 국한되지 않는다. 대수식에 대해 작업할 수 있으면 대수 함수 및 식의 구조를 파악

2) https://tasks.illustrativemathematics.org/content-standards/tasks/1339
3) https://codap.concord.org/app/static/dg/en/cert/index.html#shared=https%3A%2F%2Fcfm-shared.concord.org%2F5sXZyhyMdr8RkfWElmWV%2Ffile.json

할 수 있으며, 특히 이차방정식의 인수분해와 같은 동치인 패턴을 강조 표시하는 데 유용하다.

예를 들어, 두 개의 세제곱의 합 또는 차로 이루어진 삼차식을 신중하게 선정하여 순차적으로 제공하는 상황을 가정해 보자. 학생들은 CAS를 사용하여 이를 인수분해한 다음

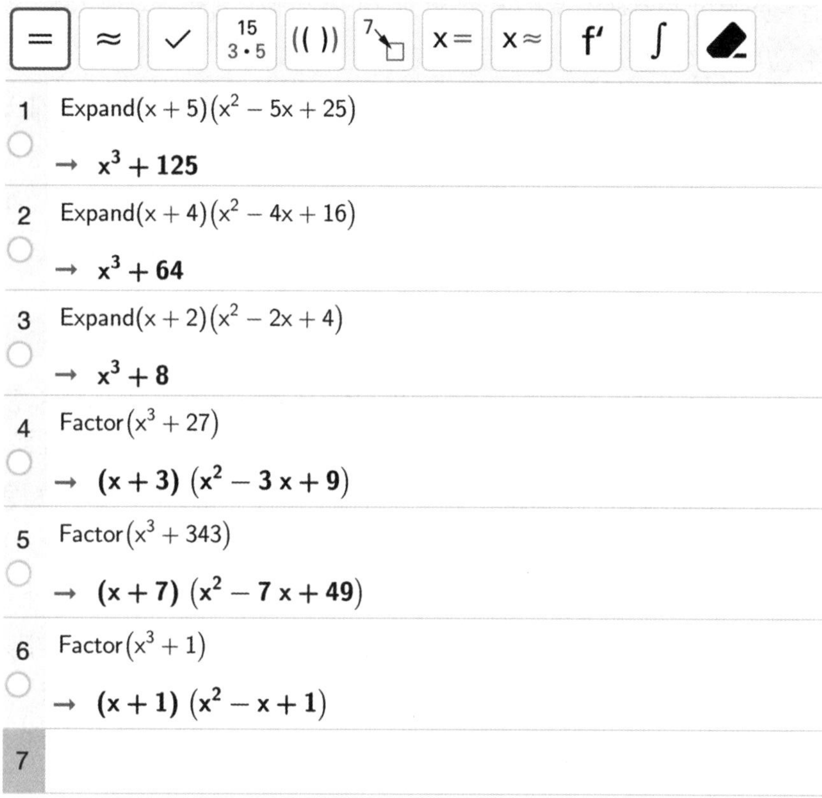

[그림 2.7] 3차항의 합 인수분해에서 CAS를 이용하여 구조 탐구하기

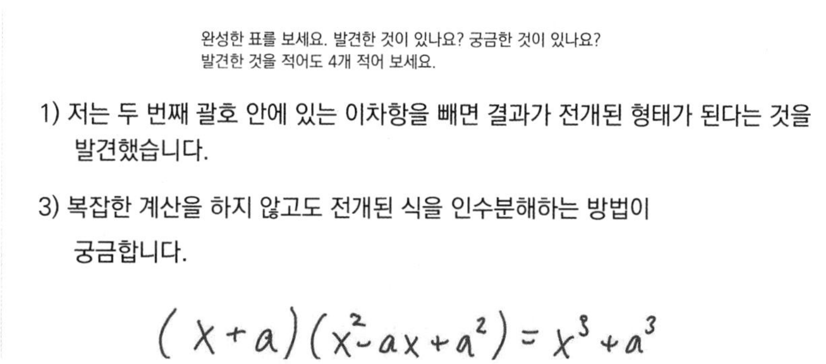

[그림 2.8] CAS를 사용하여 탐구한 후 일반화하라는 질문에 대한 학생의 반응

원래 식과 인수분해된 식의 구조에서 발견한 패턴을 설명할 수 있다(그림 2.7). 이러한 탐색을 바탕으로 학생들은 두 식의 합 또는 차를 인수분해하는 규칙을 결정할 수 있다(그림 2.8).

동치인 패턴에 주의를 기울이는 것은 학생들이 방정식 풀이에 능숙해지는 데 도움이 될 수 있다. 예를 들어, 학생들은 CAS에서 풀기 명령을 사용하는 대신 등식의 성질에 대한 지식을 활용하여 방정식을 해결할 수 있고, 이 과정에서 계산 실수에 대한 우려 없이 사고할 수 있다. 사실 계산 오류는 패턴을 식별하는 것을 매우 어렵게 만든다. 일부 CAS 플랫폼(그림 2.9에 제시된 TI-Nspire CAS와 같이)에서는 잠재적인 해를 원래 방정식에 다시 대입(즉, 작업 확인)하면 결과가 '참' 또는 '거짓'으로 표시되며, 이는 방정식을 푼다는 것이 방정식이 참이 되게 하는 값을 찾는 과정임을 더욱 강조해 준다(그림 2.9). 두 번째 예에서는 "연산이 잘못된 해를 도출할 수 있다"는 경고가 표시되어 있다(그림 2.9). 이 경고는 잘못된 해가 발생한 이유를 논의할 수 있는 기회를 제공한다.

CAS와 유사한 동적 대수 표기 시스템(DANS)은 학생들이 기호 표기법을 직접 조작할 수 있기 때문에 점점 더 인기를 얻고 있다. 일반적으로 사용되는 무료 DANS 공학 도구로는 Graspable Math가 있다. [그림 2.10]에 표시된 예에서는 Ax + By = C라는 일차방정식이 주어졌다. 학생들은 마우스를 사용하여 방정식의 특정 항을 드래그하고 연산을 수행할 수 있다. 두 번째 줄은 학생이 A를 방정식의 오른쪽으로 드래그하여 A로 나눈 결과이다. 이 도구는 모든 항을 A로 나누는 것으로 대답했다. 연산을 수행하려면 학생들은 연산 기호를 클릭하거나 연산할 항을 서로 끌어다 놓기만 하면 되며, 연산이 가능한 경우 결과가 표시된다. 그러나 불가능하면, 기호가 흔들리는데 이는 연산을 수행할 수 없음을 나타낸다. DANS를 적절하게 사용하면 절차적 유창성 발달을 지원할 수 있다.

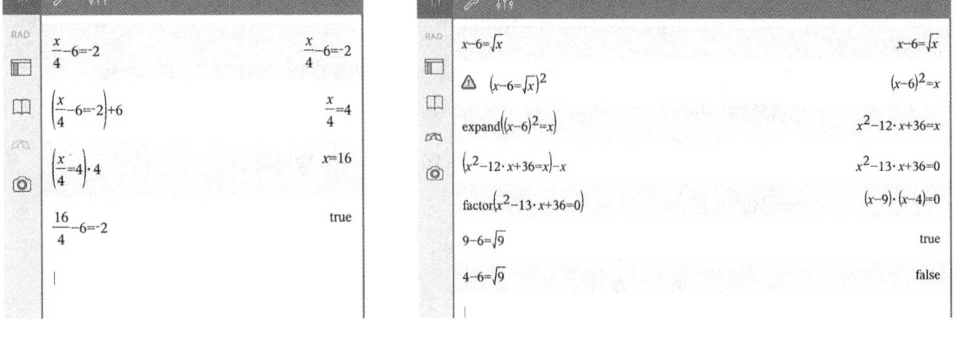

[그림 2.9] CAS를 사용하여 방정식을 풀고 확인하기

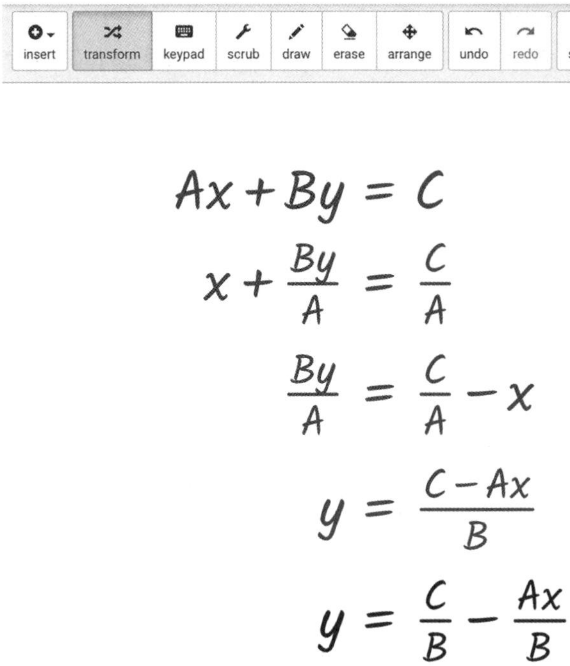

[그림 2.10] DANS를 사용하여 일차방정식 풀기

스프레드시트

스프레드시트 애플리케이션(예: Excel, Google 스프레드시트)은 반복 계산의 결과를 빠르게 표시하고 다양한 그래픽 표현과 연결된 값의 표를 생성할 수 있다. 반복 계산을 표시하면 변수 간의 구조와 관계(예: 종속 변수 대 독립 변수)에 대한 통찰력을 얻을 수 있다. 예를 들어, 고전적인 거북이와 토끼 과제(여기서는 악어를 포함하도록 수정했다. McCulloch et al., 2015)를 생각해 보자.

> 거북이, 토끼, 악어가 100미터 달리기 경쟁을 벌이고 있습니다. 토끼는 자신이 가장 빠르다는 것을 알고, 신이 났습니다. 그는 출발선에서 거북이를 놀리며 뛰어다니고 있습니다. "거북아, 내가 이길 거 알잖아, 그러니 그냥 먼저 출발하지 그래" 악어는 거북이의 껍데기를 보고 들고 다니기에는 너무 무겁다고 생각하여 토끼의 제안에 동의했습니다. 그들은 거북이가 60미터 앞서 출발하게 하기로 결정했습니다. 심판은 거북이가 토끼와 악어보다 60미터 앞서 줄을 서게 한 후 "제자리에, 준비, 출발!"이라고 외쳤습니다. 토끼는 전력 질주를 시작했고, 초당 1m의 속도로 출발해 결승선에 도착할 때까지 매초 1m씩 더 빠른 속도로 달렸습니다. 거북이는 안정된 걸음걸이로 출발하여 경주가 진행되는 동안 초당 3m의 속도로 걸었습니다. 출발 신호가 울렸을 때 악어는 방심했습니다. 그는 가만

히 서서 토끼가 빠르게 출발하는 것을 보았습니다. 5초가 지나자 드디어 달리기 시작했습니다. 초당 1.5m의 속도로 출발한 악어는 계속해서 속도를 높여 매초 1.5배씩 더 빠른 속도로 달렸습니다. 이야기는 분명히 누군가가 이기는 것으로 끝납니다. 그렇다면 그 우승자는 누구일까요?

스프레드시트의 함수를 사용하여 세 동물의 경주를 만들 때 학생들은 각 동물의 출발선으로부터의 거리가 시간에 따라 어떻게 변하는지를 표현하는 방법을 찾아야 하며, 특히 동물 각각의 변화율에 주의를 기울여야 한다. 재귀적 패턴을 수행하는 스프레드시트 공식을 사용하면 학생들은 각 동물의 속도가 변화하는 다양한 방식에 대한 감각을 키우고 일정한 변화율, 일정한 덧셈 변화율, 일정한 곱셈 변화율을 명확하게 구분할 수 있다. 데이터의 연결된 그래프를 만드는 것은 동물의 상대 속도와 출발점으로부터의 거리를 서로 비교하는 방법을 더욱 강조한다(그림 2.11).

스프레드시트를 사용하는 것은 세 동물 경주와 같은 재귀적 상황을 코딩할 수 있으므로 등차수열과 등비수열 및 급수를 탐색하는 데 매우 유용하다. [그림 2.12]의 스프레드시트 이미지에서 학생들이 첫째항, 승수, 더해지는 값을 정의한 것을 볼 수 있다. 그런 다음 스프레드시트 함수를 사용하여 수열과 급수를 만들어낸다. 스프레드시트는 함수를 사용하여 작성되므로, 예를 들어 승수를 바꾸면 수열과 급수가 동적으로 바뀐다. 이러한 종류의 활동은 수열이 수렴하거나 발산하는 조건을 탐색하는 데 사용할 수 있다.

시간	출발점에서 거북까지 거리	출발점에서 토끼까지 거리	출발점에서 악어까지 거리
0	60	0	0
1	63	1	0
2	66	3	0
3	69	6	0
4	72	10	0
5	75	15	0
6	78	21	1.5
7	81	28	3.75
8	84	36	7.125
9	87	45	12.1875
10	90	55	19.78125
11	93	66	31.171875
12	96	78	48.2578125
13	99	91	73.88671875
14	102	105	112.3300781
15	105	120	169.9951172
16	108	136	256.4926758
17	111	153	386.2390137
18	114	171	580.8585205

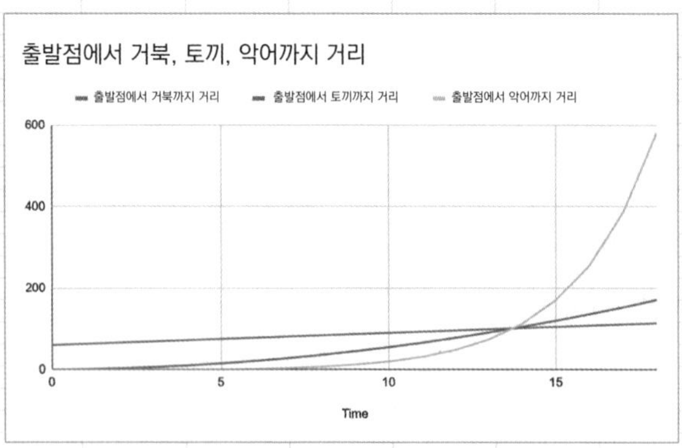

[그림 2.11] 스프레드시트를 사용한 구조 탐구와 연결된 표현의 생성

C13 | =C12+B13

	A	B	C
1	starting number	1	
2	multiplier	0.5	
3	add on	0	
4			
5	term number	sequence	series
6	0	1	1
7	1	0.5	1.5
8	2	0.25	1.75
9	3	0.125	1.875
10	4	0.0625	1.9375
11	5	0.03125	1.96875
12	6	0.015625	1.984375
13	7	0.0078125	1.9921875
14	8	0.00390625	1.99609375
15	9	0.001953125	1.998046875
16	10	0.0009765625	1.999023438
17	11	0.00048828125	1.999511719
18	12	0.000244140625	1.999755859
19	13	0.000122070312	1.99987793
20	14	0.000061035156	1.999938965
21	15	0.000030517578	1.999969482
22	16	0.000015258789	1.999984741
23	17	0.000007629394	1.999992371
24	18	0.000003814697	1.999996185

B13 | =B12*B2+B3

	A	B	C
1	starting number	1	
2	multiplier	2	
3	add on	0	
4			
5	term number	sequence	series
6	0	1	1
7	1	2	3
8	2	4	7
9	3	8	15
10	4	16	31
11	5	32	63
12	6	64	127
13	7	128	255
14	8	256	511
15	9	512	1023
16	10	1024	2047
17	11	2048	4095
18	12	4096	8191
19	13	8192	16383
20	14	16384	32767
21	15	32768	65535
22	16	65536	131071
23	17	131072	262143
24	18	262144	524287

[그림 2.12] 스프레드시트를 활용한 등차수열과 등비수열 및 급수 탐구하기

가상 조작물

가상 조작물(virtual manipulatives)은 구체적 조작물과 유사하게 만들어져 역동적인 관찰과 수학적 아이디어의 유연한 시각적 표현을 가능하게 한다. 이러한 조작 도구에는 패턴 타일, 탱그램, 3차원(3D) 입체 및 대수 타일이 포함되지만 이에 국한되지 않는다. 가상 조작물은 추상적인 개념을 구체적인 대상과 연결하여 학생들이 의미를 구성하는 데 큰 도움을 줄 수 있다. 모든 학교에 물리적 교구가 있는 것은 아니지만, 온라인에서 가상 교구(예: Polypad, Toytheater, NCTM Illuminations)를 무료로 이용할 수 있다. 예를 들어, 확률을 가르칠 때는 주사위, 카드 또는 회전판을 사용하여 상황을 시뮬레이션하는 것이 일반적이다. 각 도구는 가상 환경에서도 사용할 수 있다. 이러한 구체적 조작물의 가상적인 측면은 종종 물리적 형태보다 더 많은 유연성을 제공한다. 예를 들어, 링크 2.4의 NCTM Illuminations의 예처럼 섹션의 수나 섹션의 크기를 변경할 수 있는 스피너를 생각해 볼 수 있다.

🌐 [링크 2.4] 조정 가능한 스피너[4)]

4) https://www.nctm.org/adjustablespinner/

중등 수학에서 가장 일반적으로 사용되는 조작 도구 중 하나는 대수 타일이다. 대수 타일은 같은 항의 결합부터 인수분해에 이르는 다항식 연산을 표현하는 데 사용할 수 있다. 예를 들어 대수 타일을 사용하여 $(2x^2+3x+4)+(-5x-1)$을 표현하려면 먼저 타일을 배치하여 $2x^2+3x+4$와 $-5x-1$을 표현한다(그림 2.13의 왼쪽). 그런 다음 같은 항을 결합하면 $1+(-1)$과 마찬가지로 $x+-x$가 0이 된다는 것을 알 수 있다(즉, 0의 쌍이 된다). 따라서 단순화된 표현은 $2x^2-2x+3$이다(그림 2.13의 오른쪽). 가상 대수 타일은 학생들이 면적 모델을 사용하여 곱셈과 나눗셈에 대한 이해를 바탕으로 분포 속성, 인수분해, 완전제곱식까지 확장하는 데 사용할 수 있으므로 중등 수학에서 매우 유용하다(여기에는 Polypad의 가상 대수 타일이 나와 있다(링크 2.4)). [그림 2.14]에 표시된 예에서 학생이 대수 타일을 사용하여 x^2-8x+9의 완전제곱식을 구하는 경우를 생각해 보자. 이 학생은 정사각형을 만들기 위해 7개의 타일이 필요했지만 식의 값을 변경하지 않기

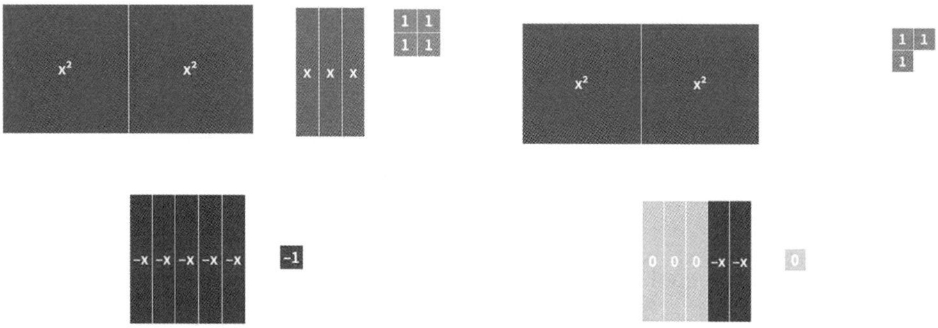

[그림 2.13] $(2x^2+3x+4)+(-5x-1)$을 대수 타일로 나타낸 것

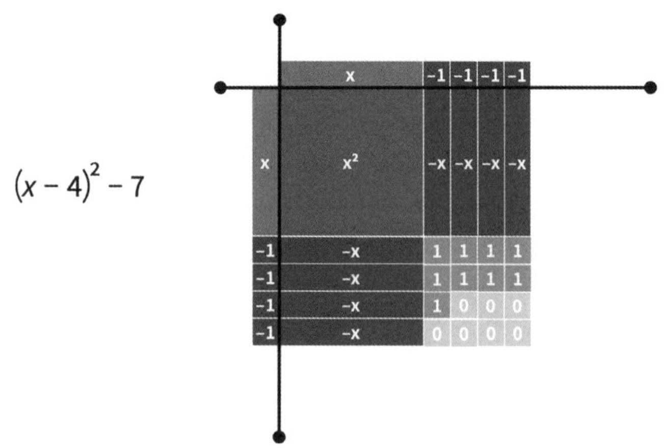

[그림 2.14] 대수 타일을 이용해 완전제곱식 만들기

위해 7개의 음수 타일도 함께 포함했다. 이들은 서로 짝을 이루면 0으로 표시되어 식의 값이 변경되지 않았음을 나타낸다. 따라서 완성된 정사각형의 길이와 너비는 $(x-4)$이고 음수 7개가 식에 포함되므로 원래 식(즉, $(x-4)^2-7$)과 동일하게 유지된다.

🌐 [링크 2.5] 폴리패드 가상 대수 타일[5]

상호작용형 애플릿

상호작용형 애플릿(interactive applets)은 학생들이 수학을 탐구하기 위해 상호작용할 수 있는 작은 컴퓨터 프로그램이다. 다양한 수학을 탐구할 수 있는 대형 소프트웨어와 달리 상호작용형 애플릿은 학생들이 하나의 수학적 주제에 집중할 수 있도록 설계되었다. 교사는 GeoGebra 같은 공학 도구를 사용하여 자체 애플릿을 만들 수도 있지만(예: 1장의 자판기 애플릿), 교육 전문가들이 교사가 사용할 수 있도록 미리 만든 컬렉션도 많이 있다(예: NCTM's Illuminations Interactivities, Rossman/Chance Applets, PhET Interactive Simulations). 예를 들어, NCTM의 Illuminations Interactivities collection에는 기하적 입체도형의 특성 탐색을 지원하는 애플릿(링크 2.6)이 있고, Rossman/Chance에는 몬티 홀 게임을 시뮬레이션하는 애플릿(그림 2.15 및 링크 2.7), PhET에는 잔차 및 최소 제곱 회귀선에 대한 학생들의 이해를 지원하는 애플릿(링크 2.8)이 있다.

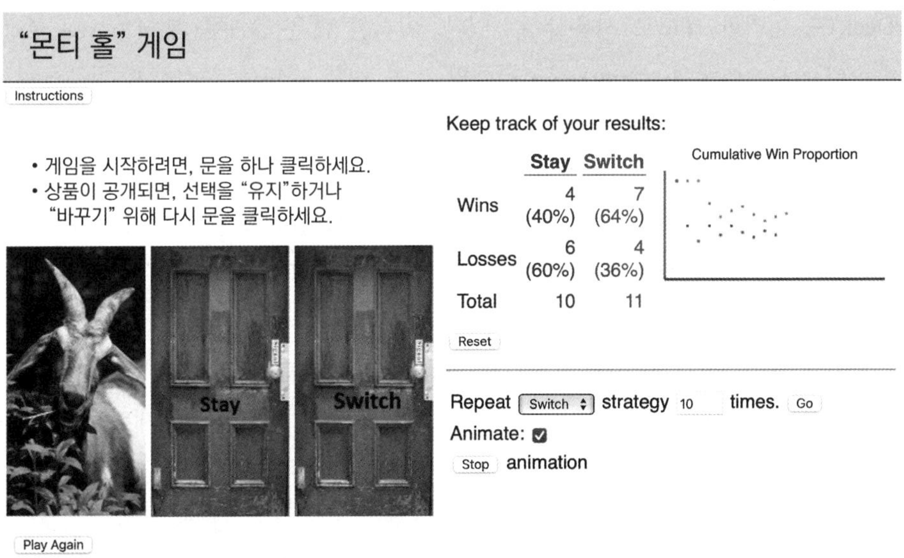

[그림 2.15] "몬티 홀" 게임 탐구

5) https://mathigon.org/polypad#algebra-tiles

- [링크 2.6] 기하적 입체도형 조사하기[6)]
- [링크 2.7] “몬티 홀” 게임 시뮬레이션[7)]
- [링크 2.8] 최소제곱 회귀 상호작용형 애플릿[8)]

중등 수학에서 사용되는 일반적인 시연을 위한 상호작용형 애플릿도 있다. 원뿔 곡선을 예로 들어 보자. 원뿔 곡선을 설명하기 위해 여러 가지 방법으로 잘라낸 원뿔의 실제 3D 모델이 있지만 학교에서 아직 구할 수 없는 경우 이를 구입하는 데 비용이 많이 든다. 하지만 좋은 온라인 모델이 있다. 예를 들어 Interactive Math(링크 2.9)의 가상 모델을 사용하면 교차하는 평면의 위치를 변경하여 결과 단면을 볼 수 있다.

- [링크 2.9] 원뿔 곡선 모델[9)]

활동 제작 도구(Activity Builders)

수학 공학 도구의 세계에서 가장 큰 변화 중 하나는 교사 전용 플랫폼에 활동 만들기 추가되었다는 점이다. 이 공간에서는 동적 표현과 함께 제공되는 과제 지시문을 패키지화하여 수학 공학 도구를 사용한 지시문에 대한 학생의 반응과 창작물을 언제든지 손끝에서 볼 수 있도록 할 수 있다! 이 인쇄본을 기준으로 Desmos, GeoGebra 및 Graspable Math에는 모두 교사용 활동 제작 도구가 있다. 수학에 특화되지 않은 활동 제작 도구(예: PearDeck)도 이러한 용도로 사용할 수 있다. 이러한 많은 플랫폼(예: Desmos Activity Builders, GeoGebra Classroom)에는 학생의 활동 진행 속도를 조절하고 학생들이 공학 도구를 사용할 수 없도록 일시 중지하는 방법도 있다. (이렇게 하면 학생들이 불평하며 무슨 일인지 확인하기 위해 선생님을 찾게 될 것이다!)

활동 제작 도구를 사용하면 다양한 유형의 표현과 학생의 응답(예: 그림, 단답형, 단락 설명, 그래프, 구성, 객관식 응답)을 쉽게 연결하여 과제 또는 수업의 스토리라인을 만들 수 있다. 우리는 활동 제작 도구를 수학 공학 도구를 포함할 수 있는 전달 및 협업 공간으로 생각한다. 즉, 정말 강력한 방식으로 사용할 수 있지만 주의하지 않으면 단순히 디지털 워크시트로만 사용될 수도 있다는 뜻이기도 하다. 이 책에서는 내재된 수학 공학 도구와 함께 사용하는 방법에 중점을 두고 이러한 활동 제작 도구를 참조할 것이다.

---

6) https://www.nctm.org/Classroom-Resources/Illuminations/Interactives/Geometric-Solids/
7) https://www.rossmanchance.com/applets/2021/montyhall/Monty.html
8) https://phet.colorado.edu/en/simulations/least-squares-regression
9) https://www.intmath.com/plane-analytic-geometry/conic-sections-summary-interactive.php

이 장을 나가며

이 장의 목표는 중등 수학에서 사용되는 가장 일반적인 유형의 수학 공학 도구에 대한 간략한 개요를 제공하는 것이다. 이를 위해 각 도구를 학생들의 수학 탐구를 지원하는 데 어떻게 사용할 수 있는지에 대한 몇 가지 예를 포함했다. 추가로 고려해야 할 사항은 때때로 공학 도구들을 결합하는 것이 도움이 될 수 있다는 것이다. 예를 들어, GeoGebra에는 동적 기하 공학 도구와 동적 그래핑 공학 도구를 모두 포함하고 있어 두 가지를 함께 사용할 수 있으며, 이는 삼각함수와 그 그래프를 이해하는 데 매우 강력한 선택지이다(그림 2.16, Daniel Mentrard가 만든 GeoGebra 애플릿 참조). 스프레드시트와 자료 탐색 소프트웨어를 함께 사용하는 것은 드문 일이 아니다. 설문조사를 통해 수집하거나 기존 자료 수집에서 찾은 대용량 자료는 스프레드시트로 쉽게 다운로드할 수 있는 경우가 많다. 자료를 정리한 후 스프레드시트 도구를 사용하여 초기 분석을 수행한 후, CODAP과 같은 도구에서 제공되는 연속형 자료와 범주형 자료를 모두 사용한 다양한 표현이 도움이 될 것이라고 판단되면 자료를 이 두 번째 도구로 쉽게 가져와서 계속 탐색할 수 있다. 어떤 도구를 선택하든, 어떤 도구를 사용하든 항상 학생들이 행동하고 추론하도록 하려는 수학적 대상의 유형을 포함하는 도구를 선택하는 것이 목표가 되어야 한다. 다음 장에서는 이러한 도구를 정기적으로 사용하는 교사가 이러한 결정을 내리는 방법에 대해 자세히 알아보고자 한다.

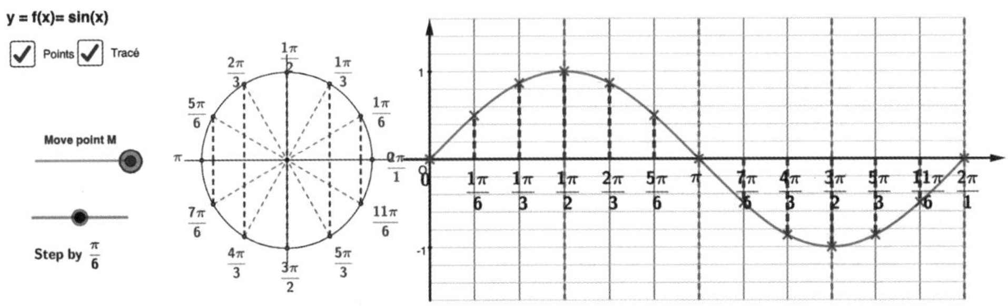

[그림 2.16] 동적 기하와 동적 그래핑 계산기 표현의 연결

이 장의 핵심 사항

- 수학 공학 도구는 다른 일반적인 교육 공학 도구와는 달리 학생들이 수학적 대상에 실제로 작용하고 그 대상이 자신의 행동에 (수학적으로 올바른 방식으로) 어떻게 반응하는지 관찰할 수 있게 해준다.
- 수학 공학 도구에는 다양한 유형이 있으며, 중등 교사로서 대수, 함수, 기하학, 통계/확률을 탐구할 수 있는 공학 도구에 익숙해지는 것이 중요하다.
- 활동 제작 도구는 수업의 구조를 제공하고 학생의 과제를 모니터링하고 수학적 토론을 촉진하기 위해 공유할 학생 과제를 선택할 수 있는 수단을 제공할 수 있다.

동료와 논의할 만한 질문들

1. 중등 수학 수업에서 각 공학 도구의 유형이 어떻게 사용될 수 있는지에 대해 제공된 예시를 살펴보았을 때, 가장 눈에 띄는 점은 무엇인가?
2. 이 장에 설명된 각 공학 도구의 유형이 올해 가르칠 수업에서 학생들이 수학적 주제를 탐구하는 데 어떻게 도움이 될 수 있을까?

참고로, 이 장 앞부분의 [링크 2.1]에 제공된 보충 링크에서 각 범주에 해당하는 공학 도구 목록을 확인할 수 있다.

이 책에 소개된 공학 도구 활용 과제와 보충 영상 링크는 https://www.tlmtresearch.com/teachingmathtechbook에서 확인할 수 있다.

제3장

언제 무엇을 사용할지 결정하기

우리가 가장 자주 받는 질문 중 하나는 “수업에 공학 도구를 언제 활용해야 할까요?”이다. 수업을 계획할 때, 학습 목표를 설정한 후 가장 먼저 결정해야 할 사항 중 하나가 공학 도구를 포함할지 여부이며, 포함한다면 어떤 공학 도구를 사용할 것인지이다. 이 결정은 결코 사소한 문제가 아니다. 단순히 어떤 공학 도구가 겉보기에 멋지거나 재미있어 보이기 때문에, 또는 평가 기준에서 공학 도구를 활용해야 한다는 요구가 있기 때문에 무분별하게 사용하는 것은 바람직하지 않다. 공학 도구 사용 시기를 결정하는 과정에 대해 생각하며, Andrew는 자신의 첫 교직 시절을 회상했다.

> 제가 처음 가르치기 시작했을 때는 공학 도구는 새로운 멋진 것이었어요. 그래서 저는 ‘이걸 사용하면 학생들이 많이 참여하겠지?’라고 생각했어요. 그냥 공학 도구를 던져넣으면 효과가 있을 거라고요. 하지만 공학 도구를 사용할지 말지를 결정하는 것이 공학 도구 자체만큼이나 중요하다는 것을 알게 되었어요.

우리도 Andrew의 생각에 동의한다. 공학 도구의 활용 여부를 정하는 것은 매우 중요하다. 이 장의 목적은 특정 수업에서 공학 도구의 활용 여부를 판단하는 데 도움이 되는 지침을 제공하는 것이다. 또한, 공학 도구를 사용하기로 결정했을 때, 어떤 유형의 공학 도구가 최적의 선택이 될 수 있는지에 대해서도 논의할 것이다.

수업에서 공학 도구 활용 여부 결정하기

다른 모든 수업 계획과 마찬가지로, 공학 도구를 사용 여부는 학습 목표에 따라 결정되어야 한다. 학습 목표를 설정한 후, 흔히 “공학 도구가 이 수업을 더 나아지게 만들까?”라는 질문을 던지는 것이 좋다고 한다. 하지만 이것은 정확히 무엇을 의미하는 것일까? Tech-Math 교사들의 의견을 물었을 때, 그들은 다음과 같이 답했다.

- "저는 항상 학습 목표를 출발점으로 삼고, 어떤 공학 도구가 가장 효과적으로 활용될 수 있을지를 고민하는 것부터 시작해요. 교사들에게 공학 도구 사용이 강조되고 있지만, 어떤 도구를 언제 사용할지 신중하게 결정해야 한다고 생각해요" (Kristy)
- "저는 이렇게 생각해요. '이 도구가 시간을 절약해 주는가?', '이 도구가 학생들에게 핵심 개념을 효과적으로 전달하는가?' 공학 도구를 교사로서 좋아하는 것과는 별개로, 학생들이 그것을 활용하여 깊이 있고 의미 있는 학습 경험을 창출하는지가 중요합니다" (Nick)

우리의 목표는 공학 도구를 활용하여 학생들이 수학 탐구자로서 사고하도록 돕는 것이다. 이는 공학 도구가 학습의 장벽을 제거하고, 학생들에게 주도권을 제공하는 방법을 고려하는 것을 의미한다.

특히, 수학 행동 공학 도구는 다양한 표현을 생성하고 탐구할 수 있도록 해준다. 따라서 일반화하기 전에 여러 표현을 고려하고, 다양한 사례나 극단적인 예시를 탐색하며, 정의에 주목하는 과정에서 공학 도구가 의미 있는 학습 경험을 만들어 줄 수 있다(Belnap & Parrot, 2020). 이러한 점을 염두에 두고, 특정 수업에서 공학 도구 활용 여부를 결정할 때 다음과 같은 질문을 자신에게 던져볼 것을 권장한다.

- 공학 도구는 수학 개념을 다르게 볼 수 있도록 도와주는가?
- 공학 도구는 표현을 빠르고 정확하게 생성할 수 있도록 하여, 분석 및 일반화에 집중할 수 있도록 하는가?
- 공학 도구는 다양한 해결 전략을 탐색할 수 있도록 지원하는가?
- 공학 도구가 의미 있고 즉각적인 피드백을 제공하는가?

다음 절에서는 이 질문들에 대해 더 깊이 탐구하고, Tech-Math 교사들의 수업 사례와 실제 수업에서 공학 도구 활용을 결정하는 과정을 살펴본다.

공학 도구는 수학 개념을 다르게 볼 수 있도록 도와주는가?

수학적 아이디어는 본질적으로 추상적이기 때문에, 표현을 통해 그 개념을 이해하게 된다. 표현은 우리가 개념을 가리키고, 비판하고, 논의할 수 있는 대상을 제공한다. 공학 도구는 서로 연결되고 역동적인 표현을 생성할 때 유용하다. 제2장에서 언급했듯이, 수학 행동 공학 도구가 다른 공학 도구와 구별되는 점은 우리가 수학적 대상을 생성하고 이에 대해 조작할 수 있도록 해준다는 것이며, 이는 종종 역동적인 방식으로 이루어진다. 실제로, 많은 공학 도구는 상호 연결된 여러 표현(표, 방정식, 그래프 등)을 동시에 생성하고 조작하는 것을 가능하게 한다. 즉, 하나를 변경하면 다른 표현도 자동으로 바뀌는 방식이다. 이러한 동적인 연결은 종이와 연필만으로는 불가능하다. 교사들은 공학 도구를 활용할 때, 개념과 표현의 연결을 고려하면서 어떻게 하면 학생들이 수학적 아이디어를 다르게 바라볼 수 있도록 할 수 있을지를 고민한다.

- “저는 학생들이 수학적 표현들 사이를 자유롭게 이동할 수 있도록 하고 싶을 때 공학 도구를 사용합니다” (Nathan)
- “학생들이 기호만으로 개념을 이해하는 데 어려움을 겪을 것 같다면, 표, 그래프, 그림과 같은 다른 표현 방식도 활용할 수 있도록 공학 도구를 사용합니다” (Sarah)
- “저는 수학적으로 복잡한 개념을 다룰 때, 그림이나 애니메이션을 사용해서 먼저 개념의 핵심을 직관적으로 이해할 수 있도록 합니다. 그런 다음 수학적으로 더 깊이 들어가는 방식으로 수업을 진행합니다” (Andrew)

궁극적으로 학생들이 여러 가지 연결된 표현을 생성하고 분석함으로써 수학 개념에 대한 통찰력을 높일 수 있다면, 공학 도구를 수업에 도입하는 것이 타당할 것이다.

□ 사례: 돼지 울타리 문제

다음은 중학교부터 미적분까지 다양한 수준에서 활용할 수 있는 전형적인 문제이다.

> 어느 농부가 돼지우리를 만들기 위해 직사각형 모양으로 울타리를 세우려고 한다. 농부는 48미터의 재료로 가장 넓은 면적의 울타리를 만들고자 한다. 이 울타리의 가로와 세로 길이는 각각 얼마여야 할까?

잠시 생각해봅시다.

1. 이 과제를 수행할 때, 학생들이 어떤 표현을 만들 것으로 예상하는가?
2. 각 표현은 이 상황에 대해 어떤 통찰을 제공하는가?
3. 학생들이 이러한 표현들 사이에서 어떤 연결을 발견하길 바라는가?
4. 동적으로 연결된 표현들이 학생들의 개념 형성을 어떻게 도울 수 있는가?

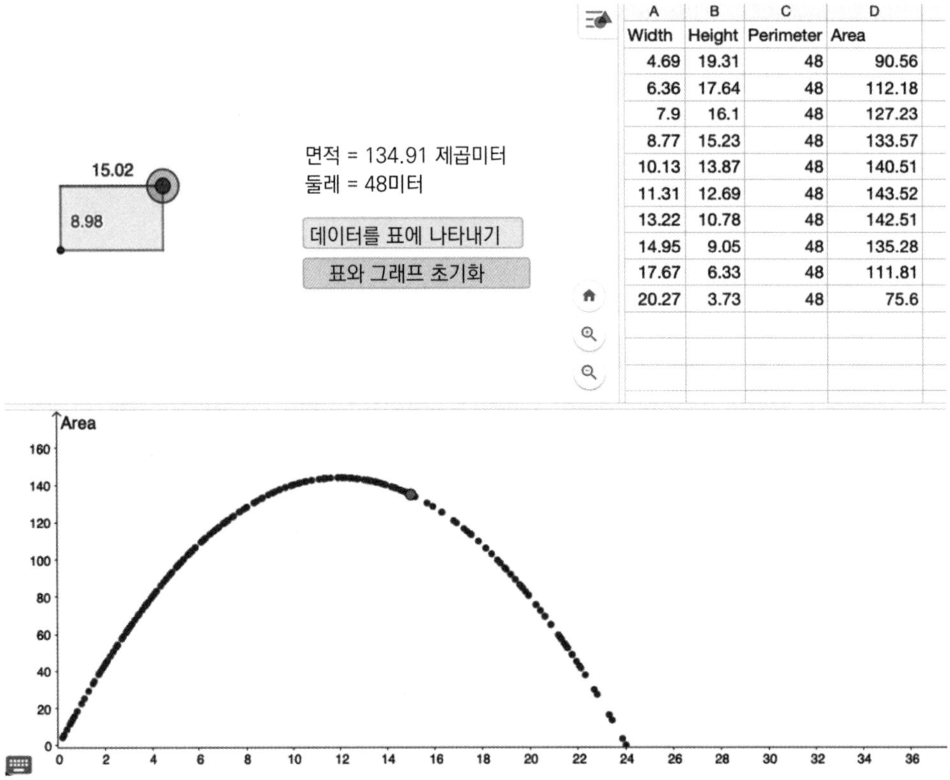

[그림 3.1] GeoGebra로 돼지 울타리 만들기

상황을 곧바로 상징적으로 표현하기보다는, 다양한 연결된 표현을 탐색할 수 있는 도구를 제공하면 학생들이 추가적인 통찰을 얻을 수 있다. 예를 들어, GeoGebra를 사용하면 (그림 3.1 및 링크 3.1 참조), 학생들이 울타리의 모서리를 드래그하면서 울타리의 둘레가 항상 48로 유지되는 동시에 가로, 세로, 면적이 서로 어떻게 변화하는지를 직접 관찰할 수 있다. 또한, 표를 활용하면 이미지에서 모서리를 움직이며 수집한 값들을 정리하여 패턴을 찾을 수 있고, 그래프를 통해 특정 지점에서 면적이 최대가 되었다가 다시 감소한다는 사실을 시각적으로 확인할 수 있다.

🌐 [링크 3.1] GeoGebra로 돼지 울타리 만들기[1)]

Desmos에서도 유사한 과제가 있는데, 이는 Desmos Activity Builder를 활용하여 제작되었다(그림 3.2 참조). 이 과제에서도 학생들은 울타리의 크기(또는 이 경우, 둘레가

---

1) https://www.geogebra.org/classic/wguq9jch

영역 만들기

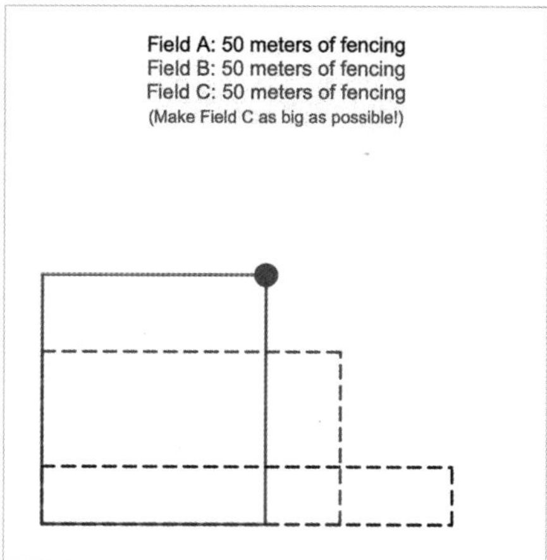

울타리 50미터를 사용해서 가능한 한 넓은 영역을 만드시오.

완료되면 버튼을 한 번 더 누르시오.

영역 C 만들기

영역의 면적 계산하기

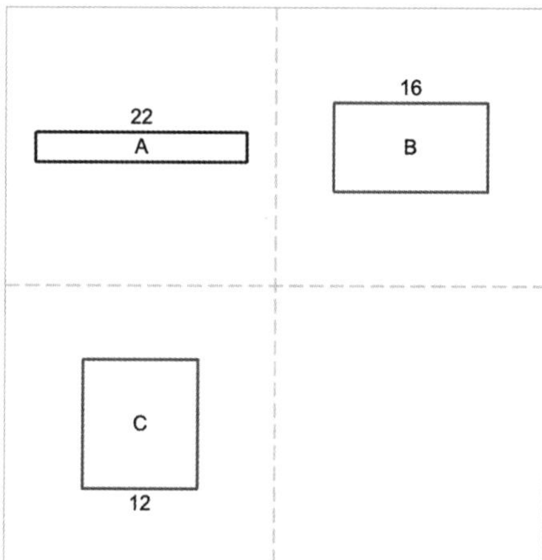

다음은 당신이 만든 세 개의 영역이다.

당신은 영역 C가 가장 넓을 것이라고 말했다.

실제로 그런지 확인하기 위해, 각 구역의 길이와 면적을 계산하시오.

영역	가로 (m)	세로 (m)	둘레 (m)	면적 (sq.m)
A	22	3	50	66
B	16	8	50	128
C	12	13	50	156

자료로 그래프 나타내기

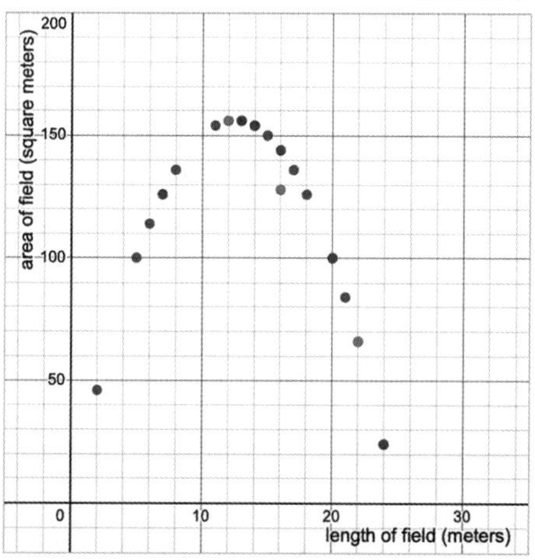

오늘 수업 시간에 우리 반에서 만든 모든 영역이 이 그래프에 표시되어 있다.

당신의 점은 주황색으로 표시되어 있고, 반 친구들의 점은 파란색으로 표시되어 있다.

이 자료를 가장 잘 설명할 것으로 생각되는 함수는 무엇인가?

- ○ 일차함수
- ○ 이차함수
- ○ 지수함수
- ○ 기타

[그림 3.2] Desmos의 '영역 만들기' 활동에서의 연결된 표현들

50m인 영역)를 조정하면서, 도형에서 데이터를 수집하여 표에 정리하고, 그래프를 분석한다. 이 두 가지 예시(GeoGebra와 Desmos) 모두에서 표현들이 동적으로 연결되어 있다. 두 가지 방식 모두 공학 도구가 제공하는 강점을 활용하여, 학생들이 문제 상황과 다양한 표현 간의 관계를 보다 깊이 이해할 수 있도록 돕는다.[2)]

🌐 [링크 3.2] Desmos Activity로 더 넓은 영역 만들기[3)]

연결된 표현들의 동적인 특성은 종이와 연필로 재현하기 어려운 통찰을 제공한다. 학생들이 울타리의 모서리를 드래그하면, 울타리의 면적이 증가할 때 가로와 세로 길이의 차이가 감소하고, 반대로 면적이 감소할 때 차이가 증가하는 모습을 표에서 확인할 수 있다. 또한, 일정한 속도로 모서리를 드래그하며 그래프를 관찰하면, 최대 면적 값에 가까워질수록 점의 이동 속도가 느려지고, 다시 멀어질 때 속도가 증가하는 모습을 볼 수 있다(즉, 증가율과 감소율을 직접 관찰할 수 있다). 만약 학생들이 최대 면적이 가로와 세로의 길이가 같을 때 발생한다고 추측한다면, 울타리의 크기를 조정하고 그 결과를 관찰하거나, 값의 표를 스크롤하며 비교하거나, 그래프를 자세히 분석함으로써 쉽게 검증할 수 있다. 실제로 그래프를 확대하는 기능은 강력한 도구가 된다.

- "그래프를 계속 확대하고 또 확대하면서 그래프가 특정 값에 점점 가까워지는 모습을 실제로 볼 수 있다는 점이 정말 좋은 것 같습니다. 그리고 이 과정에서 x와 y값을 추적하며 깊이 있게 논의할 수 있다는 것이 매우 흥미롭습니다" (Nolan)

그래프에서 가장 높은 지점을 확대해서 최댓값을 클릭하면, 해당 점의 좌표가 표시된다. 이러한 확대 기능은 다양한 유형의 그래프를 탐구할 때 매우 유용하다.

공학 도구는 빠르고 정확한 표현 생성을 지원하여 분석과 일반화에 집중하는 데 더 많은 시간을 할애할 수 있도록 도와주는가?

여러 개의 연결된 동적 표현을 활용하는 것이 유용할 수도 있지만, 때로는 학생들이 한두 개의 표현을 빠르고 정확하게 생성할 수 있도록 하는 것이 더 효과적일 수 있다. 이러한 접근 방식은 공학 도구를 증폭기(amplifier)로 활용하는 것이라고도 불린다 (Pea,

---

2) TI-Nspire 플랫폼을 활용한 유사한 과제와 학생 작업은 DePeau & Kalder (2010)을 참조

3) https://teacher.desmos.com/activitybuilder/custom/56e19b4183ba3908118725dd?lang=ko&collections=651ca31cf69ee59aa9e3818a%2C5da649da5a46437eff2441d0

1985). 예를 들어, 기하 작도나 함수의 그래프를 빠르고 정확하게 생성할 수 있다면, 학생들은 표현을 만드는 데 시간을 들이는 대신, 개념적 의미를 이해하는 데 더 많은 시간을 집중할 수 있다. 이는 여러 Tech-Math 교사들이 공학 도구를 활용할 때 매우 가치 있다고 평가한 부분이다.

- "저는 그래프 용지에 수많은 포물선을 그리면서 포물선에 대해 배웠습니다. 정말 많은 그래프를 그렸던 기억만 남아 있습니다. 예를 들어, 포물선의 평행이동을 배울 때는 $y=x^2$의 표를 만들고, 그 다음 $y=(x-2)^2$의 표를 만들었습니다. 그렇게 수없이 많은 표를 작성하고, 수없이 많은 그래프를 그려야 했습니다. 이 과정은 공학 도구를 사용하면 훨씬 더 효율적으로 진행될 수 있습니다. 공학 도구는 이러한 반복적인 작업에서 오는 불편함을 줄여주며, 학생들이 핵심 개념에 더 빠르게 접근할 수 있도록 도와줍니다. 여기서 핵심 개념은 표를 채우는 것이 아니라 함수의 평행이동입니다. 따라서 학생들이 불필요한 계산이나 반복적인 작업에서 벗어나 핵심 개념을 직접 탐구할 수 있도록 공학 도구가 도움을 줄 수 있는 주제라면, 공학 도구를 사용하는 것이 적합하다고 봅니다" (Dan)
- "기하학에서는 학생들이 도형의 성질을 직접 움직여보거나 측정하면서 발견할 수 있도록 돕는 것이 중요합니다. 공학 도구를 활용하면 학생들은 종이에 그리면서 측정하고 자르는 대신, 동적으로 실험할 수 있습니다. 저도 오랫동안 종이를 사용해서 가르쳤지만 학생들은 실수를 하고, 어질러 놓고, 측정을 잘못해서 틀린 데이터를 얻기도 했습니다. 하지만 공학 도구를 활용하면 올바른 데이터를 더 쉽게 얻을 수 있고, 결론에도 더 빠르게 도달할 수 있습니다" (Michele)

많은 교사들이 Dan과 Michele의 이야기와 유사한 경험을 공유하며, 반복적인 표현을 생성하는 데 드는 부담을 줄여, 학생들이 표현을 만드는 과정이 아니라 수학적 개념 자체에 집중할 수 있도록 하기 위해 공학 도구를 선택한다고 강조했다. 즉, 많은 예를 빠르고 정확하게 생성하는 것이 목표라면, 공학 도구는 이를 효과적으로 지원할 수 있다.

공학 도구를 활용하여 표현을 빠르고 정확하게 생성하도록 할 것인지를 결정하는 핵심은, 학생들을 그러한 표현을 활용하는 탐구자로 자리매김할 의도가 있는지에 달려 있다. 사실, 표현을 손으로 만드는 데 시간이 오래 걸리면 분석과 일반화 과정에서 초점이 흐려질 수도 있다.

- "만약 학생들이 개념을 탐구하고 스스로 발견하게 하고 싶다면, 저는 아마도 그 개념을 강조하기 위해 어떤 형태로든 공학 도구를 사용할 것입니다. 저는 처음부터 수업을 그런 방식으로 구상합니다. 수학은 패턴과 관계를 연구하는 학문이므로, 우리는 그것을 인식할 수 있어야 합니다. 또한 그것을 설명하고 일반화할 수 있어야 합니다. 이러한 과정에 초점을 둔다면 공학 도구를 활용해서 그 과정을 더욱 빠르게 진행하는 것이 좋습니다" (Nathan)
- "예를 들어, 함수의 한 계열을 살펴보는 경우, 학생들이 모든 함수를 손으로 그래프를 그려야 한다면, 변환이 어떻게 이루어지는지 이해하는 과정에서 길을 잃어버릴 수 있습니다. 결국 중요한 것은 분석 자체이지, 분석을 위한 준비 과정이 아닙니다" (Andy)

표현을 빠르고 정확하게 생성하는 것에 대해 이야기할 때, 많은 Tech-Math 교사들은 그래프를 예로 들었지만, 이 원칙은 기하 작도에도 동일하게 적용된다. 동적 기하 도구를 사용해서 도형을 작도하면, 도형을 드래그하는 과정에서 비교 및 대조할 수 있는 여러 사례를 생성할 수 있기 때문이다.

ㅁ 사례: 삼각형 중선 문제

[그림 3.3]은 많은 수학 교수·학습 자료에서 볼 수 있는 전형적인 기하 문제이다. 이 문제의 목적은 학생들에게 삼각형의 중선의 길이와 평행한 변 사이의 관계에 대한 정리를 학생들에게 소개하는 것이다.

삼각형 ABC에서, 점 D는 선분 $\overline{AB}$의 중점이고 점 E는 선분 $\overline{BC}$의 중점이다.

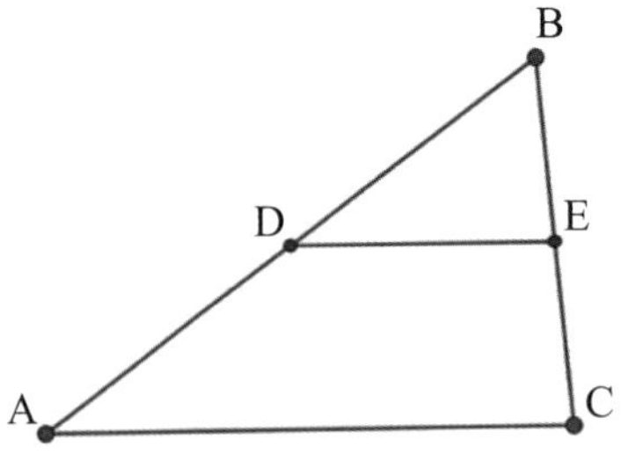

a) 선분 $\overline{DE}$가 선분 $\overline{AC}$와 평행임을 보이시오.
b) 선분 $\overline{DE}$의 길이가 선분 $\overline{AC}$ 길이의 절반이 됨을 보이시오.

[그림 3.3] 삼각형 중선 과제

잠시 생각해봅시다.

1. 공학 도구를 사용하여 여러 개의 삼각형을 만들거나, 또는 드래그할 수 있는 동적인 삼각형을 만들면 이 과제의 성격은 어떻게 달라질까?
2. 동적인 작도는 이 그림의 맥락에 대해 어떤 통찰을 제공할 수 있는가?
3. 공학 도구를 활용하여 이 과제를 진행한다면, 어떤 질문을 제시할 수 있을까?

학생들은 세 선분으로 삼각형을 빠르게 생성하고, 중점 도구를 사용하여 중선을 추가한 다음, 중선과 대응하는 변의 길이를 측정할 수 있다. 이후 삼각형의 꼭짓점을 드래그하여 여러 가지 예제를 빠르게 생성하고 규칙성을 탐구할 수 있다(그림 3.4 참조). 학생들은 아마도 중선의 길이가 대응변의 길이의 절반이라는 사실을 금방 알아챌 것이다. 하지만, 이것이 항상 참일까? 그렇다면, 왜 항상 성립하는가? 동적 작도를 탐색하는 과정에서 이 정리를 증명하는 데 필요한 핵심 아이디어를 도출할 수 있다. 예를 들어, 학생들은 중선이 항상 삼각형의 대응변에 평행하다는 점을 발견할 가능성이 높다. 이 추측을 검증하기 위해 각 선분의 기울기를 측정하거나, 대응하는 각을 비교할 수도 있다. Raman과 Weber (2006)는 이러한 탐구 활동을 통해 학생들이 직관을 형성하고 증명의 핵심 아이디어를 찾을 수 있다고 언급한다. 이 경우, 핵심 개념은 중선이 대응하는 변과 평행하다는 점이다. 따라서, 삼각형의 두 변이 평행한 경우, 해당 삼각형은 서로 닮음이며, 변의 길이 비가 2:1이라는 점을 이용해 증명을 도출할 수 있다.

공학 도구를 활용하면 전통적인 교과 자료를 탐구 중심 학습 기회로 쉽게 전환할 수 있다. 기하 작도 등과 같은 다양한 표현을 쉽게 생성하고 조작할 수 있다면, 학생들은 자연스럽게 패턴을 발견하고 궁금증을 가지게 된다. 많은 Tech-Math 교사들은 학생들이 수학적 개념을 탐구적으로 학습할 수 있도록 공학 도구를 적극적으로 활용한다고 이야기한다.

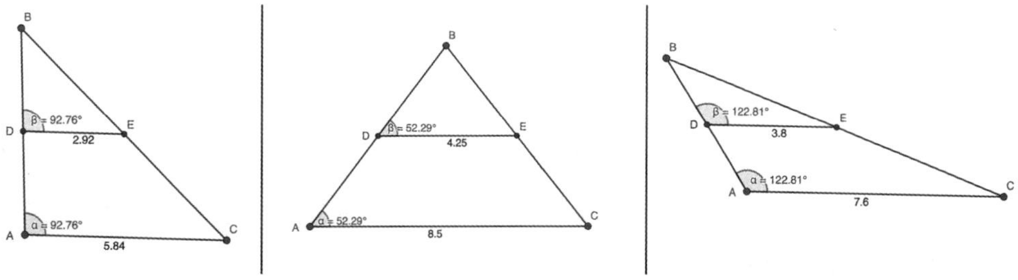

[그림 3.4] 작도된 삼각형의 중선

- "학생들이 반복적으로 나타나는 패턴이나 수학적 관계를 발견하도록 유도할 때, 공학 도구를 사용하면 실험, 추측, 검증 과정을 훨씬 빠르고 자신감 있게 수행할 수 있습니다. 이를 통해 학생들은 단순히 교사가 '이 개념이 존재한다'라고 말하는 것을 듣는 것이 아니라, 직접 개념을 찾아낼 기회를 갖게 됩니다. 학생들은 이를 스스로 발견할 수 있으며, 자신이 만들어가는 수학에 대해 보다 주도적인 감각을 갖도록 도와줍니다" (Kristen)

공학 도구는 다양한 해결 전략을 탐색하도록 도와주는가?

빠르고 정확하게 표현을 생성할 수 있는 능력은 학생들이 다양한 해결 전략을 탐색하는 기회를 열어줄 수도 있다. 여러 가지 해결 전략과 표현 방식을 강조하고, 이들 간의 연결을 유도하는 것은 학생들을 유능한 수학 탐구자로 자리매김할 뿐만 아니라 학습을 더욱 효과적으로 지원한다(Bonner, 2021; Suh et al., 2022). 많은 Tech-Math 교사들은 때때로 공학 도구를 엄격한 방식으로 활용하기보다는, 학생들이 필요할 때 자유롭게 사용할 수 있도록 제공하는 방식을 택한다고 언급했다.

- "공학 도구를 완전히 배제해야 한다고 생각한 적은 거의 없습니다" (Nathan)

학생들에게 공학 도구를 자유롭게 활용할 기회를 제공하면, 다양한 해결 전략을 개발하고 공유할 수 있는 환경이 조성된다. 또한, 해결 전략을 다양하게 수용하는 과정은 수학적 토론에서 기존에 잘 드러나지 않았던 학생들의 목소리를 들을 수 있는 기회를 제공한다(Suh et al., 2022). 수업에서 공학 도구를 활용할지 여부를 결정할 때, 학생의 목소리(Student Voice)와 학생 주도성(Student Agency)을 고려하는 것이 중요하다. 많은 Tech-Math 교사들은 학생들이 예상치 못한 전략을 발견하고 이를 공유하는 과정에서 오는 즐거움을 강조했다.

- "저는 학생들의 목소리를 생각합니다. 공학 도구는 학생들의 참여와 발언 기회를 더 증가시킨다고 생각합니다" (Zach)
- "그 순간, 학생들은 수학자가 됩니다. 그들은 다른 학생들에게 '이 문제는 이렇게 해결할 수 있고, 나는 직접 이 방법을 발견했어.'라고 보여줍니다. 이를 통해 학생들은 '나는 수학자야. 나는 이 문제를 스스로 이해하고 해결할 수 있어'라는 확신을 가지게 됩니다" (Karen)

□ 사례: 집라인 과제

한 놀이공원에서 새로운 집라인 놀이기구를 건설하고 있다. 이 놀이기구는 인공적으로 만든 악어가 가득한 석호 위에 설치될 예정이며, 양쪽 끝에 두 개의 타워가 세워질 예정이다. 석호의 폭은 600m, 첫 번째 타워의 높이는 100m, 두 번째 타워의 높이는 60m이다. 석호 중앙에는 섬이 위치하며, 라이더들은 집라인을 타고 이 섬에 도착한 후 다리를 건너 퇴장하게 된다. 하지만 집라인 와이어는 비용이 많이 들기 때문에, 섬을 석호의 어느 위치에 배치해야 와이어 길이를 최소화할 수 있을까?(Wilson et al., n.d.)

> **잠시 생각해봅시다.**
> 1. 학생들이 집라인 와이어의 최소 길이를 구하기 위해 어떤 전략을 사용할 것으로 예상되는가? (공학 도구 사용/미사용 모두 포함)
> 2. 특히 학생들이 스프레드시트, 컴퓨터 대수 시스템(CAS)/동적 대수 표기 시스템, 동적 그래핑 도구, 그리고 동적 기하 도구를 사용하여 집라인 과제를 이해하는 방식을 구체적으로 구상해 보자.

이 문제는 피타고라스 정리를 알고 있는 학생부터 미적분을 학습한 학생까지 다양한 수준에서 접근할 수 있다. 문제를 해결하는 방법은 여러 가지가 있으며, 특히 공학 도구를 활용하면 더욱 효율적이고 정확하게 문제를 해결할 수 있다. 통합 수학(Integrated Math) 2년 차 과정의 학생들이 흔히 사용하는 해결 전략으로는, 피타고라스 정리를 활용하여 표, 방정식, 그래프를 생성하거나 닮은 삼각형을 이용하여 비례식을 설정하는 방법 등이 있다. 공학 도구를 사용할 수 있는 경우, 학생들은 비슷한 전략을 활용하되 더 효율적이고 정확하게 문제를 해결하는 경향이 있다. 또한, 새로운 창의적인 접근 방식도 등장한다(그림 3.5). 예를 들어, 한 학생은 각 와이어 길이에 대한 공식을 사용하여 스프레드시트를 설정한 후, 열을 채워 총 길이가 최소가 되는 값을 찾았다. 375m가 최솟값임을 확인한 후, 375m에 더 가까운 값들도 확인하기 위해 아래에 행을 추가했음을 주목하라. 일반적인 전략은 방정식을 세운 뒤, 그래핑 계산기를 사용하여 최솟값을 구하는 것이다. 한 학생은 동적 기하 공학 도구를 이용하여 시뮬레이션을 만들었고, 두 타워 사이의 한 점을 드래그하여 와이어 길이가 최소가 되는 위치를 근사적으로 찾았다. 또 다른 학생은 유사한 방법을 사용했지만, 문제를 보다 직관적으로 이해하기 위해 타워, 와이어, 지면/수면이 이루는 삼각형 중 하나를 대칭시켜서 분석했다. 이 과정에서 두 개의 빗변이 직선상에 놓일 때 와이어 길이가 최소가 됨을 발견했다. 정말 기발한 아이디어다! 이러한 다양

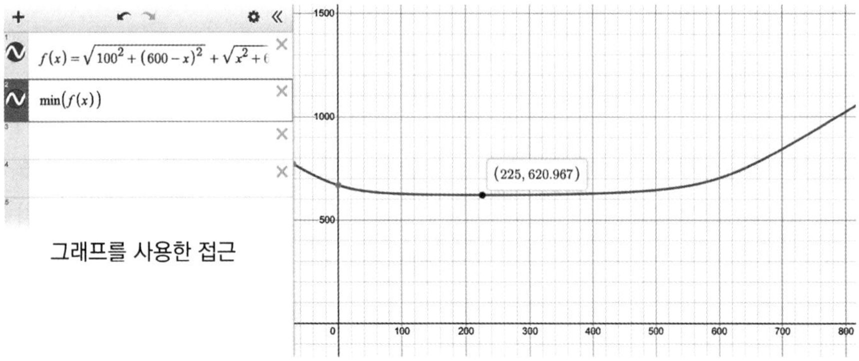

그래프를 사용한 접근

x	wire 1	wire 2	total
305	320.9750769	301.0398645	622.0149414
310	325.7299495	296.1418579	621.8718074
315	330.4920574	291.2473176	621.739375
320	335.2610923	286.3564213	621.6175136
325	340.0367627	281.4693589	621.5061216
330	344.818793	276.5863337	621.4051267
335	349.6069221	271.7075634	621.3144855
340	354.4009029	266.8332813	621.2341842
345	359.2005011	261.9637379	621.1642391
350	364.0054945	257.0992026	621.1046971
355	368.8156721	252.2399651	621.0556372
360	373.6308338	247.3863375	621.0171714
365	378.4507894	242.5386567	620.9894461
370	383.2753579	237.6972865	620.9726444
375	388.1043674	232.8626204	620.9669879
380	392.9376541	228.035085	620.9727391
385	397.7750621	223.2151429	620.9902049
390	402.6164428	218.4032967	621.0197395
395	407.4616546	213.6000936	621.0617483
400	412.3105626	208.8061302	621.1166927
405	417.1630377	204.0220576	621.1850953
371	384.2408099	236.7298038	620.9706137
372	385.2064382	235.7625925	620.9690306
373	386.1722414	234.7956558	620.9678972
374	387.1382182	233.8289973	620.9672156
375	388.1043674	232.8626204	620.9669879
376	389.0706877	231.8965287	620.9672163
377	390.0371777	230.9307255	620.9679033
378	391.0038363	229.9652148	620.9690511

표를 사용한 접근

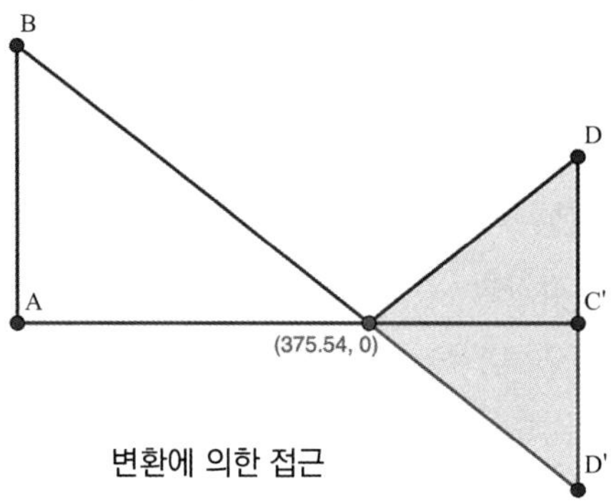

변환에 의한 접근

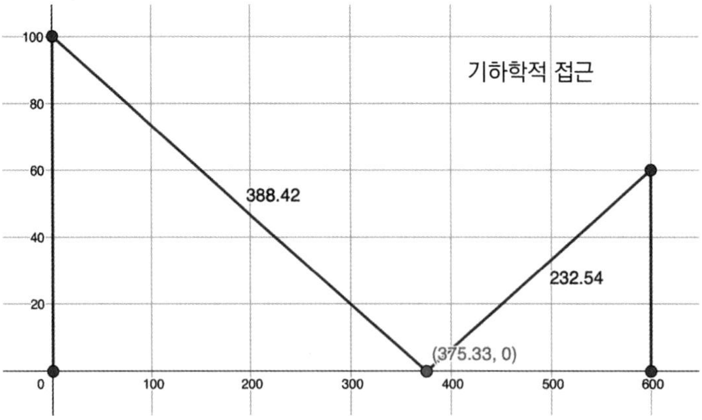

기하학적 접근

[그림 3.5] 집라인 과제를 해결하기 위한 여러 전략 사용

한 전략과 더불어 종이와 연필을 활용한 방법까지 포함하면, 훌륭한 수학적 토론의 기회를 제공할 수 있다.

공학 도구는 의미 있고 즉각적인 피드백을 제공하는가?

수업에 공학 도구를 도입할지 결정할 때 고려해야 할 마지막 요소는, 그것이 학생들에게 즉각적이고 의미 있는 피드백을 제공할 수 있는지 여부이다. 여기서 말하는 피드백은 수학 행동 공학 도구를 고려할 때 단순히 답을 입력하고 초록색 체크 표시를 받아 정답임을 확인하는 방식만을 의미하는 것은 아니다. 물론 이러한 피드백도 때로는 유용하지만, 보다 중요한 것은 학생들이 자신의 아이디어나 해결 과정에 대한 피드백을 얻을 수 있도록 하는 표현을 직접 만들어 볼 수 있는가 하는 점이다. Zach는 이에 대한 훌륭한 사례를 공유했다. 그의 학생들은 절편과 교점의 차이를 이해하는 데 어려움을 겪고 있었다. Zach는 학생들이 이 차이를 혼동하고 있다는 사실을 인지한 후, 이를 해결하기 위해 다음과 같은 활동을 활용했다.

□ 사례: 절편과 교점

다음 두 함수 $f(x) = x^2 - 2$, $g(x) = x + 4$의 그래프에서 x절편과 y절편을 구하고, 두 함수의 교점을 구하시오.

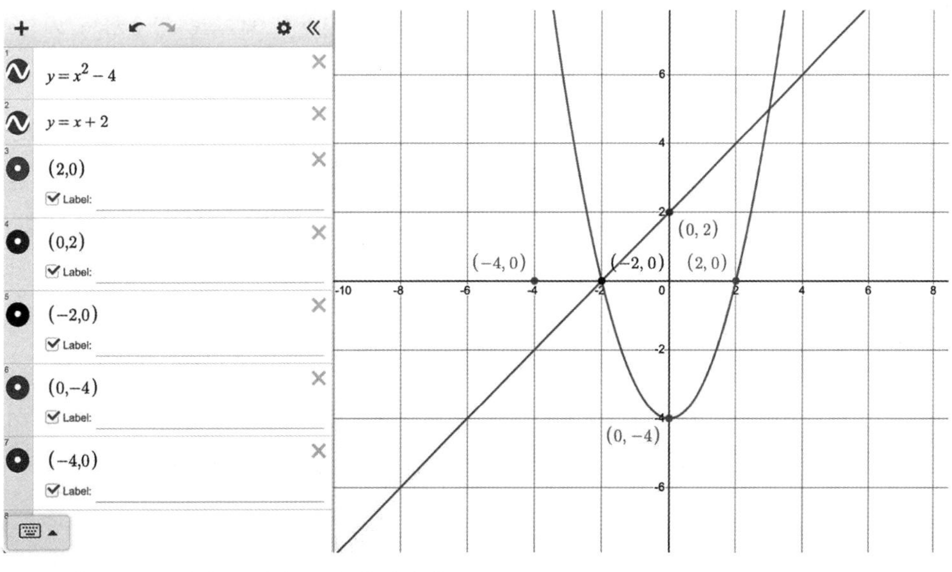

[그림 3.6] 그래프에서 절편과 교점 확인하기

Zach는 학생들이 종이와 연필을 사용하여 절편과 교점을 구할 수 있다는 것을 알고 있었다. 그러나 학생들은 종종 절편과 교점을 혼동하거나 순서쌍을 반대로 쓰는 실수를 했다. Zach는 학생들에게 공학 도구를 제공하여 학생들이 공학 도구로 그래프를 나타내고 결과를 확인할 수 있도록 했다(그림 3.6 참조). Zach는 다음과 같이 설명했다.

> 학생들은 그래프를 띄워 놓고, 자신이 찾은 점을 입력해 보면서 스스로 확인할 수 있어요. 예를 들어, 직선의 절편을 구하라는 질문이 주어졌을 때, 학생들은 $(-4, 0)$과 $(0, 4)$를 입력할 수 있어요. 그러면 그래프 위에서 이 점들이 실제로 절편과 일치하는지 확인할 수 있죠. 종이에 적을 때 흔히 하는 실수 중 하나가 (x, y) 대신 (y, x) 순서로 쓰는 것인데, 학생들은 직접 입력해 보면서 '아, 이건 틀렸네. x와 y를 바꿔야겠어'라고 즉시 깨닫게 돼요. 또는, 절편을 적어야 하는데 교점의 좌표를 써버리는 경우도 있죠. 하지만 입력해 보면, 그 점들이 실제로 교점임을 바로 알게 되죠. 그제야 '아, 내가 구해야 하는 건 절편이었지!'라고 다시 생각하게 됩니다.

이 상황에서 학생들은 틀린 답을 적을 수도 있지만, 즉각적인 피드백을 받을 수 있다. 이 피드백은 교사로부터 오는 것이 아니라 학생들의 직접적인 행동에서 나오는 것이며,이는 단순한 정오에 대한 평가가 아니라 자신의 사고를 정교화하고 답을 수정할 수 있는 기회가 된다.

Zach의 사례에서, 학생들은 다양한 그래프 공학 도구를 활용하여 자신의 풀이를 확인하고 의미 있고 유용한 피드백을 받을 수 있었다. 사실, 그래프 공학 도구는 손으로 푼 문제를 검토하는 도구로 널리 사용되며, 학생들은 이 방식으로 도구를 활용하는 것을 매우 가치 있게 여긴다(예: Doerr & Zangor, 2000; McCulloch et al., 2012). 또한 학생들은 통계 및 기하 공학 도구를 사용하여 자신의 풀이를 검토할 수도 있다. 중요한 점은 학생들이 적절한 도구에 접근할 수 있어야 하며, 이를 활용하여 의미 있는 피드백을 받을 수 있어야 한다는 것이다. 사실, 피드백의 중요성은 매우 커서, Desmos는 자사의 공학 도구 기반 학습 활동을 설계할 때 이를 핵심 원칙 중 하나로 삼고 있다. Desmos 팀은 다음과 같이 설명한다. "가능한 경우, 우리는 학생의 사고를 평가하는 것이 아니라 해석하는 방식으로 컴퓨터를 활용합니다. 평가적 피드백(evaluative feedback)은 '맞았어' 또는 '틀렸어'라고 말하지만, 해석적 피드백(interpreted feedback)은 '우리는 네 답을 이렇게 이해했어. 이제 네 생각은 어때?'라고 질문합니다" (Moynihan et al., 2021).

어떤 공학 도구를 사용할지 결정하기

수업에 공학 도구를 도입하면 더 효과적일 것이라고 결정했다면, 이제 어떤 공학 도구를 사용할지 결정해야 한다. 이때, 가장 먼저 고려해야 할 것은 학습 목표이다. 학습 목표를 명확히 설정하면 선택지를 빠르게 좁힐 수 있다. 2장에서 설명했듯이, 선택할 수 있는 공학 도구의 유형은 다양하며, 대부분의 공학 도구는 특정한 수학 내용 영역과 밀접하게 연관되어 있다. 따라서 학습 목표를 설정하는 것만으로도 선택지를 크게 줄일 수 있다. Tech-Math 교사들 역시 공학 도구를 선택할 때 이러한 과정을 따른다고 설명했다.

- "대부분의 결정은 수학의 분야와 관련이 있어요. 예를 들어, 통계 관련 수업이라면 Desmos나 CODAP을 사용할 것 같아요. 이런 도구들은 제가 적용하려는 통계 분야에 더 적합하거든요. 기하라면 GeoGebra를 사용할 가능성이 높아요. 그 도구가 학생들이 개념을 이해하는 데 더 적합하기 때문이죠" (Kristen)

공학 도구의 선택지를 좁힌 후에는, 몇 가지 일반적인 질문부터 시작하는 것이 도움이 된다. "어떤 공학 도구를 사용할 수 있는가?", "학생들이 계정을 만들어야 하는가?", "사용하기 쉬운가?" 이러한 질문은 공학 도구 사용의 장벽을 평가하는 과정이다. 예를 들어, 특정 공학 도구가 무료가 아니라면, 학교에서 계정을 제공하지 않는다면, 그 공학 도구를 사용하는 것은 어려울 수 있다.

- "제가 가장 먼저 고려하는 것은 '이게 무료인가?'예요. 구독이 필요한가? 사용 가능한가? 학생들도 쉽게 접근할 수 있는가? 이런 점을 먼저 확인합니다" (Nolan)

또한, 학생 계정이 필요하다면 설정하는 데 시간이 얼마나 걸릴지도 고려해야 한다. 만약 연중 지속적으로 사용할 공학 도구라면, 초기 설정에 시간을 투자할 가치가 있다. 그러나 한 번만 사용할 공학 도구라면, 굳이 계정을 만들 필요가 없을 수도 있다. 마지막으로, 학생들이 공학 도구 사용법을 배우는 데 더 많은 시간을 쏟아야 한다면, 이는 또 다른 중요한 장벽이 될 수 있다. 그러나 일 년 내내 사용할 공학 도구라면, 초기에 시간을 들여 익히는 것이 충분히 가치 있을 수 있다.

공학 도구의 사용 여부를 결정하는 과정에서 가장 중요한 요소는 수업에서 표현이 어떤 역할을 하는가이다. 따라서, 선택한 공학 도구가 수업에서 필요한 표현을 만들 수 있는지 확인하는 것이 필수적이다. 예를 들어, Desmos 그래핑 계산기를 사용하여 타원을 그리려면, 식을 입력하는 방식으로만 가능하다. 반면, GeoGebra에서는 기하 도구를 사용할 수 있기 때문에, 식을 입력하는 것 외에도 기하학적 정의를 사용하여 타원을 그릴 수도 있다. 또한, 공학 도구를 선택할 때, 해당 표현이 수학적으로 정확한지 확인하는 것도 중요하다. 대부분의 수학 행동 공학 도구는 수학적으로 올바르게 작동하지만, 일부 상호작용적 애플릿을 활용할 때에는 이러한 검토 과정이 특히 더 중요하다.

기호, 표, 그래프 표현을 고려할 때, 상징적 표현은 다양한 동적 그래핑 공학 도구 간의 가장 큰 차이를 만든다. 예를 들어, 어떤 공학 도구에서는 일차방정식을 그래프로 나타낼 때 단순히 $y=mx+b$를 입력하면 자동으로 m과 b에 대한 슬라이더를 생성되며, 그에 따라 직선이 동적으로 변한다. 반면 다른 공학 도구에서는 특정한 고정된 방정식(예: $y=2x+1$)만 입력하여 그래프를 생성할 수 있다. 또 어떤 공학 도구에서는 함수로 인식해야만 그래프를 그릴 수 있으며, 이를 위해 함수 표기법을 사용해야 한다. 예를 들어, 식을 $f(x)=2x+1$과 같은 형태로 입력해야 하거나, 사용자가 단순히 $y=2x+1$을 입력하면, 자동으로 f: $y=2x+1$과 같이 함수로 지정하는 경우가 이에 해당한다. 만약 학생들이 함수 표기법에 익숙하다면, 어떤 공학 도구든 사용이 가능하다. 그러나 함수 표기법이 낯설다면, 이를 요구하지 않는 공학 도구를 선택하는 것이 혼란을 줄일 수 있다. 반대로, 수업 목표가 함수 표기법을 이해하도록 돕는 것이라면, 이를 사용해야 하는 공학 도구를 선택하는 것이 좋다.

통계 수업에서 공학 도구를 선택할 때는 "어떤 표현을 사용할 것인가?", "데이터의 특성은 어떠한가?", "학생들이 데이터를 어떻게 조작할 것인가?"를 고려해야 한다. 학생들이 다양한 변수를 포함하는 데이터 집합을 탐구할 예정이며, 범주형 변수와 수치형 변수 등 서로 다른 유형의 변수를 다룬다면, CODAP과 같은 공학 도구가 유용할 수 있다. CODAP을 활용하면 전체 데이터 집합을 한번에 불러와 다양한 표현을 생성하고, 변수 간 관계를 탐색하며, 통계적 분석을 수행할 수 있다. 반면, 수업의 목표가 특정한 통계적 개념(예: 대푯값 또는 산포도 등)을 이해하는 것이라면, 동적 그래핑 계산기가 더 적절할 수 있다. 이러한 도구는 학생들이 개별 데이터 값을 조작하면서 통계량이 어떻게 변화하는지 실시간으로 관찰할 수 있도록 도와준다.

잠시 생각해봅시다.

좌표평면에서 사각형을 다루는 수업을 계획한다고 가정해 보자(예: 네 개의 점이 주어졌을 때, 해당 사각형을 설명하고 그 넓이와 둘레를 구하는 활동). 이 과정에서 공학 도구를 활용하면, 학생들이 기하 작도와 대수 계산을 동시에 탐색하며 자신의 추측과 해결 과정을 검증할 수 있다.

1. 선택할 공학 도구에 반드시 포함되어야 하는 기능은 무엇인가?
2. 두 개 이상의 동적 기하 도구를 열어보고, 목표에 적합한 도구를 비교하여 더 나은 선택을 고려하시오.
3. 이 결정을 내릴 때 추가적으로 고려해야 할 사항이 있는가? 설명해 보시오.

만약 수업에서 중요하게 다룰 표현(표현의 형태 및 생성 방법)을 신중하게 고려한 후, 여러 공학 도구가 적합하다고 판단된다면, 가장 익숙한 도구를 선택하는 것이 좋다. 특정 공학 도구를 다룰 경험이 많다면, Tech-Math 교사들의 조언을 참고하여 자신이 가장 편하게 사용할 수 있는 도구에서 시작하는 것이 유리할 수 있다.

- "개인적으로 저는 항상 Desmos에서 시작합니다. 만약 Desmos로 원하는 것을 할 수 없다면, 그때 다른 도구를 찾아봅니다" (Samantha)
- "우리 교실에는 TI-Nspire 계산기가 있어서, 가능하면 이를 활용합니다. 하지만 학생들이 도형을 직접 조작해야 하는 경우에는 다루기 어려울 수 있습니다" (Andy)
- "저는 먼저 제가 이미 사용할 줄 아는 도구인지를 고려합니다. 만약 모르는 도구지만 정말 유용하고 가치가 있다고 판단되면, 시간을 들여 배우려고 합니다" (Lauren)

따라서, 먼저 자신이 가장 익숙한 공학 도구에서 원하는 표현이 가능한지 확인해 보자. 원하는 표현이 가능하고, 학생들에게 적절하다면 그 도구를 선택하면 된다. 만약 표현이 적절하지 않거나 한계가 있다면, 다른 도구를 탐색하여 수업의 수학 개념에 가장 적합한 도구를 선택하는 것이 바람직하다.

활동 제작 도구에서 수학 공학 도구 활용하기

수업에 적합한 공학 도구를 결정한 후, 이를 활동 제작 도구(activity builder)에 포함할 것인지 고려하는 추가적인 결정이 필요하다. 2장에서 설명한 바와 같이 많은 공학 도구는 활동을 개발할 수 있는 플랫폼을 제공하며, 이를 활용하면 수학 공학 도구를 포함할 수 있고, 학생들이 텍스트나 그림을 통해 자신의 아이디어를 표현할 수 있으며, 교사가 학생들의 작업을 모니터링하고 피드백을 제공하며, 전체 학급과 공유할 수 있다. 그러나, 활동 제작 도구를 무조건 사용할 필요는 없다. 잘못 설계된 경우, 학생들의 창의성을 제한할 수도 있기 때문이다. 반면, 적절히 활용하면 수업의 흐름을 조절하고, 학생들의 아이디어를 효과적으로 공유하는 데 유용할 수 있다. Tech-Math 교사는 언제 활동 제작 도구를 사용하는 것이 효과적인지, 그리고 언제 종이 기반의 명확한 과제가 더 적절한지를 신중하게 고민했다.

- "실제로, 특정 지점에서 학생들을 멈추고 토론을 진행하고 싶다면, Desmos Activity Builder를 활용하는 것이 적절합니다. 이를 통해 수업의 속도를 조절하고, 학생들을 멈추게 하며, 다음 단계에 대한 지시를 줄 수 있기 때문입니다. Desmos 그래프 계산기에서는 학생들이 작업을 폴더에 정리할 수 있도록 할 수 있습니다. 또한, 표를 만들고, 함수를 구성하는 등 다양한 작업을 수행할 수 있습니다. 저는 이러한 창의적인 요소를 좋아합니다. 이 작업을 누가 만들어 가고 있는가? 이 과정에서 누가 주도권을 가지고 있는가? 저는 이러한 점을 고려하며 두 가지 도구 중에서 선택합니다" (Sarah)
- "저는 몇 가지 좌표 기하 과제를 가지고 있습니다. 예를 들면, 주어진 좌표로 다각형을 만들기, 다각형을 특정 배율로 확대 또는 축소하기, 다각형을 아래로 네 칸 평행이동하기 같은 것입니다. 저는 이러한 도전 과제 목록을 문서로 제공하고, 학생들은 그래핑 계산기 앱을 사용하여 이를 해결합니다. 이렇게 하면 활동 제작 도구를 사용하는 것보다 학생들이 좀 더 쉽게 과제를 수행할 수 있습니다" (Leah)

이제 특정 수업에서 공학 도구를 언제 사용할지 결정하는 방법에 대해 더 명확하게 이해했기를 바란다. 4장에서는 학습 목표에 맞는 과제를 선택, 수정 및 설계하는 데 필요한 구체적인 지침을 논의할 것이다. 마지막으로, Tech-Math 교사들의 몇 가지 마무리 생각을 공유한다.

- "공학 도구를 사용할 때는 신중해야 합니다. 때때로 우리는 공학 도구 자체에 감탄하면서 '이거 정말 대단한데!'라고 생각할 수 있습니다. 하지만 정말 중요한 것은 학생들의 사고 과정을 더 잘 이해할 수 있도록 돕거나, 학생들이 더 깊이 사고하도록 만드는 공학 도구를 선택하는 것입니다. 단순히 학생들의 학습을 쉽게 만들거나, 그

저 재미있게 놀 수 있는 공학 도구를 선택해서는 안 됩니다. 그런 공학 도구가 필요한 순간도 있겠지만, 저는 공학 도구를 교육 도구로 활용하고자 합니다" (Nick)

- "저는 어떻게 하면 공학 도구를 활용하여 학생들의 사고를 더욱 발전시킬 수 있을지 고민합니다. 제가 스스로에게 던지는 가장 큰 질문은 '학생들의 이해가 단순한 표면적 수준에 머물러 있는가?'라는 것입니다. 만약 그렇다면, 우리는 더 깊이 탐구해야 하며, 그 과정에서 공학 도구를 적극적으로 활용할 필요가 있습니다" (Sarah)

이 장의 핵심 사항

특정 수업에서 공학 도구를 사용할지 고민할 때, 다음 질문들을 스스로에게 던져보자.

- 공학 도구는 우리가 관심 있는 수학적 개념을 새로운 방식으로 바라볼 수 있도록 도와주는가?
- 공학 도구는 표현을 빠르고 정확하게 생성할 수 있도록 도와줌으로써 분석과 일반화에 집중할 수 있도록 하는가?
- 공학 도구는 다양한 해결 전략을 탐색할 수 있도록 지원하는가?
- 공학 도구는 의미 있고 즉각적인 피드백을 제공하는가?

만약 공학 도구를 활용하는 것이 적절하다고 판단되었다면, 특정 공학 도구를 선택할 때 다음과 같은 질문을 고려하자.

- 필요한 표현을 생성할 수 있는가?
- 해당 표현의 형태가 학생들에게 적절한가?
- 수학적 개념이 정확하게 표현되는가?
- 공학 도구는 사용하기 쉬운가?
- 활동 제작 도구(Activity Builder)에 공학 도구를 통합하고 싶은가?

동료와 논의할 만한 질문들

1. 어떤 유형의 학습 목표가 공학 도구 활용에 적합하다고 생각하는가?
2. 공학 도구가 학생들의 학습과 수학적 정체성 개발을 지원할 수 있다는 것을 알면서도 공학 도구 사용을 망설이게 하는 이유는 무엇인가? 공학 도구를 더 자신 있게 활용할 수 있도록 도와줄 요인은 무엇인가?

3. 자주 사용하는 공학 도구는 무엇인가? 해당 공학 도구가 특히 잘 처리할 수 있는 표현은 무엇인가? 반대로, 덜 효과적인 표현은 무엇인가? 해당 공학 도구가 덜 효과적인 표현을 제시할 때, 학생들의 학습을 더 잘 지원할 수 있는 적절한 선택지가 있는가?
4. 최근에 사용한 과제 중에서 공학 도구를 통합하면 더 효과적일 것 같은 과제가 있는가? 그 이유를 설명하시오.

이 책에 소개된 공학 도구 활용 과제와 보충 영상 링크는 https://www.tlmtresearch.com/teachingmathtechbook에서 확인할 수 있다.

제4장

공학 도구를 활용한 과제 선정하기

수업에서 사용할 과제를 선택하는 것은 학생들이 참여하게 될 수학의 성격을 결정한다. 학습 목표를 고려했을 때 공학 도구를 사용하는 것이 좋은 선택이라고 판단했다면, 다음 단계는 수업에서 사용할 구체적인 과제나 일련의 과제를 신중하게 선택하는 것이다. 이러한 선택은 학생들의 학습, 수학적 사고 습관의 형성, 그리고 수학 학습자로서의 정체성에 큰 영향을 미친다.

먼저, 과제를 선택할 때 학습 목표와 일치하는지 확인해야 한다(앞서 언급했지만, 다시 한번 강조할 가치가 있다). 수업 주제와 관련된 '멋진' 공학 도구 과제를 발견하면 흥분하기 쉽지만, 주의하지 않으면 주제와는 부합하더라도 의도한 목표를 지원하지 않는 과제를 선택하게 될 수도 있다. 예를 들어, Desmos 활동인 '이후에는 어떻게 될까' (링크 4.1)와 '영화표 가격 예상하기' (링크 4.2)는 둘 다 지수함수(그리고 이를 일차함수와 비교하는 것)에 초점을 맞추고 있지만, 서로 다른 학습 목표를 위해 설계되었다. '이후에는 어떻게 될까'는 표와 그래프 및 그래프로부터 지수함수의 식을 구하는 방법을 탐구하고, 이를 통해서 지수함수가 일차함수와는 다르게 어떤 방식으로 증가하는지를 학생들이 학습하게 하는 것을 목적으로 한다(그림 4.1). 반면에, '영화표 가격 예상하기'는 학생들이 일차함수와 지수함수에 대해 알고 있는 내용을 적용하여 지난 100년간 미국의 영화표 가격에 대한 수학적 모델을 구축하게 하는 데 초점을 둔다(그림 4.2). '이후에는 어떻게 될까'와 '영화표 가격 예상하기'는 사용되는 동적 표현과 다루는 개념에서 많은 공통점을 가지고 있지만, 학습 목표는 매우 다르다. 이는 훌륭한 과제를 찾을 때 학습 목표와 잘 맞는지 신중하게 고려하는 것이 얼마나 중요한지를 보여준다.

- [링크 4.1] 이후에는 어떻게 될까[1)]
- [링크 4.2] 영화표 가격 예상하기[2)]

---

1) https://teacher.desmos.com/activitybuilder/custom/56c7458cb289584109c2d337?collections=featured-collections%2C5da6462c8b305273be677729

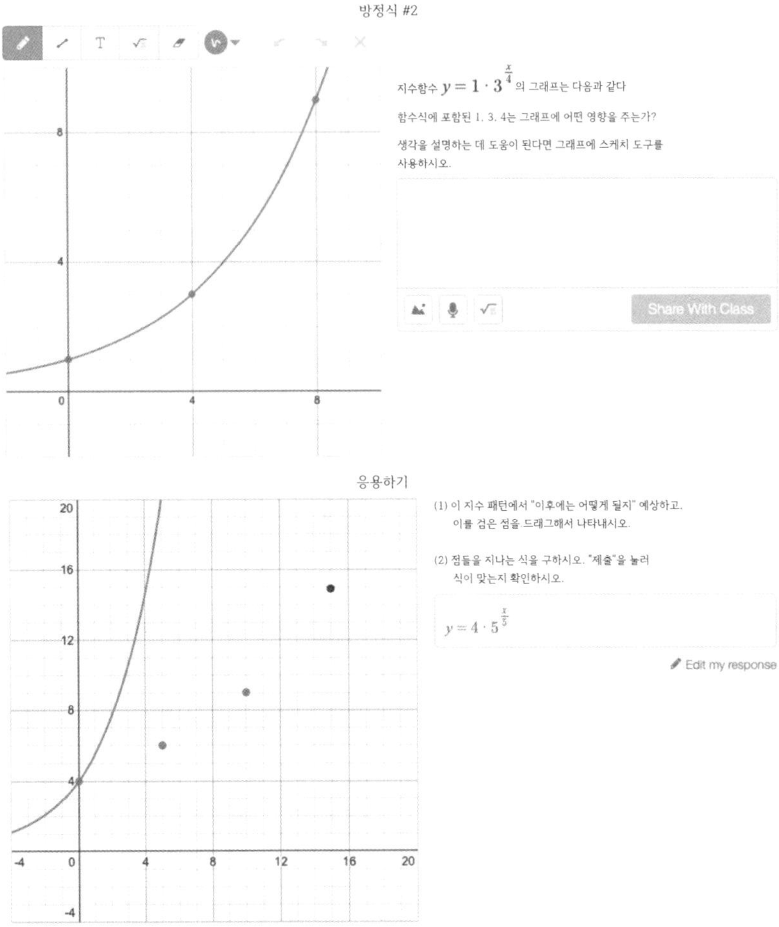

[그림 4.1] Desmos 활동 - 이후에는 어떻게 될까

학습 목표가 방향을 제시해 준다고 해도, 공학 도구를 활용한 과제를 선택하는 것은 여전히 어려운 과업일 수 있다. 이 장에서 우리의 목표는 과제를 선택할 때 고려할 수 있는 가이드라인을 제공하는 것이며, 완벽한 과제를 찾지 못할 때 과제를 수정하거나 직접 만들어보는 방법을 제시하는 것이다.

---

2) https://teacher.desmos.com/activitybuilder/custom/581394efa64518b3069b6de7?collections=featured-collections%2C5da6462c8b305273be677729&lang=ko

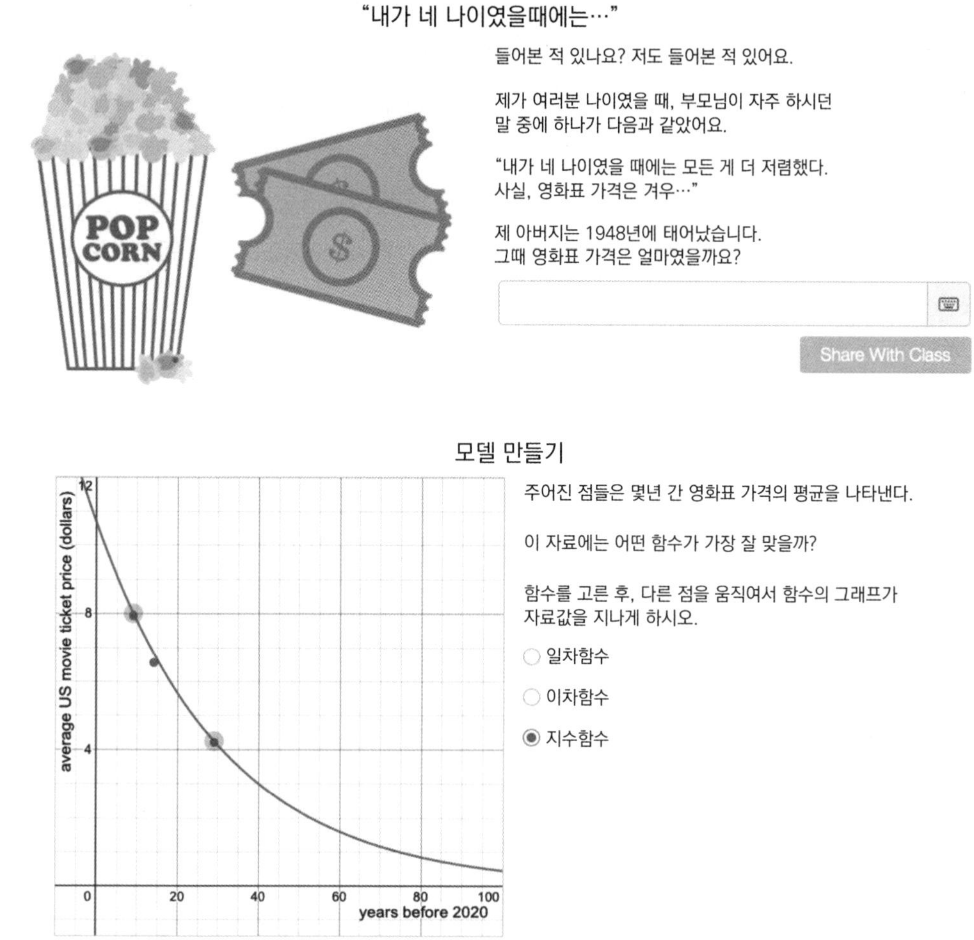

[그림 4.2] Desmos 활동 - 영화표 가격 예상하기

공학 도구를 활용한 좋은 수학 과제의 특징

공학 도구를 활용한 수학 과제는 두 가지의 동등하게 중요한 요소를 갖는다: 수학적 행동을 지원하는 공학 도구(the math action technology) 자체와 그에 수반되는 지시문이다. 이 책의 서문에서 언급했듯이, 우리는 이 두 요소를 함께 '과제+공학 도구'라고 부른다. 공학 도구는 때로 과제의 필수적인 부분이 되기도 하고, 다른 경우에는 과제와 나란히 존재하기도 한다. 어느 경우든, 공학 도구는 학생들이 접하게 되는 표현을 결정하며, 그에 수반되는 지시문은 학생들이 공학 도구와 상호작용하는 방식, 즉 그들의 사고방식의 잠재적 특징을 끌어낸다.

1장에서 언급했듯이, 공학 도구를 활용한 좋은 수학 과제는 종종 '낮은 문턱-높은 천장-넓은 벽'으로 묘사된다. 낮은 문턱(누구나 과제에 접근할 수 있음)과 높은 천장(더 나아갈 수 있는 많은 가능성이 있음; Papert, 1993)은 1970년대부터 학습자와 컴퓨터가 함께하는 경험을 설계하는 원칙이 되어왔다. 넓은 벽은 학습자가 '문턱에서 천장까지 다양한 경로를 탐색할 수 있는' 중요성을 표현하기 위해 추가되었다(Resnick, 2016). 공학 도구를 활용한 좋은 수학 과제의 특성에 대해 질문을 받았을 때, Tech-Math 교사들은 이 용어를 사용하여 자신들이 찾고 있는 것을 설명했다.

- "저는 낮은 문턱과 높은 천장을 원합니다" (Zachary)
- "낮은 문턱에서 시작할 수 있게 하고, 하지만 높은 천장이 필요합니다. 그래서 누구나 활동을 시작할 수 있게 됩니다" (Dan)
- "학생들이 시작할 때 어떤 장애물도 없기를 바랍니다. 바로 시작할 수 있어야 합니다. 그래서 문턱이 매우, 매우 낮아야 합니다. 그리고 공학 도구의 이점은 다양한 표현이 손끝에 있다는 것입니다... 그리고 여러 진입점이 있을 것입니다" (Sarah)

□ 사례: 그래프 이야기

일반적인 교육과정 과제는 학생들에게 시간에 따라 변화하는 상황(예: 자전거 타기, 학교로 걸어가기, 물이 채워지는 용기)에서 주어진 그래프를 해석하거나, 주어진 상황에 맞는 그래프를 그리도록 한다. 이러한 과제의 목적은 종속 변수와 독립 변수를 강조하고, 공변성을 이해하며, 실제 상황을 모델링하는 그래프를 만드는 것이다. 예를 들어, 다음 과제를 살펴보자.

> 클레어는 서커스 공연에 왔다. 공연 중에 한 사람이 대포에 쏘여 곧게 하늘로 날아올랐다. 클레어는 처음에 무서웠지만, 다행히도 그 사람은 낙하산을 착용하고 있었다. 그 사람이 땅으로 다시 떨어지기 시작하자 낙하산이 펼쳐졌다. 즉시 속도가 줄어들었고, 부드럽게 땅으로 내려와 안전하게 착지했다.

종이와 연필을 사용한 수업에서는 학생들에게 시간이 흐름에 따라 그 사람이 땅에서 떨어진 거리를 나타내는 그래프를 그리라고 할 것이다. 그러나 이것이 정말로 변수들(거리와 시간)이 함께 어떻게 변하는지 탐구할 수 있게 하는가? 그래프가 그 상황과 어떻게 관련되는지에 대한 학생들의 생각에 피드백을 제공해 줄 것인가?

이제 Desmos의 함수 축제 활동(링크 4.3)을 살펴보자. 이 활동에서는 학생들이 세 가지 다른 애니메이션을 탐구한다(낙하산을 착용한 사람이 대포에 쏘이는 장면, 범퍼카가 다른 범퍼카들 사이를 운전하는 장면, 그리고 카트가 관람차를 도는 장면) 각 상황이 이전 상황보다 더 복잡하다. 각 상황에서 학생들은 거리와 시간의 관계를 나타내는 그래프를 그릴 수 있으며, 그런 다음 시뮬레이션을 실행하여 시간이 지남에 따라 그들의 그래프가 어떻게 변화하는지를 확인하고, 그들의 그래프가 애니메이션에서 어떻게 표현되는지

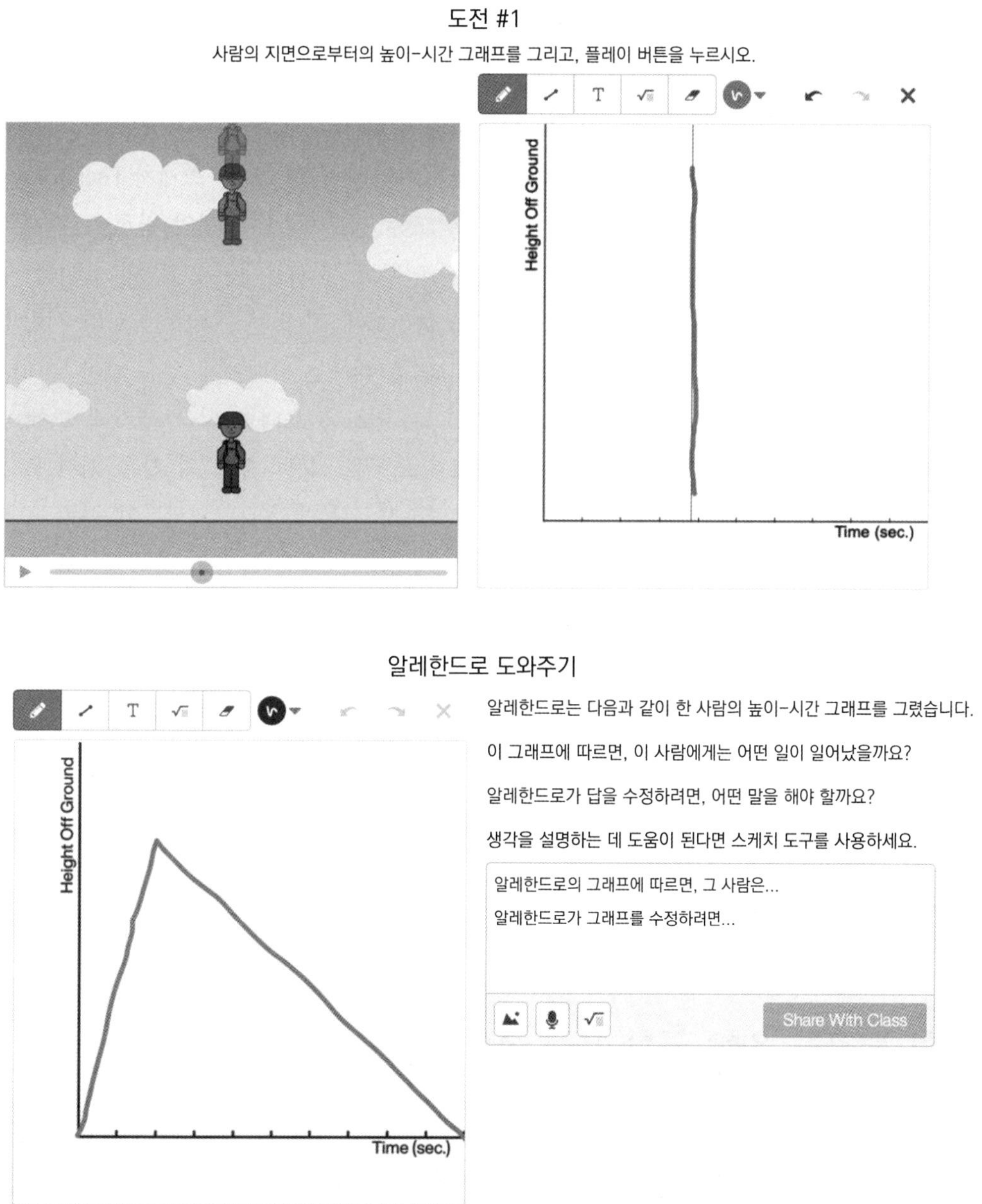

[그림 4.3] Desmos의 함수 축제

비교할 수 있다(그림 4.3). 이 활동은 학생들이 자신만의 이야기를 만들고 그에 맞는 그래프를 그리는 것으로 마무리된다. 이런 공학 도구를 사용하면 누구나 쉽게 시작할 수 있다 - 그냥 그래프를 그리면 된다! (낮은 문턱), 그리고 탐색할 수 있는 다양한 방법들(넓은 벽)과 함께 도전할 수 있는 기회(높은 천장)도 많이 있다.

[링크 4.3] Desmos-함수 축제[3)]

이 장의 다음 절에서는 학생들에게 낮은 문턱, 높은 천장, 넓은 벽의 경험을 제공하는 공학 도구가 접목된 과제의 구체적인 특성에 대해 살펴본다. 공학 도구가 접목된 과제는 두 부분으로 이루어진다: (1) 학생들이 사용할 수 있는 공학 도구 스케치(Technology sketch)와 (2) 학생들의 탐구를 안내하는 지시문 또는 질문. 함수 축제의 경우, 애니메이션과 그래프와 같은 연결된 표현들이 '스케치'를 이루고, 지시문에는 "사람의 높이를 시간에 따라 나타내는 그래프를 그린 다음, 재생을 눌러보세요" 또는 "알레한드로가 사람의 높이와 시간을 나타내는 그래프를 그렸습니다. 그의 그래프는 사람에게 무슨 일이 일어날 것이라고 말하고 있나요? 그의 그래프를 수정할 수 있도록 도와줄 말을 생각해 보세요. 당신의 생각을 보여주는 데 도움이 된다면 스케치 도구를 사용하세요"와 같은 지시 또는 질문이 포함된다. 우리는 지시문을 스케치와 분리하고 있는데, 이는 지시문이 종종 공학 도구 스케치에 포함된 수학적 대상과는 별도로 제시되기 때문이다(예: 종이에, 교실 앞 칠판에, 또는 활동 제작 도구 내에서) 그리고 많은 공학 도구 스케치가 다양한 지시문과 함께 여러 방식으로 사용될 수 있기 때문이다.

수십 년간의 설계 기반 연구(e.g., Desmos, 2016; Moynihan et al., 2021; Sinclair, 2003; Underwood et al., 2005)에 근거하여, 먼저 공학 도구 스케치의 설계 특성에 대해 논의하고, 그런 다음 스케치와 짝을 이룰 때 학생들을 수학 탐구자로서 자리매김하게 하고, 모든 학생이 탐구할 수 있는 방법을 제공하면서 과제가 목표로 삼고 있는 특정 학습 목표를 지원하는 지시문의 특성에 대해 다룰 것이다.

수학 탐구를 위한 공학 도구 스케치 설계 원칙

고품질의 스케치는 수학 행동 공학 도구를 활용하여 학생들이 즐겁게 참여하고, 포함된 다양한 표현을 명확하게 연결할 수 있도록 설계된다. 이러한 스케치는 종종 '사용자 친화

3) https://teacher.desmos.com/activitybuilder/custom/5b7598c9427f050af07d2d5f?lang=ko

적'이라고 묘사되며, 잘 설계된 공학 도구의 스케치는 학생들이 탐구할 수 있게 하고, 수학적으로 정확하며, 중요한 도구와 표현에 주의를 기울이게 하며, 과도하게 복잡하지 않다. 다음으로 이러한 원칙들 각각에 대해 설명한다.

공학 도구는 탐구를 가능하게 해야 한다.

학생들을 수학 탐구자로 자리매김하게 하려면, 제공되는 도구가 탐구를 가능하게 해야 한다. 이는 공학 도구가 실험을 지원해야 한다는 것을 의미한다. 학생들은 자유롭게 탐구의 방법을 선택할 수 있어야 하며, 아이디어를 테스트하고 피드백을 받을 수 있어야 한다. 궁극적으로는 학생들이 논의할 가치가 있는 무언가를 만들어낼 수 있어야 한다! 학생들이 스케치에 포함된 다양한 표현을 탐구하고 사용하는 방식은 교실에서 함께 고려하고 논의할 수 있는 공유된 이미지로 이어진다.

- "학생들이 움직임이나 측정을 통해 도형의 특성을 발견할 수 있게 해주는 것이어야 합니다. 그들이 동적으로 실험할 수 있는 것들이죠" (Michele)
- "학생들이 이것저것 시도해 볼 수 있었으면 좋겠어요. 탐구할 수 있어야 한다고 말하는 게 가장 적절한 표현인 것 같네요" (Nathan)
- "상호작용이 가능해야 합니다" (Leah)

Tech-Math 교사들의 의견을 들어보면, 학생들이 탐구하는 데 필요한 도구를 갖추고, 표현이 동적이어서 학생들이 상호작용할 수 있도록 하는 것이 얼마나 중요한지 알 수 있다. 또한, 학생들이 자유롭게 탐구하든 특정 아이디어를 테스트하든, 스케치는 학생들이 피드백을 받아 계속해서 생각하고 자신의 생각을 수정하도록 유도할 수 있는 방식으로 설계되어야 한다.

- "학생들이 GeoGebra에서 무언가를 만들 때, 변환을 생각해냈는데 그 결과가 예상과 다르게 나타난다면, 그게 바로 피드백입니다" (Leah)
- "그와 관련된 것은 학생들이 공학 도구를 통해 받는 피드백이 덜 평가적이라는 점입니다. 맞고 틀린 것을 따지는 것이 아니라 해석적 피드백입니다. 수학적으로 해석하면서 예를 들어, '스케일 팩터(scale factor)가 3이라고 했지? 그러면 이렇게 보일 거야. 스케일 팩터가 -2라고 했지? 그럼 수학적으로는 이렇게 나타날 거야'라고 알려주는 것입니다. 그래서 꼭 맞고 틀린 것이 있는 것이 아니며, 특히 초기에는 맞거나 틀릴 수 있는 다양한 방식들이 존재합니다" (Nolan)

Tech-Math 교사들이 공학 도구의 스케치가 학생들에게 해석적 피드백을 제공하는지의 여부에 대해 생각한다는 점에 주목해야 한다. 여기서 해석적 피드백이란, 학생의 행동에 대한 반응으로 공학 도구가 어떤 결과를 생성하여 학생이 자신의 행동을 되돌아볼 기회를 제공하는 것을 의미한다. 학생들이 수학적 대상에 대한 자신의 행동의 결과를 볼 수 있는 것은 실험을 지원하는 데 필수적이다. 피드백은 더 많은 생각을 유도해야 한다! 중요한 것은 결과가 맞았는지 틀렸는지가 아니라, 그 결과가 당신이 취한 행동과 어떻게 관련이 있는가이다. 왜 그렇게 되었는가? 그것이 당신이 기대한 것인가? 그렇지 않다면, 왜 그런가?

- “저는 학생들이 공학 도구를 사용하면서 무언가를 입력했을 때 그저 체크 표시나 엑스 표시만 받는 것을 정말 좋아하지 않습니다. 체크 표시가 때로는 학생들에게 상처를 줄 수 있다고 생각해요. 아무도 빨간 체크 표시를 보고 싶어 하지 않죠. 저는 학생들이 무언가를 입력해서 그래프가 어떻게 변하는지, 또는 다각형의 크기가 어떻게 변하는지를 볼 수 있는 해석적 피드백을 제공하는 것을 선호합니다. 제게 정말 중요한 핵심은 학생들이 공학 도구를 사용할 때 그저 흑백 논리로만 끝나지 않는 것입니다. ‘이 부분이 잘못되었지만, 여기 또 다른 요소가 있습니다. 왜 잘못된 생각을 했는지 이해할 수 있나요? 이제 그것을 수정할 수 있나요?’라는 식의 피드백을 주는 것이 중요합니다” (Nick)
- “학생이 무작위로 무언가를 입력했을 때, 예를 들어 이 직선의 방정식이 무엇인지 묻고, 학생이 직선의 방정식을 입력하면 그 직선이 그래프에 나타나는 거죠. 그래서 학생들은 자신이 입력한 것에 대한 피드백을 받게 됩니다. ‘틀렸다’가 아니라 ‘이것이 당신의 그래프입니다. 수정하고 싶나요? 아니면 맞았나요?’라는 식으로 학생들에게 비공식적인 피드백을 주고, 압박감 없이 상호작용이 이루어지는 것이죠” (Lauren)

이 설계 원칙의 의미는 학생들이 공학 도구를 활용해 탐구하면서 자신의 행동과 반응에 대해 배울 수 있도록 어떤 도구와 표현을 제공할 수 있을지 고민해야 한다는 것이다. 궁극적으로, 학생들이 탐구를 통해 논의할 가치가 있는 것을 만들어내길 기대하는 것이다.

- “학생들이 동시에 여러 가지 상황을 볼 수 있게 하거나, 질문을 제기하고 ‘왜 이게 작동할까?’라고 생각해 볼 수 있는 기회를 제공해야 합니다” (Nathan)
- “학생들이 소그룹 또는 전체 수업에서 보고 있는 것들을 비교하고 대조하면서 친구들과 수학에 대해 이야기할 수 있을까요?” (Kristen)

☐ 사례: 삼각형 깊이 보기

학생들이 기하학적 도형에 대해 가지고 있는 일반적인 생각은, 종이에 보이는 이미지의 "모양"에 따라 도형에 대해 가정을 하는 것이다. 예를 들어, 꼭짓점에서 반대편 변으로 연결된 선분이 주어진 삼각형을 보면, 그 선분이 각과 변을 이등분한다고 가정하는 것이 일반적이다. 학생들이 삼각형에 대한 개념을 다듬도록 지원하는 한 방법은 정적 이미지와 동적 이미지를 함께 사용하여 질문을 제기하는 것이다. 과제가 학생들을 탐구자로 자리매김하게 하고, 논의할 만한 피드백을 제공하는 것이 중요하다는 점에 대해 이야기할 때, Karen은 이 과제를 하나의 예로 공유했다. 학생들은 먼저 [그림 4.4]와 같은 정적인 이미지를 사용한 삼각형에 관한 질문을 받는다. 삼각형이 같아 보이지만 서로 다른 조건을 가지고 있음에 주의해야 한다.

🌐 [링크 4.4] 삼각형 깊이 보기 전체 활동지[4]

Circle if the conditions are true for each number **A**lways, **S**ometimes, or **N**ever.

1. $\overline{AD}$ bisects $\measuredangle CAB$. What do you know?

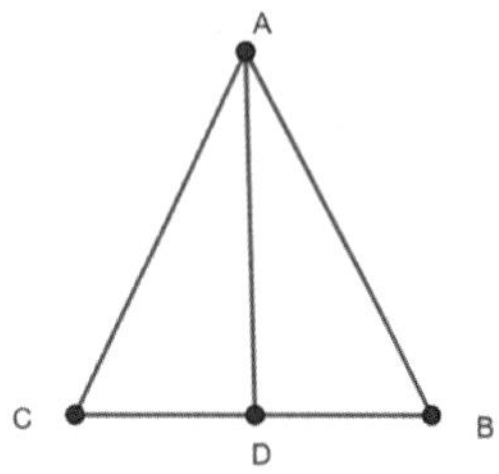

   a. $\measuredangle CAD \cong \measuredangle BAD$ A S N

   b. $\overline{CD} \cong \overline{DB}$ A S N

   c. $\overline{AD} \perp \overline{CB}$ A S N

   d. $\overline{AD}$ *bisects* $\overline{CB}$ A S N

   e. $\measuredangle CDA$ and $\measuredangle BDA$ are right angles A S N

2. $\overline{AD}$ bisects $\overline{CB}$. What do you know?

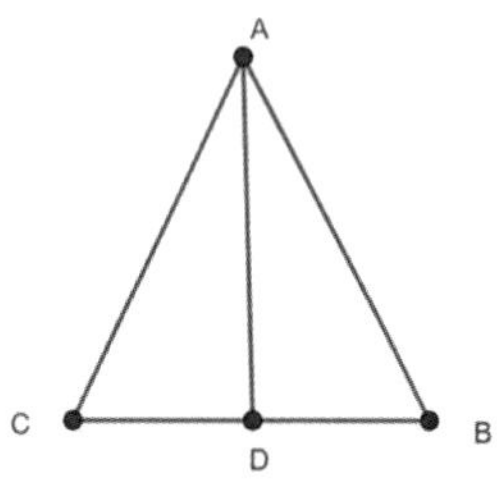

   a. $\measuredangle CAD \cong \measuredangle BAD$ A S N

   b. $\overline{CD} \cong \overline{DB}$ A S N

   c. $\overline{AD} \perp \overline{CB}$ A S N

   d. $\overline{AD}$ *bisects* $\overline{CB}$ A S N

   e. $\measuredangle CDA$ and $\measuredangle BDA$ are right angles A S N

[그림 4.4] 삼각형 깊이 보기 활동지

---

4) https://docs.google.com/document/d/1zBuATp5ef8oZ3QH4tJyK2aXZ2zuT3JyjmZsFkhNJpyI/edit?tab=t.0

잠시 생각해봅시다.

1. 학생들이 [그림 4.4]에 있는 질문들에 어떻게 반응할 것으로 예상하는가? 학생들이 자신의 답변에 대해 어떤 이유를 제시할 수 있을까?
2. 주어진 조건에 기반하여 사전에 만들어진 스케치(질문 1에 대한 스케치와 질문 2에 대한 스케치)가 학생들의 추론을 어떻게 지원할 수 있을까?
3. 그러한 스케치가 학생들의 혼란을 가중시키지 않도록 주의해야 할 점은 무엇일까?

지필 환경에서 질문에 답한 후, 학생들은 같은 질문이 나타나지만 아이디어를 탐구하고 테스트할 수 있는 도구가 제공되는 GeoGebra 스케치를 열도록 한다(링크 4.5). 측정값을 추가하고 삼각형의 꼭짓점을 드래그함으로써, 학생들은 주어진 조건과 다른 가능한 관계에 대한 아이디어를 형성할 수 있는 해석적 피드백을 받게 된다. 학생들이 드래그하여 다른 삼각형을 만들 때, 학생들은 논의할 가치가 있는 이미지를 생성하게 되며, 이는 그들의 추측을 뒷받침하고 다른 사람들과 공유할 수 있는 예를 제공한다. 예를 들어, [그림 4.5]의 왼쪽에서 학생들은 각도를 측정하여 원래 주어진 설명에 따라 각이 일치함을 확인한다. 학생들은 삼각형이 외관상 이등변삼각형일 것이라고 가정할 수 있다. 하지만 오른쪽에서는 학생들이 추가적인 각도 측정뿐만 아니라, 꼭짓점 C를 아래쪽으로 그리고 D 지점에서 멀리 드래그했다. 이제 학생들은 이 삼각형이 이등변삼각형이 아니라는 것을 알 수 있다. 스케치 내에서 제공된 도구들은 학생들이 필요로 하는 도구를 갖추면서도, 불필요한 도구로 인해 혼란스러워하지 않도록 신중하게 선택되었다. 정교하게 구성된 GeoGebra 스케치는 학생들이 속성들을 신속하고 정확하게 탐구하고 그들의 추측을 테스트할 수 있는 쉬운 방법을 제공했다.

🌐 [링크 4.5] 삼각형 깊이 보기 탐구를 위한 GeoGebra 스케치[5)]

중요한 도구와 표현에 주의를 기울이기

스케치가 사용자 친화적이 되려면 도구와 표현이 쉽게 보이고 논의할 수 있어야 한다. 예를 들어, Karen이 삼각형 조건을 탐구하기 위해 만든 GeoGebra 활동에서는, 학생들이 사용할 수 있는 도구들이 상단에 명확하게 정렬되어 있었고, 스케치 내에서 드래그할 수 있는 꼭짓점은 그렇지 않은 꼭짓점과 다른 색상으로 표시되었다. 그러나 스케치가 더 복잡

5) https://www.geogebra.org/m/hhugtrjh

1. Segment AD bisects ∠BAD. What do you know?

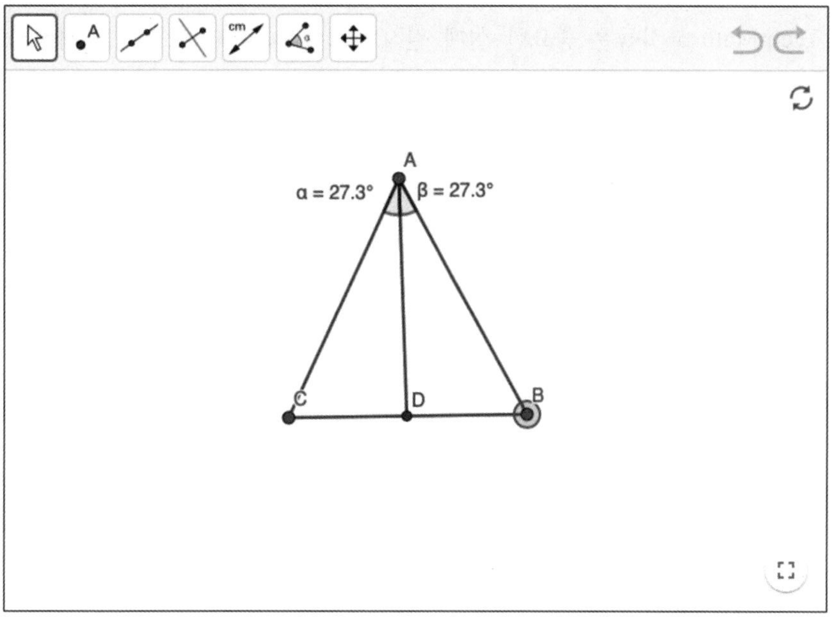

1. Segment AD bisects ∠BAD. What do you know?

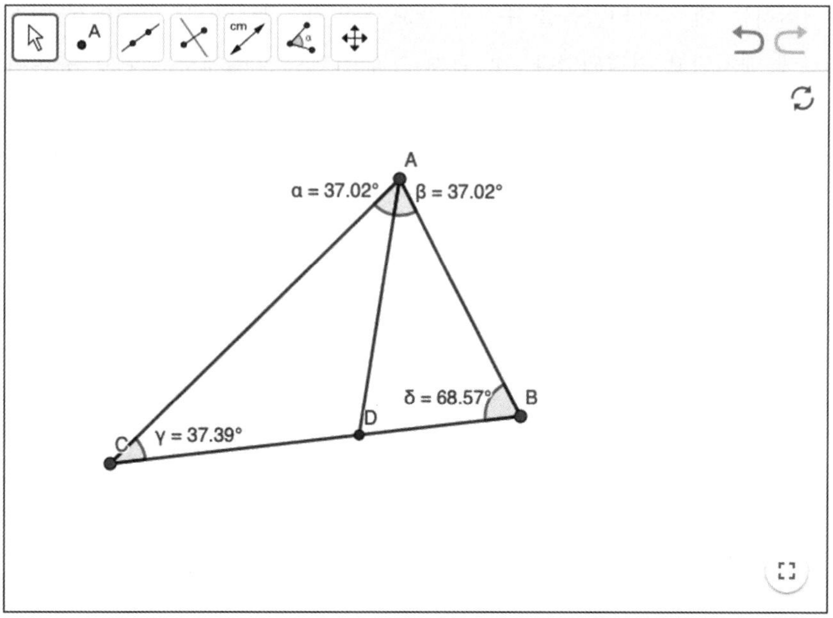

[그림 4.5] GeoGebra의 삼각형 깊이 보기 스케치를 이용해서 학생이 만든 예

해지면서(예: 복잡한 기하학적 구조나 여러 개의 그래프, 표, 방정식), 색상과 다른 표시를 사용하여 같은 유형의 표현을 구분하고 연결된 표현 간의 연관성을 보여 주는 것이 중요해진다. Tech-Math 교사들은 중요한 설계 원칙으로, 색상과 다른 표식을 사용하여 구분하거나 연결하는 것이 중요하다고 언급했다.

- "색상 같은 것을 사용해서 학생들이 볼 때 유사점이나 제가 강조하고 싶은 다른 측면을 잘 드러내려고 자주 사용합니다" (Michele)
- "저는 이미지 내에서 서로 다른 색상의 그래프와 특징을 구분하려고 노력합니다. 예를 들어, 두 개의 그래프가 있는데 둘 다 검은색 선으로 그려져 있다면, 그것들이 두 개의 별도 선인지, 또는 하나가 절댓값 함수인지 잘 알 수 없습니다. 그래서 저는 항상 색상을 다르게 설정하는 편입니다" (Samantha)
- "그래프 측면에서 색상이 들어가기를 원합니다. 그렇지 않으면 어떤 함수가 어떤 것인지 정말 쉽게 헷갈릴 수 있다고 생각하기 때문입니다. 특히 여러 가지를 비교하려고 할 때 그렇습니다" (Nathan)

[그림 4.6]부터 [그림 4.8]까지의 그래프에서는 색상과 다양한 스타일(예: 실선, 점선, 점선 곡선)이 함수들을 구분하는 데 사용되었다. 모든 예에서 색상은 그래프 표현과 기호 표현을 연결하는 데 사용되었음을 주목할 필요가 있다. 그러나 각 예시에서 기호 표현은 서로 다르게 배치되고 연결되었다. 첫 번째 그래프(그림 4.6)에서는 기호 표현이 왼쪽에만 나타나며, 학생들은 슬라이더를 읽고 그래프에서 나타나는 특정 함수를 파악해야 한다. 두 번째 그래프(그림 4.7)에서는 링크된 텍스트가 페이지 상단에 추가되었다. 슬라이

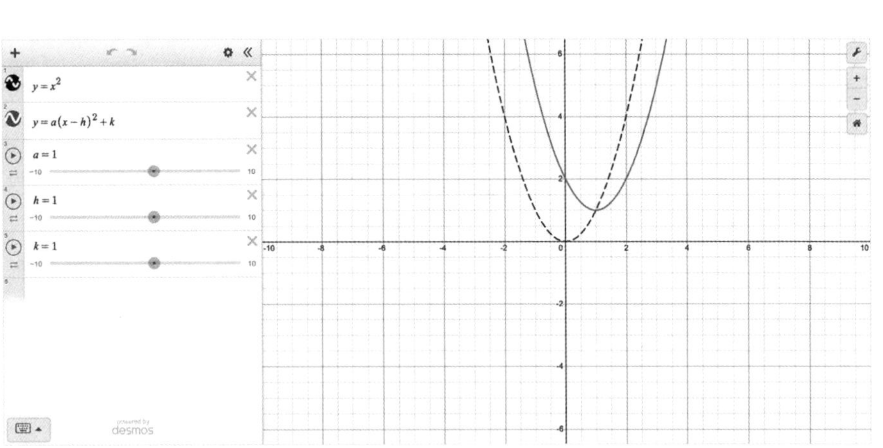

[그림 4.6] 왼쪽에 있는 슬라이더

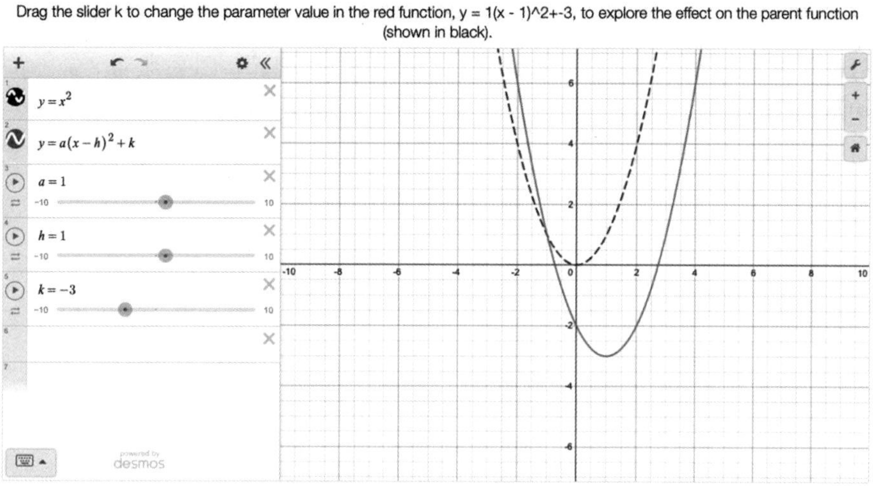

[그림 4.7] 제목에 동적으로 연결된 함수

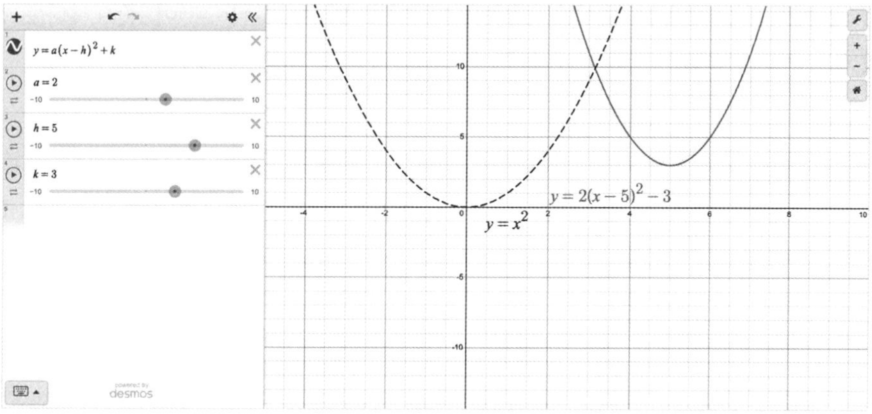

[그림 4.8] 스케치에 동적으로 연결된 함수

더를 조정하면 기호 표현 내의 값도 그에 따라 변경된다(이를 '활성화된 텍스트(hot text)'라고 부르기도 한다). 그러나 링크된 텍스트가 포함되어 있지만, 그것이 배치된 위치가 학생들이 쉽게 놓칠 수 있는 곳이어서, 학생들이 그것이 포함되어 있다는 사실을 보지 못할 수도 있다. 세 번째 예시(그림 4.8)에서는 링크된 텍스트가 좌표평면에 포함되어 있으며, 해당 그래프와 일치하는 색상으로 표시되었다. 평면 내에 배치된 경우, 이를 놓치기 매우 어렵다!

색상과 표시를 사용하면 스케치를 이해하기 쉽게 만들 뿐만 아니라, 그것에 대해 이야기하기도 더 수월해진다. 비형식적인 언어에서 형식적인 언어로 전환할 때, 색상은 학생들이 스케치와 상호작용하면서 관찰한 것을 쉽게 설명할 방법을 제공한다. 예를 들어, 위에서 언급한 그래프에서 학생들은 빨간 함수를 검은 함수와 비교할 수 있다(예: "빨간 함수는 검은 함수보다 왼쪽으로 두 칸, 위로 세 칸 이동해 있다"). 이후에 학생들은 검은 함수를 기본 함수로, 빨간 함수를 이동된 함수로 언급하면서 이야기할 수 있다 (예: "변환된 이차 함수의 꼭짓점은 기본 함수의 꼭짓점에서 왼쪽으로 두 칸, 위로 세 칸 이동해 있다").

- "학생들은 처음에 빨간 함수, 파란 함수, 보라색 함수를 이야기하는 것이 $g(x)$가 $f(x)$에서 나왔다고 바로 말하는 것보다 더 편하게 느낍니다. [두 개의 합성 함수를 비교할 때를 언급하며] 그래서 저는 색상의 사용이 정말 좋다고 생각합니다" (Kristy)

색상과 표시의 사용이 확실히 도움이 되지만, 색상과 표시을 선택할 때는 수업에 참여하는 학생들을 고려하는 것이 중요하다. 모든 학생이 색상을 구별할 수 있는 것은 아니기 때문에, 스케치에서 사용할 색상을 선택할 때 이를 염두에 두는 것이 중요하다(또한, 프로젝터가 색상을 왜곡하여 보기 어려워질 수 있다는 점도 고려해야 한다).

- "제가 빨간 그래프에 대해 이야기할 때는 그 텍스트를 빨간색으로 표시하려고 노력하지만, 누군가 빨간색을 보지 못하거나 빨간색과 녹색을 구별하지 못할 수 있다는 점도 염두에 두고 다른 방법을 마련하려고 합니다. 그래서 우리는 점선과 실선을 사용합니다" (Andrew)

잠시 생각해봅시다.

[그림 4.9]는 원기둥의 반지름과 높이, 그리고 부피 사이의 관계를 학생들이 탐구할 수 있도록 설계된 스케치이다(링크 4.6 참조). 슬라이더를 드래그하여 반지름과 높이를 변경할 수 있으며, 이에 따라 원기둥의 구조, 밑면의 크기, 그리고 부피 측정값도 변화한다. 중요한 연결에 학생들의 주의를 끌기 위해 색상이나 표시를 어떻게 활용할 수 있을 것인가?

🌐 [링크 4.6] 원기둥의 부피 스케치[6)]

중요한 관계에 주의를 끌기 위한 한 가지 방법은 슬라이더와 그것이 제어하는 도형의

6) https://www.geogebra.org/classic/azjm6qg5

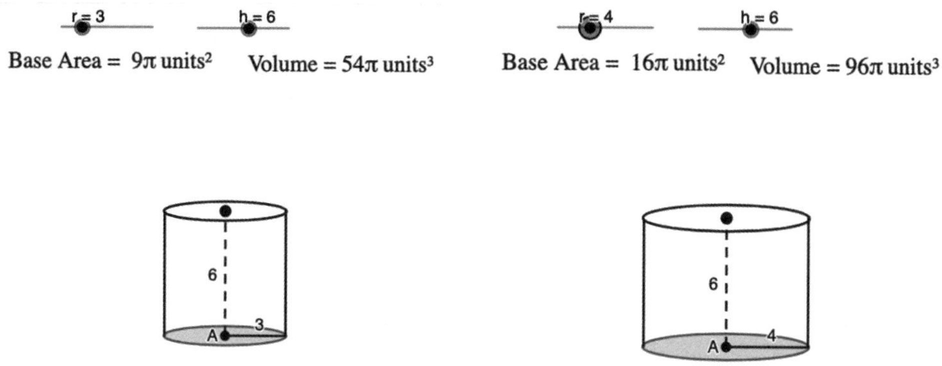

[그림 4.9] 원기둥의 부피 스케치

부분을 같은 색으로 맞추는 것이다. 예를 들어, r 슬라이더를 빨간색으로 만들고, 반지름 표시와 반지름 측정값도 빨간색으로 할 수 있다. 동일하게 h 슬라이더, 스케치에서의 높이 표시, 그리고 높이 측정값도 같은 색으로 설정할 수 있다. 밑면의 넓이 측정값은 도형에서 음영 처리된 밑면의 색과 같게 할 수 있다. 마지막으로, 부피 측정값은 도형의 전체 윤곽선과 같은 색으로 하여 삼차원 부피를 나타내도록 할 수 있다. 그러나 이를 위해서는 네 가지 다른 색상이 필요하므로, 색상을 신중하게 선택해야 한다. 모든 학생이(색을 다르게 보는 학생들을 포함하여) 서로 구별하기 쉽도록 색상을 선택하는 것이 중요하다.

스케치가 수학적으로 올바른지 확인하기

다행히도 오늘날 중등 교실에서 일반적으로 사용되는 공학 도구들은 수학적으로 타당하여 학생들의 행동에 수학적으로 정의된 방식으로 정확하게 반응한다. 그러나 미리 작성된 스케치를 사용하는 경우, 스케치에 포함된 모든 측면이 수학적으로 정확한지 확인하는 것이 중요하다. 여기에는 표기법, 용어, 수학적 관계, 또는 설명을 확인하는 것이 포함된다.

- “공학 도구 기반의 좋은 과제는 오류가 너무 많지 않아야 해요. 저도 과제를 많이 만들어봤고, 그중에는 오류가 있어서 별로 순조롭지 않게 진행된 경우도 많았어요. 그래서 항상 오류, 특히 수학적 오류가 없는지 확인해요. 그게 정말로 아이들을 혼란스럽게 하거든요” (Samantha)

예를 들어, 학생들이 마름모의 성질을 탐구하기를 원한다면, 스케치에 마름모가 포함되어 있고 그것이 드래그되더라도 여전히 마름모로 남아 있는 것이 중요하다(즉, 드래그 테스트를 통과해야 한다). 또한, 스케치를 드래그할 때 정사각형 마름모뿐만 아니라 정사각형이 아닌 마름모도 나타나도록 하는 것이 중요하다. 따라서 스케치에 포함된 모든 텍스트를 교정하는 것도 중요하지만, 포함된 동적인 수학적 또는 통계적 대상들을 확인하는 것 역시 중요하다. 친구에게 스케치를 일부러 고장 내보라고 요청할 수도 있다.

공간의 효율적 사용

색상과 표시가 학생들이 도구와 관계에 관심을 가지게 할 수 있지만, 스케치가 너무 복잡하거나 장황하다면, 아무리 색상과 표시를 잘 사용하더라도 학생들이 그것을 이해하는 데 도움이 되지 않을 것이다.

- "저는 가능한 한 깔끔하게 만들고 싶고, 학생들이 읽을 수 있게 하려면 조금만 읽으면 되도록 하고 싶어요" (Dan)
- "인터페이스 설계에서, 저에게 정말 중요한 몇 가지가 있어요. 예를 들어, 너무 복잡하거나 혼란스러울 때, 화면에서 여섯 가지를 비교하려고 하면 학생들이 제가 정말

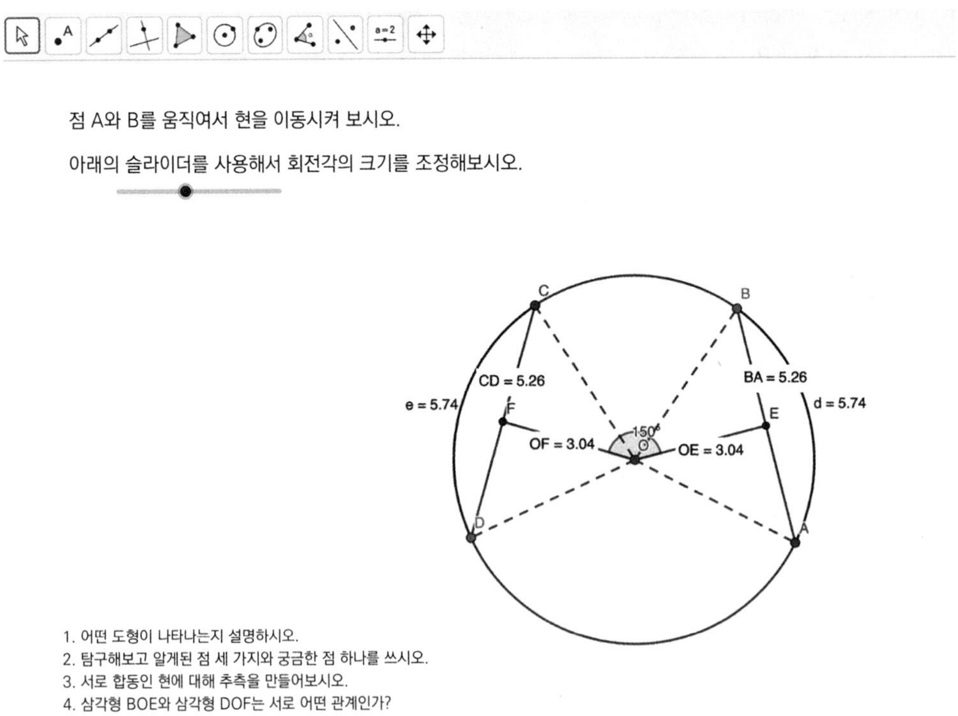

[그림 4.10] 원과 현의 관계에 관해 미리 만들어진 스케치 1

발견하게 하고 싶은 것에 집중하기 어려워질 수 있어요. 공간에 너무 많은 것을 넣는 것이 문제가 될 수 있어요" (Kristen)

- "학생들이 읽고 이해하기 쉬운 것이어야 해요. 저도 해봤는데, 화면에 너무 많은 단어를 쓰면 학생들을 놓치게 돼요" (Leah)

잠시 생각해봅시다.

[그림 4.10]은 학생들이 원의 중심에서 같은 거리에 있는 현과 호 및 중심각의 크기 사이의 관계를 탐구할 수 있도록 미리 작성된 스케치이다. 이 스케치가 덜 복잡해지도록 어떻게 수정하겠는가?

점 B와 C를 움직여서 현을 이동시켜 보시오.

☐ 현의 길이 표시

아래의 슬라이더를 사용해서 회전각의 크기를 조정해보시오.

☐ 반지름 표시

☐ 현과 중심 사이의 거리 표시

☐ 작은 호의 길이 표시

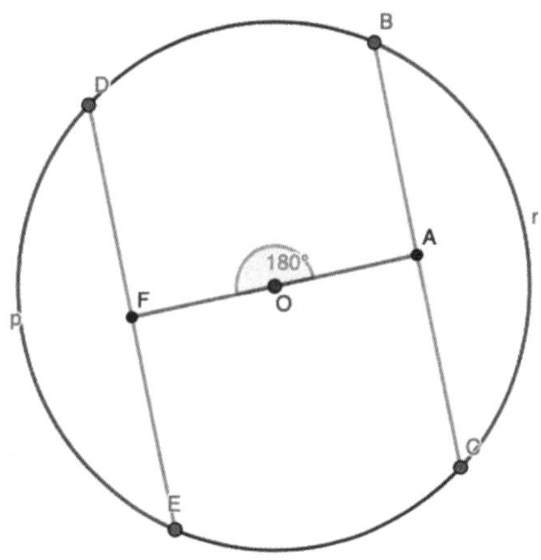

탐구 2:

이 탐구를 위해 2쪽을 이용하시오: 합동인 현 탐구 (지오지브라 책의 현 탐구)

1. 이 페이지에 제시된 도형을 설명하시오. 탐구해보고 알게된 점 세 가지와 궁금한 점 한 가지를 쓰시오.
2. 작은 호의 길이와 현의 길이만을 표시하시오. 점 B와 C를 드래그하고 알게된 점을 쓰시오.
3. 2번 질문에 대한 답을 이용해서, 서로 합동인 현에 대한 추측을 만들어보시오.
4. 삼각형 AOB와 FOE는 서로 어떤 관계인지 설명하시오.
5. 3번 질문에서 만든 추측을 정당화하시오.

[그림 4.11] 원과 현의 관계에 관해 미리 만들어진 스케치 2

공간을 덜 복잡하게 만드는 한 가지 방법은 체크박스나 버튼을 사용하여 스케치의 일부를 켜고 끄는 것(즉, 숨기고 보이게 하는 것)이다. 이를 통해 학생들이 탐구하면서 집중하고 싶은 대상과 측정값을 선택할 수 있게 된다. 또 다른 전략은 질문을 다른 위치로 옮기는 것이다. 때로는 질문을 스케치와 분리하는 것이 더 도움이 될 수 있다. 이를 위해 질문을 활동 제작 도구나 워크시트에 넣을 수 있다. [그림 4.11]은 체크박스를 사용하여 공간을 덜 복잡하게 만들고 중요한 연결을 강조하기 위해 색상과 표시를 사용한 스케치(Samantha에 의해 작성됨)를 보여준다. 지침과 지시문은 학생들이 스케치를 사용하여 탐구하면서 자신의 아이디어를 기록할 수 있도록 워크시트로 이동되었다.

[링크 4.7] Samantha의 원과 현의 관계 과제[7)]

수학 탐구를 위한 공학적 스케치와 함께 제공되는 지시문

학생들이 사용하는 공학 도구만큼 중요한 것은 그들의 탐구를 안내하기 위해 제공하는 지시문이나 질문들이다. 학생들을 수학 탐구자로 자리매김하려면, 공학 도구가 접목된 과제에서 사용하는 지시문이 탐구를 장려해야 한다. 여러분이 찾은 스케치 중 일부는 이미 지시문이 포함되어 있을 수 있지만, 때로는 훌륭한 스케치를 발견하고 스스로 지시문을 만들어야 할 때도 있다. 어느 쪽이든, 지시문의 설계는 매우 중요하게 고려해야 한다.

Tech-Math 교사들은 지시문을 검토할 때, 사고를 촉진하고 학생들에게 흥미로운 대화를 제공할 수 있는 질문을 찾고 있다고 강조했다. 이를 가장 쉽게 할 수 있는 방법 중 하나는 비형식적인 아이디어를 형식적인 아이디어 이전에 묻는 것이다. 앞서 언급했듯이, 스케치가 학생들이 쉽게 탐구하고 해석적 피드백을 받을 수 있도록 설정되어 있다면, 그러한 탐구를 유도하는 지시문을 포함하는 것이 훌륭한 시작이 될 수 있다. 그런 다음, 비형식적인 아이디어를 보다 형식적인 방식으로 발전시켜 나가도록 할 수 있다.

- "공학 도구를 사용할 때, 특히 학생들이 자신이 보고 있는 것에 대해 형식적이든 비형식적이든 이야기할 수 있는 방법을 제공하려고 합니다. 학생들이 무언가를 보고 그것이 무엇인지 모를 수도 있지만, 그들이 발견하는 패턴에 대해 이야기할 수 있게 되며, 이는 모든 학생들이 그렇게 할 수 있는 능력을 제공합니다" (Kristen)

7) https://docs.google.com/document/d/1B7-hID1lwu16MScRcDJ61kIuMnW1-4E-Zkd9PjW4u5k/copy?usp=sharing

- "저는 학생들이 탐구와 놀이의 감각을 가지기를 원하며, 그것이 비형식적인 것에서 형식적인 것으로 발전하기를 바랍니다" (Lauren)
- "형식적인 관찰 전에 비형식적인 관찰을 어떻게 유도할 수 있을지 고민합니다. 그래서 수학을 몰라도 답할 수 있는 '낮은 문턱, 높은 천장' 같은 질문들을 생각합니다. 많은 질문이 '무엇을 발견했나요?' 또는 '무슨 일이 일어나고 있나요?'와 같은 비형식적인 질문들입니다. 학생들이 상호작용하고, 스스로 비형식적인 연결을 시작할 수 있게 하는 방법을 찾는 것도 중요합니다" (Nolan)

탐구를 촉진하고 비형식적인 아이디어를 공유하게 하는 쉬운 방법은 "무엇을 발견했나요? 무엇이 궁금한가요?"라고 묻는 것이다. 학생들에게 무엇을 발견했고 무엇이 궁금한지 묻는 것은 강력하다. 왜냐하면 모든 사람이 무언가를 발견할 수 있기 때문이다(Ray-Riek, 2013)! 이러한 지시문은 부담이 적으며, 종종 나중에 수업의 공식적인 목표와 연결하여 발전시킬 수 있는 멋진 아이디어를 이끌어낸다. 학생들이 탐구하고 자신의 말로 멋진 아이디어를 표현할 기회를 가진 후, 이제 목표와 더 밀접하게 연결되면서도 여전히 탐구를 장려하는 지시문을 도입할 수 있다. 이와 같은 일련의 지시문은 가설을 세우고 테스트하며, 결과를 검토하고, 그것들을 자신에게 의미 있는 방식으로 설명하며, 그런 다음 이러한 아이디어를 형식적인 수학적 언어, 표기법, 개념 및 절차와 연결하는 자율성을 장려한다.

다양한 지시문을 검토할 때, 그것들이 비형식적인 것에서 형식적인 것으로 발전하는지 뿐만 아니라, 질문의 다양성도 고려해야 한다. 아무도 반복해서 같은 질문에 답하고 싶어 하지 않는다. 또한, 학생들이 주목하기를 바라는 특정한 표현이 있다면, 그것을 요구하는 것이 중요하다. Desmos(2016)에서 교육과정 설계자들은 다음과 같이 설명한다.

> 학생들이 반복해서 같은 종류의 동사(예를 들어, 계산하기)를 수행하고, 그 동사가 반복해서 같은 종류의 명사(예를 들어, 선택지 응답)를 산출할 때 활동은 지루해진다. 그러므로 학생들에게 할당하는 동사에 주의를 기울여야 한다. 다양한 동사가 있는가? 학생들이 계산할 뿐만 아니라, 논쟁하고, 예측하고, 검증하고, 비교하고 있는가? 그리고 그러한 동사들이 만들어내는 명사의 종류에도 주목해야 한다. 학생들이 수를 산출할 뿐만 아니라, 그 수를 수직선에 나타내고, 그 수에 대한 문장을 작성하고 있는가?

Tech-Math 교사들은 자신들도 이 원칙에 따라 지도하고 있다고 언급했다.

- "저는 다양한 질문을 작성하려고 노력하며, 아마도 다른 관점에서 무언가를 물어보려고 합니다" (Michele)
- "저는 다양한 지시문을 담으려고 노력합니다. 처음에는 학생들이 흥미를 가질 수 있도록 친근하게 시작하고, 진행하면서 지시문이 점점 확장되도록 구성하려고 합니다" (Kristy)

공학 도구 활용 과제 선택을 위한 조언

좋은 공학 도구 활용 과제를 선택하는 것이 간단하지 않다는 점이 분명하길 바라지만, 너무 부담스럽게 느껴지지는 않기를 바란다. 이미 훌륭한 과제들이 많이 있으므로, 무엇이 좋은 과제를 만드는지 알면 그것들을 선별하는 것이 훨씬 쉬워질 것이다. 만약 공학 도구 활용 과제를 선택하거나 수정하는 것을 이제 막 시작하고 있다면, Tech-Math 교사들이 제공하는 네 가지 확실한 조언이 있다.

작게 시작하기

우리는 공학 도구를 사용하여 더 잘 가르칠 수 있는 개념이 있다는 점을 확실히 주장하고 있지만, 동시에 전체 과정을 한번에 전면적으로 바꾸는 것이 현실적이지 않다는 점도 충분히 인식하고 있다! 만약 양질의 공학 도구 접목 과제가 포함된 교육과정을 사용하지 않는다면, 중요한 조언 중 하나는 작게 시작하라는 것이다!

- "이 모든 것에 익숙해지려면 시간이 많이 걸립니다. 하나의 공학 도구를 선택하고, 그 공학 도구로 하고 싶은 한두 개의 수업을 선택하세요. 예를 들어 처음으로 Desmos 활동을 시도해 보고 싶다면, 다른 사람이 이미 만들어둔 활동 중에서 당신의 교실에 맞는 것을 찾아 그것부터 시작하세요. 그런 다음 다음에 Desmos 활동을 할 때는 스크린샷 기능을 시도해 보고, 그것이 한두 개의 스크린샷과 어떻게 작동하는지 확인해 보세요. 그러니 아주 작게 시작하고, 나중에 간단한 활동을 직접 만들어 보는 것도 좋습니다" (Leah)
- "교실에서 매일 공학 도구를 사용해야 한다고 느끼지 마세요. 왜냐하면 항상 원하는 것을 정확히 찾을 수 있는 것은 아니고, 만약 잘 안 되면 다른 자료를 사용하면 되니까요" (Nathan)
- "부담을 느끼지 마세요. 그냥 처음에는 사용하고 싶은 공학 도구 하나를 찾는 것부

터 시작하세요. 이런 공학 도구들에 대해 듣기만 해도 매우 쉬울 수 있습니다. 특히 트위터를 스크롤하거나 동료들이 무엇을 하고 있는지 볼 때 더욱 그렇습니다. 저도 처음에는 매우 부담을 느꼈습니다" (Kristy)

새로 발명하지 않기

Google 검색과 특정한 공학 도구 검색 기능(예: GeoGebra Resources, Teacher Desmos, Mathigon, NCTM Illuminations, Schodor) 사이에서 수백만 개의 공학 도구 접목 과제가 손끝에 있다. 여러분의 필요에 딱 맞는 것을 종종 찾을 수 있다. 하지만 정확히 원하는 것을 찾지 못했을 때는, 비슷한 것을 찾아 이 장에서 설명한 설계 원칙을 사용하여 그것을 정확히 여러분이 필요한 것으로 조정할 필요가 있다!

- "GeoGebra에는 이미 만들어진 과제가 아주 많습니다. Desmos에도 매우 많은 과제가 이미 준비되어 있어요. 그래서 먼저 그들이 제공하는 자원을 탐색하고, 마음에 들지 않으면 수정할 방법을 찾아보세요. 하지만 저는 이미 만들어진 것을 찾는 것을 추천합니다" (Nathan)
- "미리 설계된 과제부터 시작하세요. Desmos를 생각해 보면 이미 선별된 컬렉션들이 있고 그 안에는 교사 팁도 포함되어 있어요. 그러니 먼저 그것들 중 하나를 실행해 보세요" (Kristen)
- "모든 것을 다시 만들려고 하지 말고, 이미 존재하는 것을 찾아보세요. 전달하고 싶은 요점을 알고, 학생들이 이해하길 원하는 개념을 알고 나서, 이미 나와 있는 것을 찾아보고 그것을 수정하세요. 모든 것을 처음부터 만들려고 하지 마세요. 그건 너무 시간이 많이 들고 길을 잃을 수도 있습니다" (Andy)
- "대부분의 사람들이 자신의 것을 직접 만들기를 권장하지 않아요. 저는 그들이 수정하는 것을 더 권장합니다. 마음에 드는 것을 찾아서 바꾸고 싶은 것이 있으면 수정하세요" (Dan)

과제 직접 해보기

공학 도구가 접목된 과제를 학생들과 함께 사용하기 전에 스스로 그 과제를 직접 해보는 것이 중요하다. 직접 해보는 것을 통해 스케치와 관련된 지시문을 개선할 수 있는 방법을 발견할 수 있다. 또한, 직접 해보는 것을 통해 학생들이 공학 도구와 어떻게 상호작용할지, 그리고 그들이 지시문에 답하기 위해 사용할 전략에 대한 더 나은 통찰을 얻게 된다. 학생들의 전략과 그들이 취하는 행동의 결과로 무엇을 보게 될지 생각해 보는 것은 그들의 사고를 예측하고 평가 및 발전시킬 계획을 세우는 데 도움이 될 것이다.

- “먼저 교사로서 직접 경험해 봐야 어디에서 문제가 발생할지 생각할 수 있습니다. 계획을 세우는 것이죠. 공학 도구와 관련된 작업 중 하나는 정말로 미리 계획을 세우고 직접 경험해 보는 것이 중요하다고 생각합니다. 작은 오타나 ‘이거 잘못 설계했네’라고 말하게 되는 그런 상호작용 문제를 발견하는 것이죠. 제가 직접 활동을 설계할 때, 각 화면을 완성할 때마다 스스로 테스트하고 확인합니다. 학생들이 긍정적인 학습 경험을 얻고 있는지 확인하기 위해서요. 기본적으로는 사전 계획을 세우고, 진행 중에 메모를 하고, 이후에 반성하는 과정입니다” (Nick)
- “과제를 선택할 때, 최소한 한 번, 아니면 여러 번 스스로 작업을 해보며 다양한 접근 방법을 시도해 보는 것이 중요합니다. 아니면 학생들이 할 법한 것들을 미리 파악해 보는 것도 좋습니다” (Nathan)

공학 도구를 사용하는 다른 교사들과 협력하기

새로운 시도를 할 때 지지를 받는 느낌을 가지는 데에는 전문적 학습 공동체가 필수적이다. 그래서 학교나 학군, 학회 또는 온라인 커뮤니티에서 협력할 사람들을 찾아볼 필요가 있다! 소셜 미디어(예: 트위터, 페이스북, 인스타그램)에서는 공학 도구 접목 과제를 공유하고, 서로 문제를 해결하며, 새로운 아이디어를 시도하는 데 있어 서로를 지지하는 교사 그룹들이 있다. (#mtbos와 #iteachmath 해시태그는 팔로우할 가치가 있다.)

- “자신의 학교에 있는 교사들이든, 다른 학교의 교사들이든 협력하세요. 저는 학회에 참석할수록 더 많은 연결을 만들었습니다. 협력할 수 있는 다양한 방법이 있어서, 우리는 꼭 같은 건물에 있는 교사들하고만 협력할 필요가 없습니다. 그래서 교사들끼리 ‘이 활동 어떻게 생각하세요?’라고 보내고, 그들이 그것을 실행해 볼 수 있는 지원 네트워크를 만드세요” (Nolan)
- “트위터는 이를 위한 환상적인 장소입니다. #improvemyAB (활동 제작 도구 개선)이라는 해시태그도 있어서 사람들이 ‘이게 잘 안 되는데, 이 연결을 작동하게 도와줄 수 있나요?’ 또는 ‘일차함수와 기울기를 정말 잘 보여줄 수 있는 무언가를 찾고 있어요. 혹시 가지고 있는 게 있나요?’라고 물어볼 수 있습니다. 수학 교사 커뮤니티는 정말 대단합니다! 그것을 활용하고, 작게 시작해서 진행하면서 기술을 쌓아가세요” (Andrew)
- “질문을 할 수 있는 도움말 포럼 같은 것도 있어서 거기에 가서 질문할 수 있습니다. 사람들이 보통 굉장히 빠르게 답해줘요!” (Allyson)

- "제가 만든 최고의 활동 중 일부는 세 번째나 네 번째 수정 과정에 있습니다. 다른 교사들로부터 피드백을 받습니다. 예를 들어, '이걸 가르칠 때, 잘 된 점은 무엇인가요? 잘 안 된 점은 무엇인가요?'라고 물어보죠. 그래서 우리는 협력할 수 있습니다. 교사들은 서로 도와야 합니다" (Nick)

Tech-Math 교사들의 조언을 염두에 두면 수업 목표에 맞는 과제를 선택할 때 부담을 갖지 않도록 도와줄 것이다.

이 장의 핵심 사항

학생들을 수학 탐구자로 자리매김하기 위해 공학 도구를 활용한 과제는 낮은 문턱(모두가 시작할 수 있는 방법이 있음), 높은 천장(더 나아갈 수 있는 많은 가능성이 있음), 그리고 넓은 벽(해결책에 이르는 다양한 경로가 있음)을 가져야 한다. 이는 공학 도구 스케치와 그에 따른 지시문에 대해 다음의 설계 원칙을 사용하여 달성된다. 스케치와 지시문이 함께 작동하여 공학 도구를 활용한 과제가 높은 품질을 유지하고, 대화할 가치가 있는 상황을 만들어내는 것을 기억할 필요가 있다.

공학 도구 스케치		수반되는 지시문
• 탐구를 허용하기 • 중요한 도구와 표현에 주목하게 하기 • 수학을 올바르게 표현하기 • 공간을 효과적으로 사용하기	⟷	• 명확하고 간결하게 진술하기 • 비형식에서 형식으로 이동하기 • 다양한 단어(행동)과 명사(표현) 사용하기

동료와 논의할 만한 질문들

1. 공학 도구를 활용한 과제를 선택하거나 설계할 때 추가할 수 있는 추가적인 원칙들이 분명히 있을 것이다. 어떤 것을 추가하겠는가? 왜 그렇게 생각하는가?
2. 곧 가르칠 주제에 대한 공학 도구 활용 과제를 빠르게 검색해 보시오. 찾은 첫 번째 과제를 열어 이 장에서 설명된 설계 원칙에 비추어 비판해 보시오. 비판할 때 공학 도구 스케치와 그에 따른 지시문 모두를 고려해야 한다.
3. 이 장에서 제시된 설계 원칙에는 학생들을 독창적인 아이디어를 가진 개인으로서 존중하고, 그 아이디어를 강조하고 발전시키는 것을 중시하는 수학교육의 비전이 암

시되어 있다. 질문 2에서 찾은 과제에 이 비전과 일치하는 샘플 지시문을 포함할 수 있는 예시를 제시하고, 설명해 보시오.

이 책에 소개된 공학 도구 활용 과제와 보충 영상 링크는 https://www.tlmtresearch.com/teachingmathtechbook에서 확인할 수 있다.

제5장

공학 도구를 활용한 과제 시작하기

과제를 설정하는 방식(학생들에게 과제를 소개하는 방식)을 때로는 '과제 시작하기(Launching a task)'라고 한다(Lappen et al., 2009). 과제를 시작하는 방식은 수업 중에 교사와 학생이 성취할 수 있는 것에 영향을 미친다. 우리 모두는 학생들에게 과제를 시작하도록 했지만 교실 곳곳에서 학생들이 손을 드는 상황을 경험해 본 적이 있을 것이다. 학생들은 모두 어떻게 시작해야 하는가에 대해 질문한다. 교사가 이리저리 다니며 문제를 해결하거나, 모두를 멈추게 하고 더 많은 지침을 제공하는 것은 비효율적인 과제 시작의 신호이며, 이러한 상황은 피하는 것이 좋다. 이는 수업에서 소중한 시간을 낭비하게 만들 뿐만 아니라, 즉석에서 수정을 하다 보면 무심코 과제의 핵심 아이디어를 제공하게 되어, 학생들이 스스로 사고할 기회를 빼앗을 수 있다. 효과적인 과제의 시작은 모든 학생이 과제를 시작하는 데 필요한 정보를 가지고 있으며, 과제의 인지적 요구 수준이 원래 의도한 대로 유지되는 것을 의미한다. 다음은 Tech-Math 교사들이 과제 시작과 관련하여 언급한 몇 가지 사항이다.

- "공학 도구 기반 과제일 때는 보통 탐구적인 성격이 더 강하기 때문에, 시작이 더욱 명확해야 한다고 느낍니다. 그래서 과제를 시작할 때 목표를 명확하게 설정하는 것이 정말 중요합니다" (Nathan)
- "제가 공학 도구 활용 과제를 시작할 때 가장 차별화하여 중요하게 고려하는 점은 학생들이 집중해야 할 기능을 강조하는 것입니다. 만약 학생들이 어떤 앱이나 공학 도구를 처음 사용하는 경우라면... 그리고 특정한 부분에 주의를 기울이길 원한다면, 그 부분을 명확히 설명하는 것이 정말 중요합니다... 이것들이 동적인 요소라고 말하면서 동적인 요소들과 주목해야 할 것들을 강조하는 것이죠. 예를 들어, 제가 학생들에게 표나 그래프, 방정식을 주었다고 가정해 보겠습니다. 저는 학생들이 이 세 가지 모두에 주의를 기울이기를 바랄까요? 학생들이 이 세 가지 모두에 주목하기를 원한다면, 이 세 가지가 각각 어디에 있는지 알려주고, 학생들이 이를 모두 고려할 수 있

도록 유도할 것입니다" (Kristen)

- "우리는 잠시 앉아 있고, 저는 첫 번째 슬라이드나 학생들이 보길 원하는 첫 번째 자료를 띄워줍니다. 그리고 제가 그것이 어떻게 작동하는지 조금 시범을 보입니다. 전체 화면으로 만드는 버튼이 여기 있습니다. 더 이상 전체 화면에서 보고 싶지 않다면 Esc를 누릅니다. 이 그림을 클릭하고 드래그하면 이동합니다. 모서리를 클릭하고 드래그하여 모양을 움직일 수 있습니다. 확대, 축소를 하면 그림도 확대, 축소됩니다. 아주, 아주 기본적인 것들입니다. 학생들에게 그냥 자료를 제시하고 '좋아요, 이제 시작하세요'라고 말하고 싶지는 않을 겁니다. 왜냐하면 몇 분 후에 손을 들고 '모양을 너무 작게 만들었는데 어떻게 고쳐야 할지 모르겠어요'라고 말하는 학생들이 생길 테니까요" (Samantha)
- "저에게 가장 중요한 것은 '모두가 할 수 있는가?'입니다. 따라서 과제를 시작할 때 모든 학생이 즉시 참여할 수 있도록 만드는 것이 매우 중요합니다" (Zachary)

Tech-Math 교사들은 연구에서 효과적이라고 입증된 과제 시작의 중요한 측면을 언급했다. 150개 이상의 교실에서의 연구를 기반으로 연구자들은 효과적인 과제 시작의 네 가지 핵심 특징을 식별하였다. 이는 과제의 핵심 맥락 및 수학적 특징을 논의하는 것, 그러한 핵심 특징을 설명하기 위한 공통 언어를 개발하는 것, 그리고 (가장 중요한 요소로) 과제의 인지적 요구를 유지하는 것이다(Jackson et al., 2012). 공학 도구 활용 과제를 사용할 때도 이러한 요소들은 동일하게 유지되지만, 그 방식은 다소 다르게 나타날 수 있다.

공학 도구 활용 과제의 효과적인 시작에 관한 특징

공학 도구 활용 과제의 효과적인 시작에 관한 특징

1. 과제의 핵심 맥락적 특징에 대해 논의하기

   과제가 맥락 내에 위치하는 경우, 일부 학생들은 맥락이나 시나리오가 익숙하지 않기 때문에 시작하는 데 어려움을 겪을 수 있다. 따라서 과제 맥락 중 익숙하지 않은 수 있는 특징들을 논의하는 것이 중요하다. 사진이나 동영상을 공유하거나, 학생들에게 맥락을 상상하도록 요구하거나, 디지털 시뮬레이션을 사용하거나, 학생들에게 더 익숙할 수 있다고 생각되는 사람, 장소 또는 사물과 연결하여 이를 수행할 수 있다.

2. 과제의 핵심 수학적 아이디어에 대해 논의하기

과제에 참여할 수 있다는 것은 과제에 제시된 핵심 수학적 아이디어를 해석할 수 있다는 것을 의미한다. 여기에는 언어와 관련된 기본적인 장벽을 해결하고, 학생들이 과제에 표현된 수학에 대한 이미지를 갖도록 하는 것이 포함된다. 만일 과제에 핵심 수학적 아이디어의 동적 표현이 포함되어 있다면, 과제 시작하기에서 핵심 수학적 아이디어를 조사하기 위해 기술적인 표현과 상호작용하는 방법을 포함하는 것이 중요하다.

3. 핵심 특징을 설명하기 위한 공통 언어 개발하기

효과적인 시작하기는 단순히 학생들에게 말하는 것이 아니라 대화에 참여시켜 학생들이 과제를 성공적으로 시작하는 데 중심이 되는 과제의 핵심 특징(맥락적 및 수학적)을 식별할 때 공통 언어가 개발되도록 하는 것이다.

4. 인지적 요구 유지하기

과제 시작하기에서 과제의 인지적 요구가 줄어들지 않는 것이 중요하다. 예를 들어, 핵심 수학적 아이디어를 논의할 때, 과제를 해결하는 방법을 제시하지 않는 것이 매우 중요하다. 그렇게 하면 학생들은 중요한 이해와 실천을 개발할 기회를 잃게 된다.

(Jackson et al., 2012)

잠시 생각해봅시다.

정육면체의 전개도 과제를 고려해 보자. 이 과제의 지시문은 여섯 개의 정사각형이 어떤 방식으로 배열되더라도 이를 접어서 정육면체를 만들 수 있는지 묻고 있다.

- 과제의 시작에서 포함해야 할 사항은 무엇인지, 그리고 그 이유는 무엇인지 설명하시오.
- 과제를 시작할 때 포함하지 말아야 할 사항은 무엇인지, 그리고 그 이유는 무엇인지 설명하시오.

[그림 5.1] 정육면체의 전개도 과제

🌐 [링크 5.1] 정육면체의 전개도 과제[1)]

과제를 시작할 때는 먼저 맥락을 생각하는 것이 도움이 되는데, 이 경우의 맥락은 정육면체이다. 따라서, 이 과제의 논의를 시작할 때에는 정육면체에 대해 이야기하는 것이 중요하다. 정육면체를 보여주거나(각 학생에게 작은 정육면체를 나누어 주는 것도 좋다), 정육면체의 공통점이 무엇인지 물어볼 수 있다. 모든 정육면체가 여섯 개의 정사각형 면을 가지고 있다는 데 모두가 동의하는 것이 중요하다. 이는 공통 언어를 개발할 수 있는 좋은 기회이기도 하다. 어떤 학생들은 정육면체의 '측면(sides)'을 언급할 수도 있고, 어떤 학생들은 '면(faces)'이라고 부를 수도 있다. 여기서 잠시 시간을 내어 두 용어에 대해 논의해 보자. '측면'과 '면'은 같은 의미일까? 우리는 어떤 용어를 사용해야 할까? 그 이유는 무엇일까? 다음으로, 핵심 수학적 아이디어를 고려하는 것이 중요한데, 이 경우 핵심 아이디어는 정육면체의 전개도이다. 학생들이 각 정사각형 배열을 접어서 정육면체를 만들 수 있는지(즉, 정육면체의 전개도인지) 이해하는 것이 중요하다. 배열을 정육면체로 접

1) https://mathigon.org/task/nets-of-a-cube

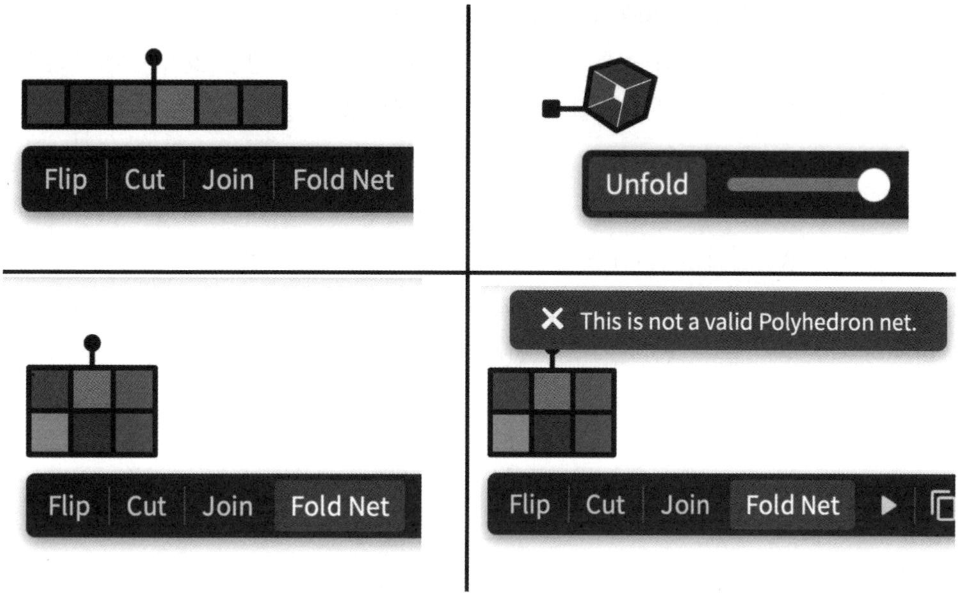

[그림 5.2] 과제 시작에서 Polypad 도구의 시연

을 수 있는지 여부를 판단하는 과정의 일환으로, Polypad 도구를 사용하여 전개도를 접고 펼쳐볼 수 있다. 기본 배열(예: 1 × 6 또는 2 × 3)부터 시작하여 이 배열을 접어 정육면체를 만들 수 있는지 물어볼 수 있다. 각 사각형의 색상을 변경하여 접었을 때 쉽게 알아볼 수 있도록 하고, 학생들에게 배열의 모든 사각형을 선택한 후 '접기' 옵션을 선택하는 방법을 보여준다(그림 5.2). 이 배열은 정육면체로 접힐까? 학생들이 모두 도구에 익숙해지도록 적어도 한 번은 여러분과 함께 이 작업을 수행해야 한다. 마지막으로 과제의 인지적 요구를 낮추지 않는 것이 중요하므로, 2 × 3 배열이 정육면체로 접히지 않는다고 해도 이유를 바로 말하지 말고, 대신 "음, 왜 이러한 배열은 정육면체가 되지 않을까요?"라고 질문을 던진다. 어떤 배열은 정육면체를 만들 수 있고, 어떤 배열은 정육면체를 만들 수 없는 이유를 알아내는 것이 학생들이 알아내야 할 부분이라는 점을 명확히 해야 한다. 이 시점에서 학생들은 시작할 준비가 된 것이다!

공학 도구 활용 과제의 효과적인 시작하기 예시

다음으로, Tech-Math 교사들 중 한 명인 Kristen이 교실에서 진행한 공학 도구 활용 과제 두 가지 사례를 공유한다. 각 수업 장면 이후에는 Kristen이 효과적인 과제 시작의 요소들을 어떻게 포함했는지에 대해 논의한다.

□ 사례 1: 픽사 대 드림웍스(Pixar vs. DreamWorks)

수년간 어느 애니메이션 영화 스튜디오가 '최고'인가에 대한 논쟁이 있어 왔다. 드림웍스일까, 아니면 픽사일까? 학생들이 어린 시절 가장 좋아했던 영화들은 이 두 회사에서 제작되었다. 《토이 스토리》, 《미니언즈》, 《카》, 《업》, 《슈렉》 등 익숙한 작품들이 바로 그 예이다. 이러한 주제는 탐색적 자료 분석(exploratory data analysis) 과제에 적절한 맥락을 제공한다. 학생들에게 두 회사에서 개봉한 모든 영화의 데이터(예: 개봉일, 예산, 매출, 이익, 평점)가 동적 통계 애플리케이션(여기에서는 Tuva를 사용)을 제공하고, '어느 회사가 더 성공적인가?'라는 간단한 질문을 한다. 이 질문을 바탕으로 학생들은 데이터를 탐

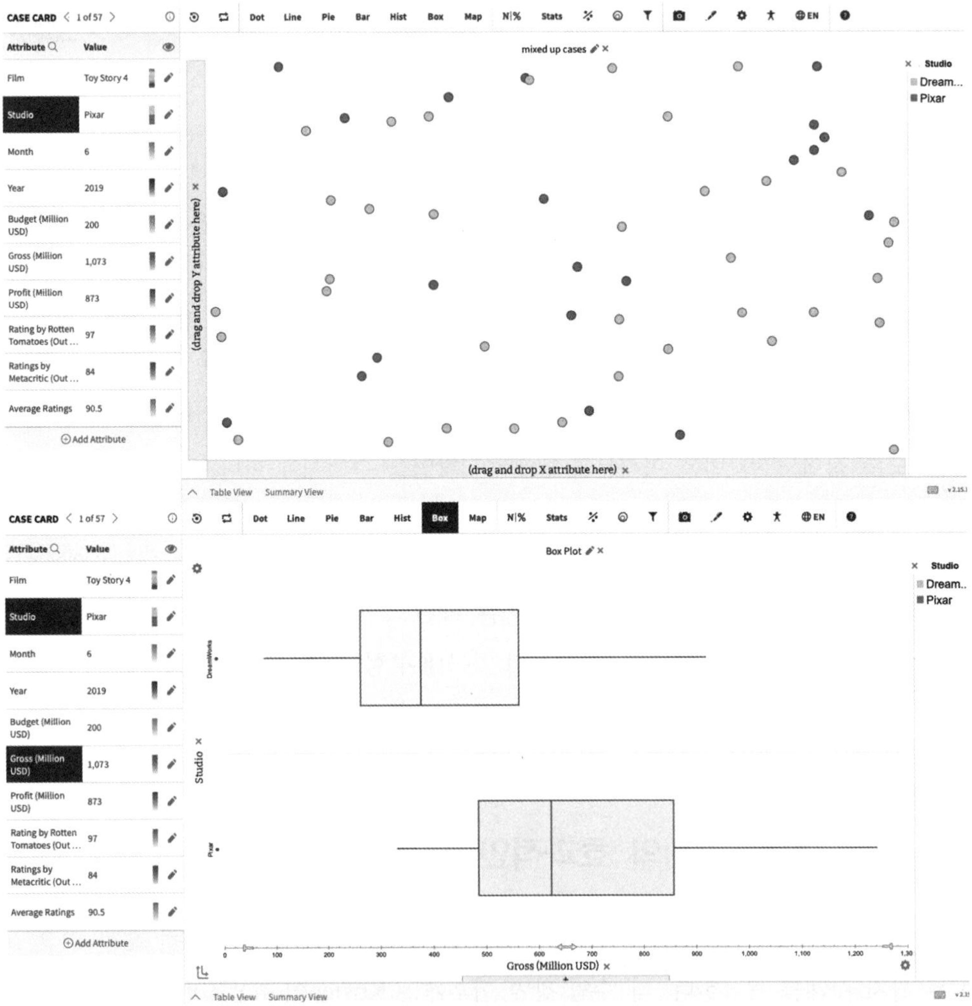

[그림 5.3] Tuva를 활용한 픽사 대 드림웍스 데이터 탐색

색하며 시각적 표현, 통계 분석, 그리고 데이터 기반의 논거를 만들어 자신의 결론을 도출한다(그림 5.3).

[링크 5.2] Tuva를 활용한 픽사 대 드림웍스 데이터 탐색[2)]

잠시 생각해봅시다.

픽사 대 드림웍스 과제를 실행해 보세요. 이 과제를 어떻게 시작할 것인가요? 공학 도구 활용 과제의 효과적인 시작에 관한 네 가지 요소를 모두 고려해 보세요.

Kristen은 이 수업을 진행하는 모습을 공개적으로 보여주었으며, 우리는 그녀의 교실에서 직접 이를 관찰했다. 이제 Kristen이 이 과제를 어떻게 시작했는지 살펴보자. 다음은 과제 시작 과정의 대화 내용이다. 이를 읽으며, 과제 시작이 성공적으로 이루어진 핵심 요소가 무엇인지 생각해 보자.

수업 장면: Kristen의 수업에서 픽사 대 드림웍스 과제의 시작

Kristen은 학생들에게 "가장 좋아하는 픽사나 드림웍스 애니메이션 영화가 무엇인가요?" 라고 물으며 이 과제를 시작했다. 그녀는 학생들이 자신의 선호하는 영화를 기록할 수 있도록 공간을 마련한 후, 교실을 돌아다니며 의견을 공유하고 싶은 학생들에게 빠르게 발언 기회를 주었다. 이 과정에서 학생들은 매우 흥미를 느꼈고, 서로 다른 의견을 내며 열띤 토론을 벌이기도 했다.

그 후, Kristen은 픽사와 드림웍스 영화들의 대표적인 장면을 모아 만든 짧은 영상을 재생했다. 이를 통해 학생들은 두 스튜디오가 제작한 다양한 명작들을 떠올리며, 이번 과제에서 분석할 영화들에 대해 자연스럽게 생각할 수 있도록 유도되었다([링크 5.3]).

[링크 5.3] 픽사와 드림웍스의 에픽 트레일러 매시업[3)]

영상이 종료된 후, 한 학생인 Camron은 픽사가 드림웍스보다 낫다고 큰 소리로 말했다.

2) https://tuvalabs.com/datasets/pixar_vs_dreamworks/activities/
3) https://www.youtube.com/watch?v=4Dg9Lhx2NDA

[링크 5.4] 동영상 클립: Kristen의 수업에서 픽사 대 드림웍스 과제의 시작[4)]

교사(Kristen):	좋아요. Cam이 오늘 우리가 답하려는 질문, 드림웍스와 픽사 중 어떤 회사가 더 나은지에 대해 의견을 줬네요.
학생(다같이):	[학생들은 서로 각자의 선택에 대해 이야기하고 있다.]
교사(Kristen):	답변을 한 개나 두 개 더 들어보고 잠시 생각해 보고 싶어요. Asch, 먼저 시작해 볼래요?
Asch:	좋아요. 볼트(Bolt)는 픽사에서 만든 영화인가요?
교사(Kristen):	모르겠어요.
학생(다같이):	네! 네! 맞아요!
교사(Kristen):	좋아요, Jordan은?
Jordan:	저는 드림웍스라고 생각하지만, 픽사가 더 일관적이라고 생각해요.
교사(Kristen):	좋아요. Srikar?
Srikar:	드림웍스는 드래곤 길들이기 같은 정말 좋은 영화를 많이 만들었죠. 그리고 그게 뭐였지? 아, 쿵푸팬더. 픽사도 카, 토이 스토리 같은 영화를 만들었어요. 하지만 픽사가 제가 좋아하는 영화를 더 많이 만들었으니 픽사를 선택할게요.
교사(Kristen):	알겠어요. Cameron?
Cameron:	음, 제가 픽사와 드림웍스를 비교하는 방식은, 픽사는 디즈니와 비슷하고 드림웍스는 니켈로디언[5)]과 비슷해요. 이를 깊게 설명하진 않을게요, 왜냐하면 저도 제가 무슨 말을 하고 있는지 잘 모르겠거든요.
학생(다같이):	[웃음]
교사(Kristen):	좋은 비유였어요.
Cameron:	드림웍스는 드래곤 길들이기, 슈렉 같은 좋은 영화를 만들었고, 더 좋은 영화들이 많아요.
교사(Kristen):	더 좋은 영화들이 더 많이 있다는 말인가요?
학생(누군가):	네.
Cameron:	드림웍스는 카, 토이스토리 같은 영화도 만들었어요.
교사(Kristen):	좋아요, 잠깐 멈춰봅시다. 지금 우리의 대화에서 자주 언급되는 것은, 어떤 형태로든 연결되어 있다고 생각해요. 제가 듣고있는 많은 주장들은 우리의 개인적인 경험과 우리가 영화에서 좋아하는 것, 그러니까 어떤 영화

4) https://www.youtube.com/watch?v=Lg4Q9lSX6eg&feature=youtu.be
5) 미국의 케이블 및 위성 텔레비전 채널로, 주로 어린이와 청소년을 대상으로 한 프로그램을 방영

를 더 선호하는가에 크게 좌우되고 있어요. 그렇죠?

학생(누군가): 저는 5분 전까지만 해도 이 영화들이 다른 스튜디오에서 제작된 것을 몰랐어요.

교사(Kristen): 그렇죠? 두 개의 다른 스튜디오에서 이런 애니메이션 영화를 제작하고 있어요. 그리고 여러분이 말하고 있는 많은 것들은 편향된 생각에 깊이 자리 잡고 있어요. 지금 제가 말한 것이 무슨 의미인지 아는 사람 있나요? Tsi, 선생님이 무슨 말을 하는지 알겠어요?

Tsi: 네, 선생님 말씀은, 우리가 어릴 때부터 좋아했던 어떤 것을 기준으로 삼아서, 그것이 다른 것보다 더 낫다고 말하려는 경향이 있다는 거에요.

교사(Kristen): 그렇죠? 그러니까 여러분이 보는 영화에 개인적인 경험이 많이 반영되어 있어서, 그로 인해 특정 방향으로 치우치는 경향이 있어요. 그렇죠? 좋아요, Shumer.

Shumer: 우리가 좋아하는 것에 대한 개인적인 의견이 반영되다 보니 선입견이 생긴 거에요.

교사(Kristen): 그래요. 개인적인 의견이 크게 작용하고 있어요. 그렇죠? 좋아요. 선생님이 하고 싶은 것은, 개인적인 의견을 배제하고 질문에 답해보는 거예요. 자, 그렇다면 개인적인 의견을 배제하고 질문에 답하기 위해서는 어떻게 해야 할까요? 우리가 결정을 내릴 때 어떤 기준을 바탕으로 해야 할까요? Ethan?

Ethan: 영화 평점이요.

교사(Kristen): 좋아요. 영화 평점을 볼 수 있겠네요. Tsi, 너의 생각은 어떠니?

Tsi: 설문조사 같은 거요.

교사(Kristen): 설문조사? 그러니까 사람들에게 무엇을 더 선호하는지 물어보고, 가장 많은 응답을 받은 것이 무엇인지 본다는 의미겠죠? 좋아요. Jordan, 너의 생각은 어떠니?

Jordan: 매출과 수익이요.

학생(누군가): [잘 안 들림]

교사(Kristen): 매출과 수익. 그렇죠 Kni?

Kni: 네, 영화가 처음 개봉했을 때 얼마나 인기가 있었는지를 보고, 그러한 인기가 시간이 지나면서 어떻게 변했는지 보는 것이에요.

교사(Kristen): 인기를 어떻게 측정할 수 있을까요?

Kni: 대체로 사람들을 인터뷰하거나 또는 많은 사람들이 말하는 것이요.

교사(Kristen): Eli는?

Eli: 박스 오피스요.

교사(Kristen): 박스 오피스라는 것이 어떤 의미인지 설명해 줄래?

Eli: 그러니까.. 박스 오피스에서 얼마나 높은 성적을 냈는지.. 그런 것들이요 [불명확]

교사(Kristen): 그건 Jordan이 말한 내용과 매우 관련이 있는 것 같네요. 맞죠? Reade, 너는 어떻게 생각하니?

Reade: 가장 잘 알려진 영화요.

교사(Kristen): 가장 잘 알려진 영화라면, 더 많은 사람들이 알고 있는 영화일수록 더 좋은 영화라고 할 수 있다는 거겠지?

이 시점에서 Kristen은 학생들에게 게시판에 올려둔 Tuva 링크를 열어보라고 지시했다.

교사(Kristen): 이것을 Tuva라고 해요. 자, 이제 여기에서 우리가 보고 있는 것이 무엇인지 이해할 수 있도록 특징을 이야기해 봐요. 그리고 이것을 활용해 주장을 펼칠 가능성이 있는지 살펴볼 거에요. 주장이라는 것은 픽사와 드림웍스 중 어떤 것이 더 나은지와 같은 거겠죠? 그리고 그 주장에 대한 몇몇의 증거를 제시하고, 그 증거에 대한 추론을 제공하는 거에요. 이런 방식이 익숙하게 느껴지나요? 누구든지?

학생(다같이): 네.

Cameron: CER.

참고: CER(Claim, 주장–Evidence, 증거–Reason, 추론)은 학생들이 영어와 사회 수업에서 일상적으로 사용했던 학습 방법이다.

교사(Kristen): 아! CER. 좋아요, 먼저 여러분이 해야 할 것을 설명할게요, 모두 준비 되었나요? 지금 사용 중인 컴퓨터에서 모든 창을 닫아주세요, 이제 제가 먼저 하고싶은 것은... 모두들 준비 됐나요? 여러분이 사용하는 컴퓨터에서 화살표 버튼을 눌러 창을 모두 닫아주세요. [오른쪽 창을 닫음]. 이제 필요 없는 창이 닫혔으니 화면이 더 넓어졌고, 데이터를 다루기가 더 쉬워졌어요. 자, 먼저 왼쪽에 보이는 것부터 살펴볼게요. 우리가 보고 있는 것이 무엇인가요? 누가 말해볼래요?

학생(다같이): [동시에 보이는 것들을 말함.]

교사(Kristen): 좋아요. [화면 왼쪽을 가리키며] 우리는 속성과 값을 보고 있어요. 이 목록에 어떤 속성들이 있죠?

학생(누군가): 영화, 스튜디오, 월, 연도, 예산, 총수익, 이익, Rotten Tomatoes의 평점, Metacritic의 평점, 평균 평점이요.

교사(Kristen): 좋아요, 여기에서 궁금한 게 있는 사람 있나요? Edwin, 뭐가 궁금하죠?

Edwin: 이 색깔들이 의미하는 것이 무엇인가요?

교사(Kristen): 색깔들이 있네요. 이 색깔들은 무엇을 의미할까요? 또 다른 궁금한 점이 있나요? Jordan?

Jordan: Metacritic이 누구에요? Metacritic. 누구 Metacritic을 아는 사람?

학생(누군가): 그냥 온라인에 있는 누군가야.

교사(Kristen): 이 색깔들이 무엇을 의미하는지는 곧 더 명확해질 거에요. 하지만 먼저 Jordan의 질문에 답해볼게요. Metacritic은 Rotten Tomato처럼 또 다른 평론가에요. Srikar?

Srikar: 속성 '월(month)'의 값은 무엇을 의미하나요?

교사(Kristen): 좋은 질문이에요. '월'이 의미하는 것이 무엇일까요? '연도'는 무엇을 의미하는지 쉽게 알 수 있을 것 같은데, 연도는 무엇을 의미한다고 생각하나요?

학생(누군가): 연도는 영화가 개봉한 해를 의미해요.

교사(Kristen): 그렇다면 그 연도의 어느 시점에 개봉했을까요?

학생(누군가): 2019년이요.

교사(Kristen): 그 연도의 언제일까요?

학생(다같이): 6월이요.

교사(Kristen): 어떻게 그걸 알 수 있었죠?

학생(다같이): 여섯 번째 달이니까요.

교사(Kristen): 좋아요. 바로 그것이 '월'이라는 속성이 의미하는 바예요. 여기 왼쪽에 보이는 단어들 중에서 우리가 잘 모를 것 같거나, 교실에 있는 누군가가 모를 것 같은 단어들이 있나요? Kni?

Kni: 총수익(gross)이 뭔가요?

교사(Kristen): 총수익? 우리는 총수익이 어떤 의미인지 알고있나요? Jeremiah, 네 생각은 어떠니?

Jeremiah: 그들이 번 돈이요.

교사(Kristen): 그들이 번 돈? 조금 더 자세히 설명해 줄 수 있나요?

Jeremiah: 티켓 판매로 벌어들인 돈이요.

교사(Kristen): 좋아요. 그렇다면 '총수익'은 '이익(profit)'과는 어떻게 다를까요?

Jeremiah:	영화를 만들려면 돈이 들잖아요. 총수익에서 그 돈을 빼는 거예요. 즉, 영화를 제작하는 데 든 예산을 제외한 금액이 이익이에요.
교사(Kristen):	오, 여기에서 뺄셈이 가능할까요? Jeremiah가 말한 것처럼, 총수익에서 제작 예산으로 들어간 돈을 빼면 우리는 이익(profit)이라는 수치를 얻어요. 즉, 총수익은 감독, 예산, 성우 등 영화 제작에 들어간 모든 비용을 지불하기 전에 벌어들인 총액을 의미하는 거에요. 맞죠? 좋아요. 속성들을 다루기 전에, 왼쪽에 있는 것들 중에서 명확히 해야 할 것은 무엇인지, 이것이 실제로 무엇인지를 확인해야 해요. 좋아요. 그럼 여기를 살펴보죠. 몇 가지를 짚어보고 싶어요. 몇 가지 기능을 보여줄게요. 이 시나리오에서 우리가 주로 비교하려는 속성들은 무엇인가요?
학생(누군가):	픽사가 드림웍스보다 더 나은지?
교사(Kristen):	왜 그렇게 생각하죠? 정말인가요? 여러분이 제시한 것 중 평점과 매출 같은 것들이 이 속성에 나타나는 것에 주목하세요. 나는 이 도구를 어떻게 다루는지, 그리고 여기에 있는 모든 기능들은 어떻게 활용하는지 조금 보여주고 싶어요.
학생(누군가):	스튜디오?
교사(Kristen):	스튜디오? 좋아요. 스튜디오로 바꿔볼게요. 오, 이제 파란색과 분홍색이 나타났네요. 파란색은 무엇을 표현하죠?
학생(누군가):	드림웍스에요.
교사(Kristen):	드림웍스, 어떻게 그런 판단을 내릴 수 있었죠?

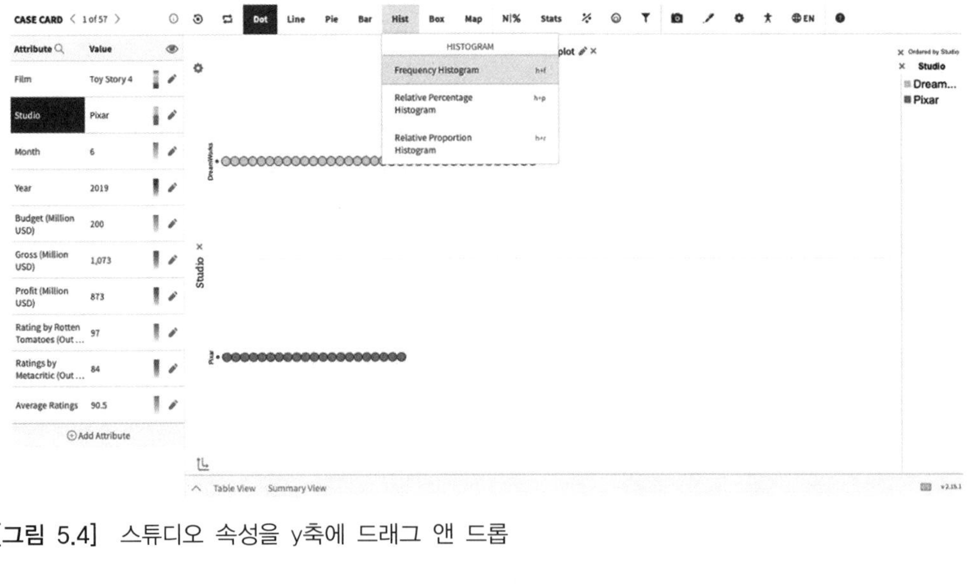

[그림 5.4] 스튜디오 속성을 y축에 드래그 앤 드롭

학생(누군가): 오른쪽 상단에 있어요.

교사(Kristen): 좋아요. 여기 범례에서 색깔을 볼 수 있네요. 또 하나 매우 유용한 기능을 알려줄게요. 만약 이 스튜디오 버튼을 여기 왼쪽으로 옮기면["스튜디오" 속성을 y축으로 드래그하면서, [그림 5.4] 참조] 어떤 일이 일어나는지 한번 보세요.

학생(다같이): 오오오.

교사(Kristen): 이제 우리는 아마도 훨씬 더 많은 영화를 보유한 스튜디오가 있다는 것을 알 수 있을 거에요. 무엇이죠?

학생(누군가): 드림웍스요.

교사(Kristen): 이 데이터세트에서는 드림웍스가 픽사보다 더 많은 영화를 제작했네요. 그렇죠? 우리가 여기서 생각해 볼 점은 어떤 주장을 할 때 무엇을 근거로 삼는지가 중요하다는 거예요. 그렇다면 다시, 우리는 무엇을 근거로 주장을 하려는 걸까요?

학생(누군가): 평점?

교사(Kristen): 좋아요. 평점을 근거로 비교할 수도 있겠죠. 우리가 비교할 수 있는 또 다른 것은 무엇이 있을까요? 수입이나 총수입 또는 예산 같은 것들도 고려할 수 있어요. 그래서 제가 그 중 하나를 사용하고 싶다면 좋은 점은, 예를 들어 총수익을 여기 아래에 드롭한다고 해볼게요. [총수익 속성을 x축에 드래그하면서, [그림 5.5] 참조] 그러면 이렇게 바로 그래프로 표현되죠. 여기서 주목할 만한 점이 있나요?

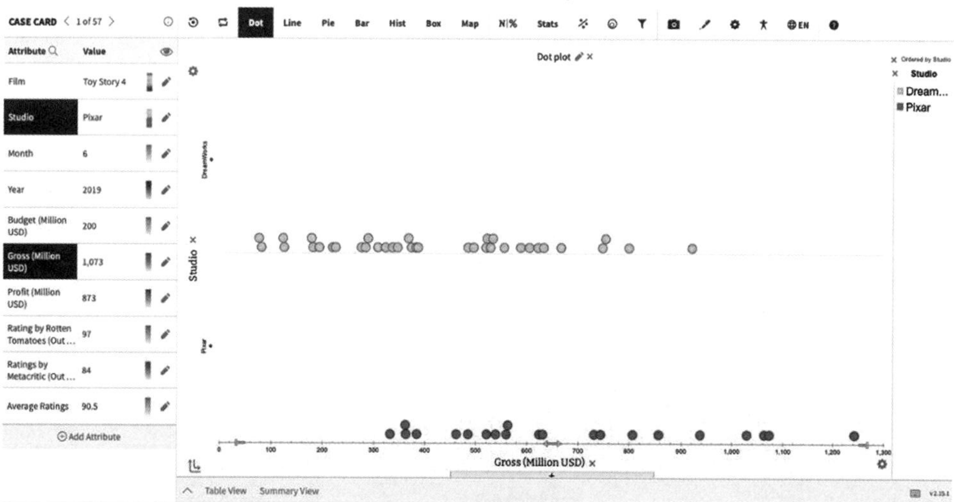

[그림 5.5] 스튜디오별 총수익에 대한 누적 점그래프

학생(다같이): 픽사가 수입이 더 많아요.

교사(Kristen): 픽사가 더 많은 수익을 올리는 것처럼 보이네요. 맞나요? 이제 여기 아래에 있는 몇 가지 다른 기능을 소개할게요. 여기 아래에 '표 보기(table view)'라는 탭이 있어요[그래프 아래의 '표 보기' 탭을 가리키며 클릭하면서]. 이 표는 모든 데이터를 목록 형태로 보여줘요. 이해됐나요? 그리고 '요약 보기'는 기본적인 요약 정보를 알려줘요. 하지만 지금은 우리가 요약 정보를 제공할 만한 작업을 하지 않았어요. 그렇죠? 이제 위쪽에 있는 몇 가지 기능에 대해 설명할게요. 그 중 하나는 바로 이 버튼인데, 이 버튼 보이죠? [초기화(reset) 버튼을 가리키며] 여기에 뭐라고 적혀 있나요? 그래프를 초기화하기라고 되어 있네요. 이 버튼을 클릭하면 어떻게 될까요? 그래프가 초기 상태로 돌아가겠죠. 그러면 다시 처음부터 작업을 해야겠죠. 그런데 보세요. 옆에 되돌리기(Undo) 버튼도 있어요. 한 번 클릭해 볼게요. 좋아요. 이게 초기화와 되돌리기 버튼이에요. 데이터를 다루다가 마음에 들지 않거나 다른 것을 시도하고 싶을 때 이 두 버튼을 사용할 수 있어요. 그리고 여기에 있는 것들도 있어요[위쪽 도구 버튼 행을 가리키며]. 예를 들어, 히스토그램을 원한다고 해볼까요? 음, 먼저 초기화를 하고 싶어요. 됐네요. 이제 점 대신 히스토그램으로 보고 싶다면 어떻게 할까요? 재미 삼아 히스토그램을 한번 선택해 볼게요. 어떤 결과를 얻을까요? 좋아요. [그림 5.6] 참조]

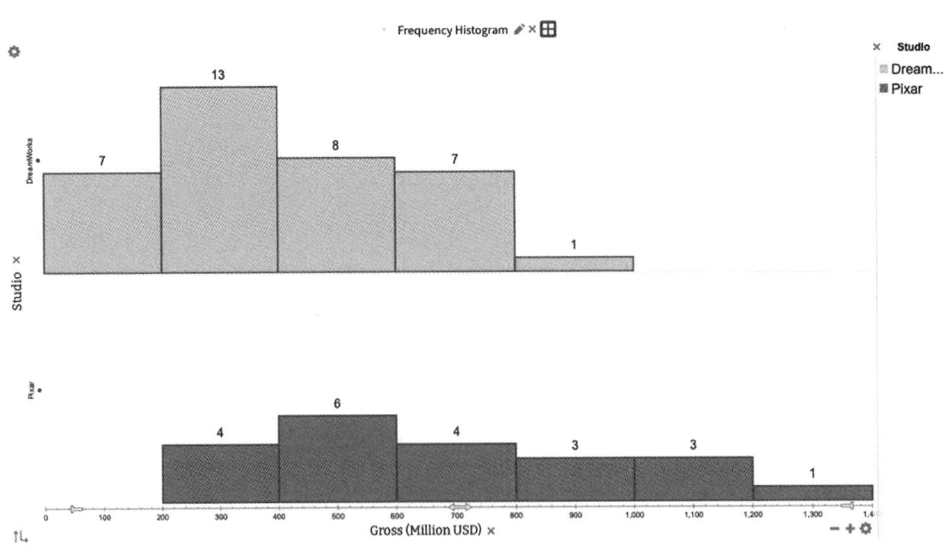

[그림 5.6] 스튜디오별 총수익에 대한 누적 히스토그램(stacked histogram)

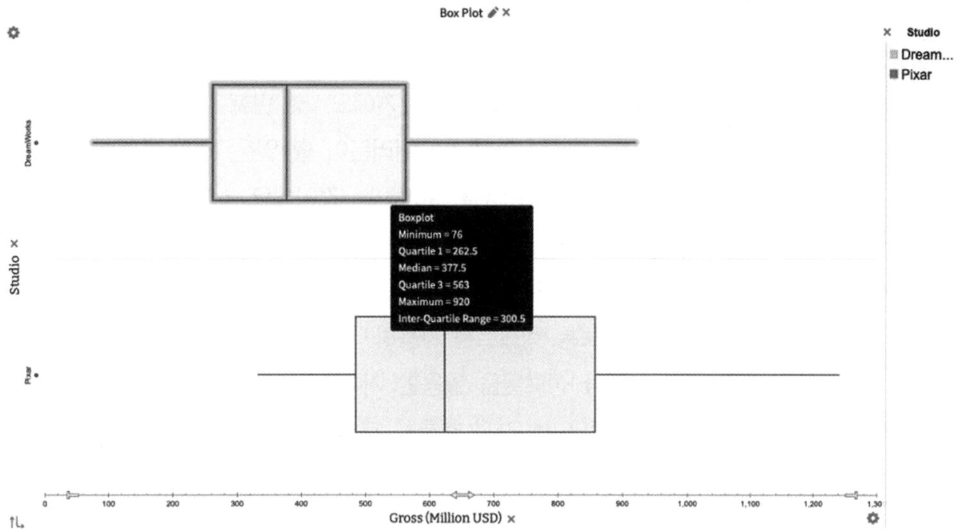

[그림 5.7] 요약 통계를 표시하기 위해 커서를 올린 누적 상자그림(stacked box plot)

학생(누군가): 훨씬 덜 유용해요.

교사(Kristen): 이전의 것보다 유용하지 않다고 생각해요?

학생(누군가): 네, 훨씬 덜 유용해요.

교사(Kristen): 그럼 상자그림은 어떨까요? 상자그림은 더 유용할까요?

학생(누군가): 아니요.

교사(Kristen): 상자그림 위에 마우스를 올려두면 어떻게 되는지 보세요. [상자그림 위에 마우스를 올리자 요약 통계 정보가 나타남. [그림 5.7] 참조]

학생(누군가): 더 유용해요.

교사(Kristen): 새로운 데이터를 보여주네요. 그렇죠? 좋아요. 여기서 한 가지 더 짚고 넘어가고 싶은 점은, 여기 통계(stats) 버튼이 있다는 거에요. 상자그림이 없다고 생각해 볼게요. 통계 버튼을 클릭하고, 그리고 평균(mean)은 무엇을 클릭해야 하죠?

학생(누군가): 평균(average)도 상관 없어요.

교사(Kristen): 맞아요. 우리는 평균(average)을 사용할 수 있어요. 그리고 여기 작은 선들이 있죠. 마우스를 올리면 더 많은 정보를 보여줘요. 모두 여기에 있는 기능들을 어떻게 사용할 수 있는지 이해했나요?

[이 시점에서 Kristen은 학생들이 자신의 주장, 근거, 추론을 기록할 수 있는 활동지 링크를 공유한다.]

교사(Kristen): 자, 첫 번째로 답하고자 하는 질문은, 이 두 애니메이션 스튜디오 중 어느 것이 더 나은가, 그리고 왜 그렇게 생각하는가?에 관한 것입니다. 좋아요. 우리는 CER 전략을 사용할 거에요. 첫 번째 C(Claim)는 주장을 만드는 것을 의미해요. 그러니까 여러분이 할 일은, 어떤 스튜디오가 더 뛰어난지 주장하고 그 이유를 설명하는 것이에요. 이해됐나요? 두 번째는 E(Evidence), 증거입니다. 여기서 증거는 여러분이 영어 수업에서 CER 전략을 사용할 때와는 조금 다르게 보일 수도 있어요. 영어에서 증거를 다룰 때는 보통 텍스트를 사용하지만, 여기에서는 Tuva 웹사이트에서 얻은 데이터나 정보들을 활용할 거에요. 이해되나요?

교사(Kristen): 자, 세 가지 증거와 세 가지 추론을 제시하세요. 알겠죠? 제가 여러분에게 원하는 것이 무엇인지 모두 이해했나요? 혹시 질문이나 명확히 하고 싶은 부분이 있나요? 좋아요. 이제 시작해 보세요. 먼저 Tuva에서 여러 가지를 수행해 보면서 어떤 주장을 만들 수 있을지 탐색하는 것부터 시작해 보세요.

Kristen의 픽사 대 드림웍스 과제 시작을 효과적인 시작의 네 가지 측면으로 분석해 보자.

- 과제의 핵심 맥락적 특징에 대해 논의하기: Kristen은 학생들에게 가장 좋아하는 픽사와 드림웍스 영화를 물어보고, 대표적인 영화 영상을 보여줌으로써 학생들이 과제의 맥락을 충분히 이해할 수 있도록 도왔다.
- 과제의 핵심 수학적 아이디어에 대해 논의하기: Kristen은 학생들이 영화에 대한 개인적인 경험이나 감정이 아니라 데이터를 활용하여 분석하는 것이 중요하다는 점을 인식하도록 유도했다. 학생들이 픽사와 드림웍스 데이터(Tuva 활용)를 탐색하면서 다양한 속성, 도구, 표현을 식별하는 과정에서, 데이터와 도구를 활용해 문제를 해결하는 다양한 방법을 논의할 수 있도록 했다.
- 핵심 특징을 설명하기 위한 공통 언어 개발하기: Kristen은 학생들에게 어떤 데이터를 활용하면 두 스튜디오 중 어느 쪽이 더 성공적인지 판단할 수 있을지 질문했다. 학생들은 '가장 인기 있는 영화, 높은 평점을 받은 영화, 가장 많은 수익을 거둔 영화' 등의 기준을 제시했다. 이후 데이터세트를 탐색하면서, Kristen은 Rotten Tomatoes 평점과 Metacritic 평점이 영화의 평가 기준과 연결될 수 있음을 학생들이 이해하도록 유도했다. 또한, Kristen은 학생들에게 데이터 속성들의 이름을 살펴보며 익숙하지 않은 항목이 있을 경우 의미를 토론할 기회를 제공했다. 이 과정에서 Kristen과 학생

들 간 적극적인 질문과 응답(Back-and-Forth Interaction)이 이루어졌으며, 학생들은 자신이 언급한 속성과 데이터세트에 포함된 속성을 연결할 수 있었다.

- 인지적 요구 유지하기: 과제를 시작할 때, Kristen은 학생들에게 탐구할 질문을 명확하게 제시했지만, 특정한 해결 전략을 제공하지 않음으로써 인지적 요구 수준을 유지했다. 실제로 Kristen은 사용하는 데이터에 따라 서로 다른 결론이 나올 수 있음을 강조하며, 학생들이 각자의 방식으로 데이터를 해석하고 주장할 수 있도록 유도했다. 따라서, 과제의 인지적 요구 수준은 유지되었다.

이번 과제 시작은 일반적인 경우보다 시간이 더 걸렸다. 학생들이 과제의 맥락과 데이터에 익숙해질 필요가 있었고, 새로운 공학 도구(Tuva) 사용법을 배우는 과정이 포함되었기 때문이다. 그러나 다음 번에 학생들이 Tuva를 사용할 때는 도구의 위치나 사용 방법을 자세히 설명할 필요가 없으므로, 과제 시작 시간이 훨씬 짧아질 것이다. Kristen의 세심한 과제 시작 덕분에, 학생들은 과제의 기대 사항을 명확히 이해했고, 공학 도구 사용에도 충분히 익숙해져서 즉시 탐구를 시작할 수 있었다. 결과적으로, 학생들은 한 교시 안에 데이터를 분석하고 탐구를 마친 후, 자신의 결론을 공유하는 과정까지 성공적으로 수행할 수 있었다.

□ 사례 2: 교차하는 현과 호

기하학적 관계를 증명하기 전에 미리 구성된 기하학 스케치를 활용하여 관계를 탐구하는 것이 일반적이다. 이 사례에서 Kristen은 워크시트의 지시문과 함께 미리 구성된 GeoGebra 스케치를 사용했다(그림 5.8, 링크 5.4). 목표는 학생들이 호의 크기와 교차하는 현에 의해 만들어진 각도 사이의 관계를 파악하는 것이었다.

🌐 [링크 5.5] 교차하는 원과 호[6)]

> **잠시 생각해봅시다.**
> 교차하는 현과 호 과제(지시문과 스케치)를 살펴보아라. 이 스케치는 GeoGebra로 만들어진 것이다. 점 C, D, E, F를 모두 드래그할 수 있고, 이에 따라 표시된 값들이 변화한다. 이 과제를 어떻게 시작할 것인가? 효과적인 공학 도구 활용 과제 시작의 네 가지 요소를 고려해 보아라.

---

6) https://docs.google.com/document/d/1kelwoUT6uaK2UcVNNygiv4MX-lYmOFKUUuS4GuwaPs8/copy?usp=sharing

Kristen은 우리를 교실로 초대하여 이 수업을 직접 참관할 기회를 제공했다. 이제 Kristen이 '교차하는 현과 호' 과제를 어떻게 시작했는지 살펴보자. 다음은 과제 시작 과정의 대화 내용이다. 이를 읽으며, 과제 시작이 성공적으로 이루어진 핵심 요소가 무엇인지 생각해 보자.

🌐 [링크 5.6] 교차하는 현과 호 과제의 시작[7)]

원의 각도 탐구 이름:

이 조사에서 우리는 원의 내부나 외부에서 만들어진 다른 각도들을 살펴볼 것입니다. 우리는 다음 링크에서 GeoGebra 워크북을 사용할 예정입니다:

www.geogebra.org/m/FmQ3qgjq

<u>조사 1:</u>

위의 GeoGebra 사이트에서 *교차하는 현과 호(Arcs Intersecting Chords)*를 열고 다음 질문에 답하시오.

1. 원의 기하적 요소 중 어떤 것들이 포함되어 있나요? 또 무엇을 발견했나요?

2. 점 C, D, E, F를 움직여서 표에 정보를 기록하시오.

$m\widehat{CE}$[8)]	$m\widehat{DF}$	$m\widehat{DF}+m\widehat{CE}$	$m\measuredangle CGE$[9)]	$m\measuredangle FGD$

3. 표에서 강조된 열의 값은 서로 어떤 관계가 있는가?

---

7) https://www.youtube.com/watch?v=JieSZk3bR8M

8) 역자 주: $m\widehat{CE}$는 호 CE에 의해 형성된 원주각의 크기를 의미한다.

9) 역자 주: $m\measuredangle CGE$는 점 C, G, E가 이루는 각 CGE의 크기를 의미한다.

4. 질문 3에 대한 가정을 표현하는 방정식을 쓰고, 스케치를 함께 제시하시오.

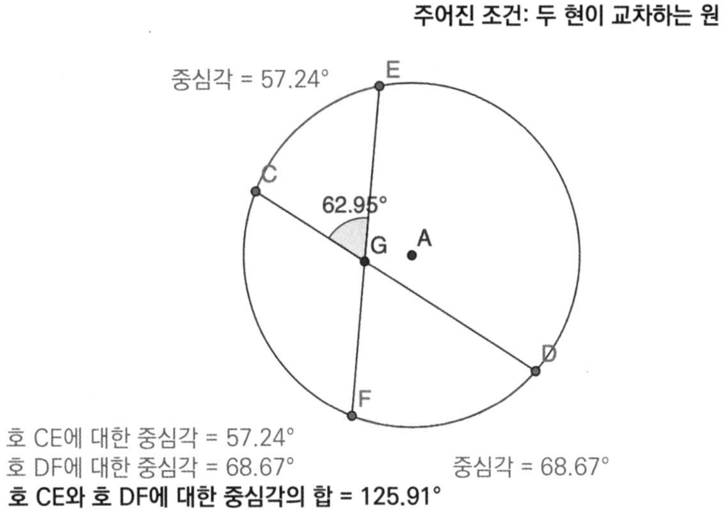

[그림 5.8] 교차하는 원과 호 과제

수업 장면: Kristen의 수업에서 '교차하는 현과 호' 과제의 시작

교사(Kristen): 자, 여기 여러분이 제공받은 교차하는 현과 호에 대한 이미지가 있습니다. [스케치를 전체 화면으로 띄움] 첫 번째 질문은, 이 그림에서 무엇을 보았는지에 대해 설명하는 것이었어요. 누가 자신이 적은 내용을 말해줄 사람? 새롭게 배운 용어를 사용해서 이 그림의 요소들을 말해볼까요?

학생(누군가): 중심각, 중심이요.

교사(Kristen): 중심각, 중심.

학생(누군가): 맞꼭지각이요.

교사(Kristen): 맞꼭지각.

학생(누군가): 원주각이요.

교사(Kristen): 원주각.

학생(누군가): 호요.

교사(Kristen): 그리고 호. 좋아요, 이제 이것들에 이름을 붙여보아요. 그녀가 첫 번째로 말한 것이 중심이었어요. 중심이 어디있죠?

학생(다같이): A요.

교사(Kristen): A [중심점 A를 가리키며]. 그녀가 두 번째로 말한 것은 맞꼭지각이었죠.

	맞꼭지각은 어디있죠?
학생(다같이):	CDE와 FGC요.
교사(Kristen):	좋아요. 세 글자 C, G, E를 말해줬네요 [각도를 손가락으로 따라 표시하면서]. 그리고 F, G, D [각도를 따라가며 표시]. 이게 맞꼭지각, 맞죠? 우리는 이 각들이 [맞꼭지각을 이루는 각들을 가리키며] 어떤 관계를 갖는다는 것을 알고있죠?
학생(다같이):	같아요.
교사(Kristen):	맞아요. 서로 같아야 해요. 아주 좋아요. 그 다음에는 뭐가 있었죠?
학생(누군가):	원주각이요.
교사(Kristen):	원주각. 원주각은 어디에 있죠? (잠시 멈춤) Key?
Key:	F, G, D?
교사(Kristen):	F, G, D [각도를 손가락으로 따라 표시하면서] 이게 원주각이에요?
학생(다같이):	아니요.
교사(Kristen):	Alisa, 원주각이 무엇인지 다시 정의해 줄래?
Alisa:	[잘 들리지 않음]
교사(Kristen):	그러면 G [G를 가리키며]는 어디에 있어야 할까?
Alisa:	[잘 들리지 않음]
교사(Kristen):	G, F, D? [각도를 손가락으로 따라 표시하다가 D에서 멈추며] 이것은 원주각이 될 수 있겠네요. 그런데 그림에 실제로 존재하나요? 그래서 그것이 중요하지 않을 수도 있지만, 여기에 원주각을 만들 수 있죠. 그렇죠? 좋아요. 그러면 E, F, D [각도를 따라가며], 맞죠? 아니면 G, F, D [각도를 따라가며]? 아마도 E[E를 가리키며]를 사용할 거에요. 왜냐하면 E가 원 위에 있기 때문이죠. 그렇죠? 좋아요. 하지만 꼭 존재하는 건 아니에요. 그래서 크게 신경 쓰지 않아도 될 수도 있겠네요. 맞죠? 마지막으로 네가 말한 것이 뭐였더라? 네 목록에 더 많은 것이 있었던 것 같은데?
학생(누군가):	호요.
교사(Kristen):	호? 여기에 호가 보이나요?
학생(다같이):	네.
교사(Kristen):	호가 무엇이죠? 눈에 띄는 게 뭐가 있죠?
학생(다같이):	[여러가지 호의 이름을 부름]
교사(Kristen):	C, E 그리고 D, F. 맞죠? 좋아요. 자, 이제 여러분 중에서 아직 이걸 시도해 보지 않은 사람들을 위해 한 가지 짚고 넘어가고 싶은 게 있어요. 어제 Addison과 Karina가 이 문제를 겪었던 것처럼, 다른 학생들은 이

	문제를 겪었을 텐데 이 문제에서 우리가 주의해야 할 점이 무엇이죠?
학생(누군가):	반올림이요.
교사(Kristen):	다시 한 번 말해 줄래요?
학생(누군가):	반올림이요.
교사(Kristen):	맞아요. 우리가 주의해야 할 것 중 하나는 반올림이에요. 값을 통해서 패턴을 예측하려고 할 때 반올림에 신경을 좀 더 써야 해요. 반올림이 조금 차이가 생길 수 있으니까요. 그러니 마지막 소수점이 완벽하지 않다고 너무 신경 쓰지 마세요. 그건 단순히 반올림 문제일 수 있으니까요. 알겠죠? 오늘 또 우리가 주의해야 할 다른 문제는 무엇이죠? 누군가 비슷한 문제를 겪었고, Kayla와 Martin도 그런 어려움을 겪었던 것 같아요. 제가 잘못 기억했을 수도 있는데, 혹시 기억하나요? 여러분도 같은 어려움이 있었나요?
Martin:	네.
교사(Kristen):	그게 뭐였는지 기억하나요?
Martin:	값들이 좀 이상하게 나왔던 것 같아요.
교사(Kristen):	값들이 이상하게 나왔군요. 이걸 회전시킬 때 [E를 시계 방향으로 원을 돌리며 드래그하면서] 어느 방향으로든 이동할 수 있어요. 하지만 원을 한 바퀴 돌리기 시작하면, 때로는 예상치 못한 일이 발생할 수 있어요 [C를 반시계 방향으로 원을 돌며 드래그하면서...]. 이번에는 그런 일이 일어나지 않았지만, 정말 이상한 일이 일어날 수 있어요. 또, 이들이 교차하지 않도록 주의해야 해요. 맞죠? 여기 문제가 있을 수 있어요 [C가 원위치로 돌아옴.] 보세요, 교차되게 만들었는데, 아니네요, 이번에는 그렇지 않았어요. 여러분 중 몇몇은 이런 현상을 경험했을 텐데, 어떻게 그렇게 된 건지 잘 모르겠어요 (웃으며) 제가 그걸 재현하려고 했는데 잘 안 됐거든요. 그래서 회전할 때는 주의해야 해요. 점을 계속해서 돌리기보다는, 약간만 조정해서 잘못된 측정값이 나오지 않도록 주의하세요. 알겠죠? 음, 좋아요. 이 정도면 충분한 것 같아요.

이제 Kristen이 '교차하는 현과 호' 과제를 시작한 방식을 효과적인 과제 시작의 네 가지 요소를 중심으로 분석해 보자. Kristen 스스로 완벽한 과제 시작이었다고 생각하지는 않겠지만, 그녀는 네 가지 핵심 요소를 모두 반영했다.

■ 과제의 핵심 맥락적 특징에 대해 논의하기: Kristen은 학생들에게 스케치에서 보이는

것들을 몇 분 동안 자유롭게 식별하도록 요청함으로써, 학생들이 이 과제의 맥락을 이해하도록 도왔다. 이번 과제는 실생활(real-world) 맥락을 포함하고 있지는 않지만, 그래도 학생들이 탐구해야 할 대상이 무엇인지 분명히 이해하는 것이 중요하다.

- **과제의 핵심 수학적 아이디어에 대해 논의하기:** Kristen과 학생들은 스케치의 맥락적인 특징을 식별하는 과정에서, 그들은 도형에 있는 레이블(Kristen은 각각을 가리키며)과 정확한 수학적 언어를 사용하여 이름을 붙이고 있다. Kristen은 또한 원 위의 점들을 원을 따라 드래그하여, 점들을 움직일 수 있다는 것과 드래그할 때 측정값이 변화하는 것을 보여주었다. 주목할 만한 점은 한 학생이 도형 안에 원주각이 있다고 정확한 견해를 말했을 때, Kristen은 그 학생의 관찰을 인정하면서도, 이번 탐구에서 내접각이 핵심 요소가 아닐 수도 있음을 설명했다. 이러한 발언은 학생의 관찰을 인정하면서도 동시에 학생들이 이번 탐구와 관련된 주요한 수학적 아이디어에 집중을 유지하는 데 도움이 되었다.
- **핵심 특징을 설명하기 위한 공통 언어 개발하기:** Kristen은 학생들에게 스케치에서 그들이 보는 것이 무엇인지에 대해 물어보며 과제를 시작하였다. 그녀는 학생들이 언급한 내용을 바탕으로 과제의 시작을 이끌어 나갔다. Kristen과 학생들은 서로 의견을 주고받으며 그들이 이전에 정의했던 구체적인 수학적 대상과 그것을 스케치에 표현하는 방식 사이의 연결을 찾았다.
- **인지적 요구 유지하기:** 과제를 시작할 때, 무엇을 탐구할 것인지에 대한 구체적인 논의는 없었다. 그들이 탐구의 중심으로 삼게 될 “표에서 강조 표시된 열”에 대한 언급조차 없었다. 이로 인해 인지적 요구는 대부분 유지되었다. 그러나 Kristen이 학생들에게 맞꼭지각에 대해 무엇을 알고 있는지 묻는 장면이 있는데, 이 관계가 이번 탐구에서 중요할 수 있다고 언급한 것은 인지적 요구에 영향을 미칠 수 있는 것이었다. 그러나 그녀의 의도는 학생들이 이전에 학습했던 관계를 다시 상기시키는 정도로 그 내용을 언급한 것이었다.

사례를 통해 살펴보기

이 장에서 제시된 다양한 사례를 종합적으로 살펴보면, 효과적인 과제 시작의 핵심 요소는 공통적으로 존재하지만, 이를 실천하는 방식은 다양할 수 있음을 알 수 있다. 대체로, 효과적인 과제 시작은 학생들의 맥락 이해도와 핵심 수학적 개념에 대한 사전 지식을 파악할 수 있는 질문(예: 무엇에 주목하고 있나요?, 무엇이 궁금한가요?, 이 도형에서 무엇이 보이나요?, ‘평균(mean)’이 측정하는 것은 무엇인가요?, 가장 좋아하는 애니메이션 영화는 무엇인가요?)으로 시작된다. 과제의 맥락과 핵심 수학적 아이디어를 생각할 때, 공학 도구가 이들과 어떻게 상호작용하는지 고려해 보아라. 이 과정에서 학생들이 무엇이 동적이고 어떻게 동작하는지, 그리고 필요한 도구들을 어디에서 찾을 수 있는지 명확히 이해하도록 해야 한다. 중요한 점은, 과제 시작은 토론으로부터 출발해야 된다는 것이다. 과제 시작은 단순히 지시 사항을 전달하는 것이 아니라 반드시 상호작용을 통해 이루어져야 하며, 이를 통해 공통된 언어가 형성된다. 또한, 인지적 요구 수준을 낮추는 것은 의도치 않게 쉽게 발생할 수 있다! 따라서 과제를 어떻게 시작할 것인지는 사전에 신중하게 계획할 필요가 있다. 면밀한 계획을 세운다면, 학생들은 자연스럽게 과제에 몰입할 수 있으며, 교사는 학생들의 손이 여기저기서 갑자기 올라오는 상황을 해결하느라 분주해지는 대신, 학생들의 작업을 세심하게 모니터링하는 데 집중할 수 있을 것이다.

이 장의 핵심 사항

효과적인 과제 시작을 계획하는 것은 공학 도구를 활용한 과제의 성공에 필수적이다. 이 장에서 살펴본 사례들에서 알 수 있듯이, 과제를 시작하는 방법은 하나로 정해져 있지 않지만, 효과적인 시작에는 유사한 특징들이 있다.

그들은 과제의 핵심 맥락적 특징과 핵심 수학적 아이디어에 대해 논의하며, 핵심 특징을 설명하기 위한 공통의 언어를 개발하고, 과제의 인지적 요구를 유지한다.

공학 도구를 활용한 과제를 효과적으로 시작하기 위한 질문 계획하기

수업의 수학적 목표

- 이 수업의 수학적 목표는 무엇인가?
- 이 수업은 이전의 어떤 수학적 이해와 기능을 바탕으로 하는가?
- 이 과제를 통해 새롭게 개발되는 수학은 무엇인가?
- 공학 도구의 동적인 기능들은 어떻게 이러한 개발을 지원하도록 의도되었는가?

과제의 핵심 맥락적 특징

- 이 과제의 핵심 맥락적 특징은 무엇인가? 때로는 맥락이 공학 도구를 사용하여 표현되는 것(예: 특정 도형이나 데이터세트)일 수 있다는 점에 유의하시오.
- 일부 학생 또는 모든 학생에게 익숙하지 않을 수 있는 특징은 무엇인가?
- 이러한 특징들에 대한 학생들의 이해를 어떻게 이끌어내고 발전시킬 것인가?

과제의 핵심 수학적 아이디어

- 학생들이 과제 해결에 참여하려면 어떤 핵심 수학적 아이디어를 이해해야 하는가?
- 이러한 핵심 수학적 아이디어를 공학 도구를 사용하여 어떻게 표현할 수 있는가? 학생들은 수학적 대상들에게 어떤 행동을 취할 수 있으며, 그러한 행동에 대한 반응으로 그들은 무엇을 보게 되는가?
- 아이디어와 표현들 중 일부 또는 모든 학생에게 익숙하지 않은 부분은 무엇인가?
- 이러한 아이디어에 대한 학생들의 이해를 어떻게 이끌어내고 발전시킬 것인가?

공통 언어의 개발

- 과제 설명(공학 도구 스케치를 포함하여)에서 추가된 언어 중 일부 또는 모든 학생들을 혼란스럽게 하거나 익숙하지 않게 느껴질 가능성이 있는 것은 무엇인가?
- 학생들이 과제의 핵심 맥락적 특징, 수학적 아이디어, 추가적인 언어를 설명하는 공통 언어를 개발하도록 어떻게 지원해야 하는가?

인지적 요구 유지하기

- 과제의 인지적 요구를 유지하기 위하여 과제 시작 단계에서 특히 피해야 할 것은 무엇인가?

(출처: Jackson et al. (2012), p. 29)

동료와 논의할 만한 질문들

1. 어떤 방식으로 과제를 시작하는 것이 모든 학생들을 과제에 참여하도록 도울 수 있겠는가?
2. 과거에 시도했지만 잘 진행되지 않았던 과제를 떠올려 보아라. 여기에서 읽은 내용을 바탕으로, 그 당시에 다르게 했어야 하는 부분은 무엇인가? 설명해 보시오.
3. 언젠가 수업에서 사용하고 싶은 공학 도구 활용 과제에 대해 생각해 보고, 앞서 제시된 질문 계획을 검토한 후 실제로 과제를 어떻게 시작할지 논의해 보시오.

이 책에 소개된 공학 도구 활용 과제와 보충 영상 링크는 https://www.tlmtresearch.com/teachingmathtechbook에서 확인할 수 있다.

제6장

공학 도구 기반 환경에서 학생의 사고에 주목하고 이끌어내기

학생의 사고에 주목하고 이를 이끌어내는 것은 우리가 수업 중에 내리는 의사결정에 영향을 주기 때문에 기본적인 교수 관행(practices)으로 볼 수 있다(NCTM, 2014). 우리는 학생들에게 과제를 시작하도록 한 뒤 우리의 눈과 귀를 이용해 교실을 순회하며 학생들의 사고에 대한 통찰을 얻어야 한다. 학생의 사고를 활용하여 수업을 증진하려면 학생의 사고에 주목하는(noticing) 것이 필수적으로 선행되어야 한다. 학생의 사고에 주목한다는 것은 "정보를 이끌어내기 위한 방법을 계획하고, 이끌어낸 증거가 학생의 학습과 관련하여 무엇을 의미하는지 해석하고, 학생의 이해를 바탕으로 어떻게 반응할지 결정하는 것"으로 설명된다(NCTM, 2014, p. 53). 이는 학생들이 공학 도구와 상호작용하는 방식(그리고 그 상호작용의 결과로 학생들이 보는 것)이 그들의 수학적 사고에 대한 통찰을 제공하기 때문에 공학 도구 활용 수학 과제를 수행할 때 특히 중요하다(그리고 복잡하다).

사례: 미스테리한 변환들(Mystery Transformations)

당신이 학생들과 '미스테리한 변환' 과제를 수행하고 있는 중등학교 교사라고 상상해 보자. 학생들은 동적 기하 환경에서 변환(예: 이동, 회전, 대칭, 확대)에 대해 공부하고 있으며, 원상(pre-image)에서 상(image)으로 사상하기(mapping) 위해 적용된 변환이 무엇인지 결정하는 데 어려움을 겪고 있다.

[링크 6.1] 미스테리한 변환들[1)]

1) https://www.geogebra.org/m/zezbkmbp

잠시 생각해봅시다.

당신이 이 과제에서 학생들의 활동을 관찰할 때 무엇을 보고/들을 계획인가? 설명해 보시오.

아래 수업 장면에서는 두 명의 학생 Addison과 Abby가 삼각형 ABC를 삼각형 A′B′C′로 사상하는 데 사용한 변환을 확인하려고 하는 모습을 볼 수 있다(그림 6.1). 당신이 두 학생의 뒤로 가서 그들의 생각에 주의를 기울인다고 상상해 보자.

[링크 6.2] 수업 장면 동영상: 미스테리한 변환 과제를 수행하는 Addison과 Abby[2)]

수업 장면: 미스테리한 변환 과제를 수행하는 Addison과 Abby

Addison: [Abby가 원상인 삼각형 ABC와 이것의 상인 삼각형 A′B′C′ 사이에 직선 EF를 그린다] 아니, 아니, 아니, 아니, 아니.

Abby: 잠깐, 잠깐. [Addison이 Abby가 작업하던 노트북을 가져온다. Addison은 변환 메뉴에서 대칭을 선택하고 직선 EF를 선택한 다음 삼각형 ABC를 선택한다. [그

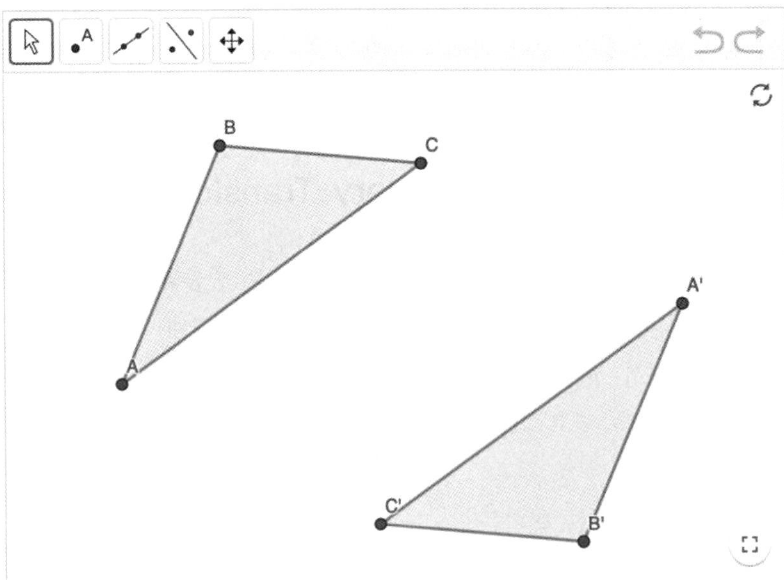

[그림 6.1] 미스테리한 변환 삼각형

2) https://www.youtube.com/watch?v=ab1UcH8ZKTY&feature=youtu.be

림 6.2]와 같이 상 $A'_1B'_1C'_1$은 직선 EF에 대하여 대칭된다.]

Addison: 완전히 같진 않을 것 같아.

Abby: 하지만 비슷하지 않을까.

Addison: 너 이런거 잘 못하잖아

Abby: 나도 할 줄 알아.

Addison: 좋아.

Abby: 이것봐.

Addison: 그런데 완전히 같지는 않아.

Abby: 그래. 완전히 같지는 않네.

Addison: 내가 완전히 같게 만들 수 있어.

Abby: 아 잠깐. [Abby는 컴퓨터를 가져와 선택 도구를 누른다.]

Addison: 내가 똑같이 만들 수 있어. [Abby가 삼각형 ABC를 조금 드래그해서 두 삼각형 상들을 일치시키려고 한다.]

Abby: 상관없어. ... 이것 좀 봐. 아주 비슷해 ... 완전히 비슷해졌는걸. [Addison이 다시 노트북을 가져와 직선 EF가 사라질 때까지 실행 취소를 클릭한다. Addison은 점 C를 점 A'로 드래그하고 이 작업을 통해 점 C′가 점 A에 놓이게 된다. 이후 직선 AC를 만든다.]

Addison: 움직여라 제발.

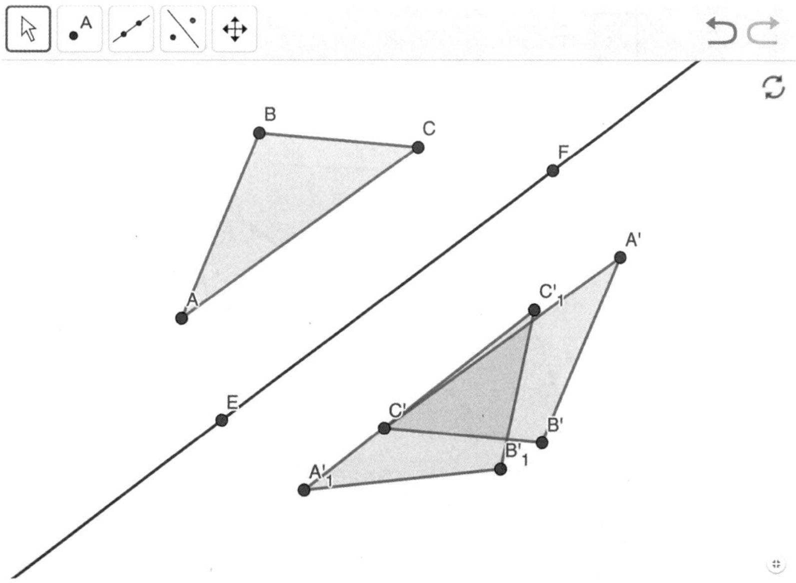

[그림 6.2] 직선 EF에 대한 삼각형 ABC의 대칭

Abby: 너 좀 과장하는 거 같은데.

Addison: 할 말 있니?

Abby: 어.

Addison: [Addison은 직선 AC에 대해 삼각형 ABC를 대칭시킨다. [그림 6.3]과 같이 삼각형 $A'_1B'_1C'_1$이 나타난다] 오!

Abby: 잘했네. 거의 같네. 이것 좀 봐

Addison: 아니네, 왜 완전히 같지 않지?

Abby: [Abby가 노트북을 다시 가져와 Addison이 만든 대칭을 실행 취소한다] 왜냐하면 네가 직선을 잘못 만들었잖아. 그건 내가 했던 것과 같아. 너도 그렇게 똑똑하지 않네.

Addison: 나도 그렇네!

Abby: 직선이 그곳이 아닌 거 같아! 직선이 있어야 할 위치가 그쪽이 아닌 거 같아.

Addison: 그럼 어디 있어야 될 것 같아?

Abby: [Abby는 대칭축 역할을 하는 직선의 위치를 찾기 위해 점 A를 드래그한다.] 여기가 아니라는 것은 알겠어... 왜냐하면 정확히 같은 삼각형이 되지 않으니.

Addison: 그러니깐.

Abby: 잠깐, 오 잠깐, 네가 만든 것 같은데, 네가 완벽한 사각형을 만들었네, 그렇지? [Abby는 몇 번의 드래그를 더 한 뒤, 두 개의 삼각형이 하나의 사각형을 만들도

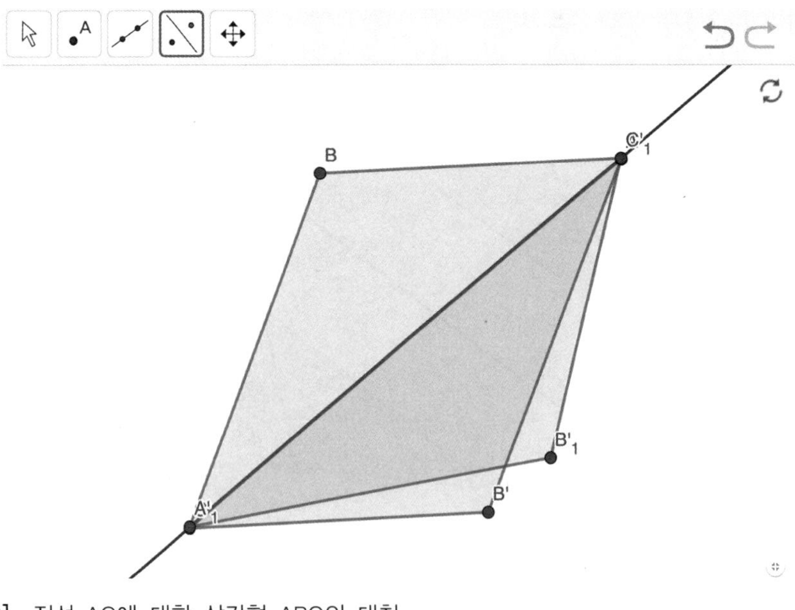

[그림 6.3] 직선 AC에 대한 삼각형 ABC의 대칭

록 다시 두 개의 점을 드래그한다.]

Abby: 이제 우리가 여기까지 했으니... 젠장. Addison 알겠어. 날 더 이상 슬프게 하지 말어! [Abby는 사각형의 대각선에 대해 삼각형 ABC를 대칭시킨다.]

Addison: 아직 안된거 같은데.

Abby: [답답한 마음에 책상을 손으로 쿵쿵 두드린다]

Addison: 자, 어디 보자 어디 보자 어디 보자.

Abby: 좋아.

Addison: [Addison은 컴퓨터를 가져와 점 B를 여러 방향으로 드래그해서 어떤 일이 일어나는지 확인한다.] 좋아. 왜 그런지 살펴보자.

Abby: 잠깐, 잠깐, 잠깐! 그래, 그걸 움직여봐. 그래. 오, 너 뭐하고 있는 거야? ... Addison, 뭐라고 했지? ... 잠깐만, 아니 아니 아니, 다른 쪽으로 움직여봐. 다른 쪽으로.

Addison: [Addison이 점 B를 드래그하여 [그림 6.4]와 같이 B'와 B'_1이 서로 거의 겹치도록 한다.] 잠깐만, 나는 화면에 보이는 것처럼 만들려고 하고 있어.

Abby: 그런데 그것은 여전히 똑같지는 않아.

Addison: 똑같지는 않긴 한데, 직선에 대해 마름모꼴이네.

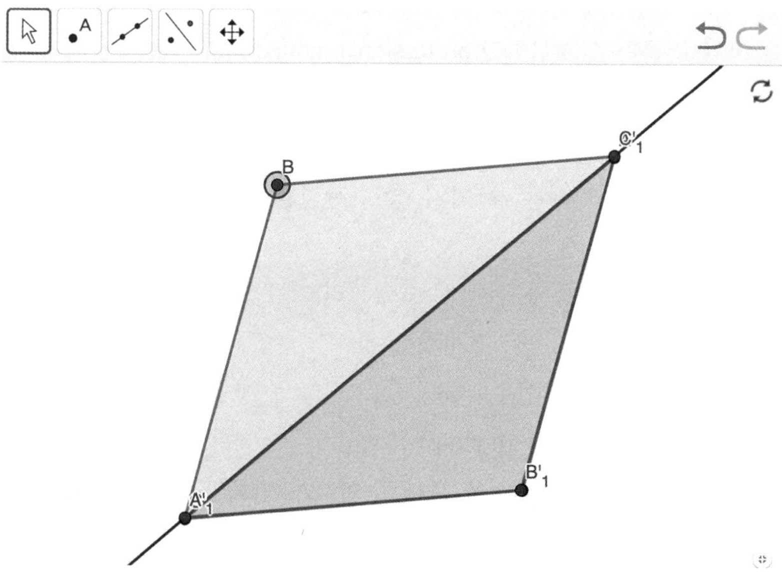

[그림 6.4] B'와 B'_1가 겹치도록 드래그된 삼각형 ABC

> **잠시 생각해봅시다.**
> 1. Addison과 Abby의 활동을 관찰하면서 어떤 점에 주의를 기울였는가?
> 2. 학생들이 말하는 것에 집중했는지 설명해 보시오.
> 3. 공학 도구가 어떻게 사용되었는지에 대해 주목했는지 설명해 보시오.
> 4. Addison과 Abby가 말한 것과 그들이 공학 도구를 통해 수행하고/관찰한 것을 연결지어 설명해 보시오.
> 5. 공학 도구의 어포던스(affordances)와 한계에 대해 주의를 기울였는지 설명해 보시오.

미스테리한 변환 과제에 대한 Abby와 Addison의 사고 과정 살펴보기

공학 도구 활용 과제에 참여하고 있는 학생들을 관찰하고 그들의 사고에 주목할 때, 우리는 학생들이 큰 소리로 말하거나 글을 적는 것에 지나치게 주의를 기울인다. 그렇게 하다 보면 정작 학생 사고에서 중요한 부분, 즉 학생들이 공학 도구를 통해 무엇을 하고 있고 무엇을 보고 있는지에 관한 부분을 놓치게 된다. 학생들이 공학 도구 활용 과제를 수행할 때, 그들이 공학 도구와 상호작용하는 방식은 학생들의 수학적 사고와 학습에 대한 통찰을 제공할 수 있다(예: Dick et al., 2021; Dick et al., 2022; Dick & Hollebrands, 2011). 이러한 맥락에서 학생들의 사고에 주목하는 것은 학생들이 말하고 행동하는 것뿐만 아니라 그들이 공학 도구를 어떻게 사용하는지 그 방식에도 주의를 기울여야 한다. 연구자들은 교사의 전문가적 주목하기(professional noticing)에 관한 연구(예: Amador et al., 2020; Jacobs et al., 2010; Thomas et al., 2015)와 학생의 공학 도구 활용 수학 과제에 관한 연구(Dick et., 2021; Dick et., 2022)를 바탕으로 학생 사고에 주목하기에 관한 구성 요소를 기술했다. 여기에는 세 가지 상호 관련된 구성 요소가 포함된다.

- 학생들이 공학 도구를 통해 수행하는 것(그리고 수행 결과 그들이 보는 것)에 따른 학생의 응답에 주의를 기울이기(attending)
- 학생들이 공학 도구를 통해 수행하는 것(그리고 수행 결과 그들이 보는 것)에 따른 학생의 응답을 해석하기(interpreting)
- 학생의 현재 이해에 대한 해석을 토대로 어떻게 반응할지 결정하기(deciding)

Addison과 Abby의 미스테리한 변환 과제를 살펴보자. 이 짧은 영상에는 주의 깊게 살펴보고 해석해야 할 내용이 많이 있다. 우리는 영상에서 일어난 모든 것에 주의를 기울일 수 있도록 목록을 작성하였고 학생들의 글과 말 그리고 공학 도구 사용에 따라 이를 구분

학생들의 응답에 주의를 기울이기	학생들의 공학 도구 사용에 주의를 기울이기
• 학생들은 이것이 "완전히 같지" 않다고 말하지 않고 "완전히 같을 것 같지 않아(isn't going to be)"라고 말한다. • 학생들은 두 개의 상이 "꽤 비슷해/ 아주 비슷해/ 완전히 비슷해"라고 말한다. • 학생들은 "네가 직선을 잘못 만들었기" 때문에 두 개의 상이 일치하지 않는다고 말한다. • 학생들은 "여기가 아니라는 것은 알겠어... 왜냐하면 정확히 같은 삼각형이 되지 않으니"라고 말한다. • 학생들은 "네가 완벽한 사각형을 만들었네"라고 말한다. • 학생들은 원상과 상이 여전히 일치하지 않을 때 "왜 그런지 살펴보자"라고 말한다. • 학생들은 "여전히 똑같지는 않아; 똑같지는 않긴 한데, 직선에 대해 마름모꼴이네"라고 말한다.	• 학생들은 원상과 상 사이에 직선 EF를 그리고 원상을 EF에 대해 대칭시킨다. • 학생들은 두 개의 상의 모서리를 일치시키기 위해 원상을 드래그한다. • 학생들은 직선을 삭제하고 원상 위의 점들을 드래그하여 점 C와 A' 그리고 점 A와 C'가 대응되는 사각형을 만든다. • 학생들은 사각형의 대각선이며 공유하는 밑변을 통과하는 직선을 만든 뒤 원상을 그 직선에 대해 대칭시킨다. • 학생들은 점 A를 조금씩 계속해서 드래그한다. • 학생들은 대칭축을 삭제하고 원상의 점들을 드래그해서 사각형을 만든다. • 학생들은 사각형의 대각선인 직선을 만든 뒤 다시 그 선에 대해 원상을 대칭시킨다. • 학생들은 대칭한 결과 삼각형이 정확히 일치하지 않는 이유를 확인하기 위해 점 B를 드래그한다. • 학생들은 거의 마름모꼴이 만들어지도록 점 B를 드래그한다.

[그림 6.5] 학생들의 응답과 그들의 공학 도구 사용에 주의를 기울이기

하였다(그림 6.5).

우리가 Addison과 Abby가 말한 것에만 주의를 기울인다면(그림 6.5의 왼쪽 열) 대칭했을 때 합동인 삼각형을 만들어야 하고 만약 대칭축이 삼각형의 변이라면 그것은 원상과 상으로 만들어진 사각형의 대각선이라는 것을 학생들이 이해한다고 해석할 수 있다. 그러나 우리가 영상을 보거나 전사된 내용을 읽어보면, 학생들이 이해한 것과 아직 이해하지 못한 것에 대해 할 수 있는 말이 훨씬 많다는 것을 알게 된다. 우리는 학생들이 말한 것(왼쪽 열)과 그들의 공학 도구 사용 방식(오른쪽 열)을 통합하여 살펴보면 학생의 이해에 대해 보다 완전한 그림을 그릴 수 있다. Addison과 Abby가 공학 도구를 사용한 방식을 토대로 살펴보면, 학생들은 그 변환이 원상에 대한 대칭 변환이며 상은 합동인 삼각형이어야 할 뿐만 아니라 상 $A'B'C'$ 와 그들이 만든 상 $A'_1B'_1C'_1$가 같은 방향을 가져야 한다는 사실을 이해하지 못한 것으로 보인다. 학생들이 일치시키려 애썼던 두 꼭짓점이 대응되지 않는 기호이며(예: A' 와 C'_1) 그들이 그 차이를 언급하지 않았다는 점에서 학생들은 두 상에 대해 방향성을 고려했다는 증거는 없다고 볼 수 있다.

또한 Addison과 Abby는 원상과 상이 대칭축으로부터 같은 거리에 있어야 한다는 것을 이해하고 있는 것으로 보인다. 이는 학생들이 두 삼각형의 밑변 사이에 대칭축을 위치시켰다는 사실로부터 추론할 수 있다. 그러나 학생들은 점 B를 고려하지 않았기 때문에 삼각형과 상의 모든 꼭짓점들이 대칭축으로부터 같은 거리에 있어야 한다는 것을 이해하지 못한 것으로 보인다. 우리는 Addison과 Abby가 말한 것을 그들이 공학 도구를 사용한 방식과 통합하여 살펴볼 때 그들의 이해를 훨씬 더 깊게 파악할 수 있다.

이제 학생들의 이해에 대해 보다 완전히 파악할 수 있기에 어떻게 반응할지 결정할 수 있다. 우리가 할 수 있는 결정 중 하나는 학생들에게 GeoGebra의 기능을 사용해서 삼각형들의 꼭짓점들이 대칭축으로부터 실제로 같은 거리에 있는지 확인하도록 하게 하여, 원상과 상이 대칭축에서 같은 거리에 있다는 것을 학생들이 이해하는지 알아보는 것이다. 학생들이 대칭축으로부터 B, B′, B'_1의 거리를 측정하는 방식은 이러한 변환의 속성에 관한 학생들의 이해를 알 수 있게 한다. 하지만 어떻게 반응할지에 관한 모든 결정들이 공학 도구를 포함해야 하는 것은 아니다. Addison과 Abby에게 원상의 꼭짓점으로부터 주어진 상 그리고 원상으로부터 그들이 만든 상으로의 대응 그림(mapping diagram)을 그리도록 할 수 있는데, 이는 학생들이 세 개의 그림에 대한 방향에 주의를 기울이는 것을 도울 수 있다.

학생 사고를 주목하는 것을 지원하는 프레임워크

공학 도구 활용 과제에서 학생의 사고에 주목하는 것이 복잡한 관행이라는 점에서 우리는 이 관행을 지원할 수 있는 프레임워크를 포함했다. 공학 도구가 중재된 학습 환경(Technology-Mediated Learning Environment, 이하 NITE)에서 학생들의 수학적 사고에 대한 주목하기 프레임워크(Dick et al., 2021)는 학생의 응답과 그들이 공학 도구를 사용하는 방식 사이에서 필요한 조정에 대해 기술하고, 교사가 이 중요한 관행을 수행하는 동안 염두에 두어야 할 직관적인 이미지를 제공하여 교사의 주목하기를 지원하기 위해 고안되었다(그림 6.6).

NITE 프레임워크의 화살표는 주목하기의 모든 구성 요소가 본질적으로 서로 연관되어 있음을 나타낸다(Jacobs et al., 2010). 그러나 *학생의 응답(학생이 말하거나 작성한 내용)에 주의를 기울이기와 해석하기*는 *학생들의 공학 도구 사용에 주의를 기울이기 및 해석하기*와 분리하여 이 둘을 조정하는 것이 중요함을 강조했다. 어떻게 반응할지 결정하기는 다른 구성 요소와 분리하였는데, 이는 교수학적 결정을 내리기 전에 학생의 응답과 학생의 공

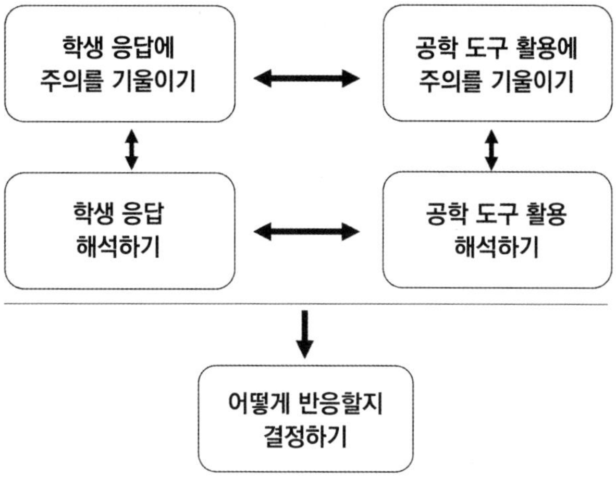

[그림 6.6] NITE 프레임워크

학 도구 사용을 모두 고려하는 것의 중요성을 균형 있게 반영하기 위해서이다. 또한 우리는 어떻게 반응할지 결정할 때 학생들의 사고 발달을 지원하기 위해 그들의 응답에 공학 도구를 어떻게 자리매김할지(또는 자리매김하지 않을지)를 고려해야 한다.

NITE 프레임워크를 사용해 온 Tech-Math 교사 Drew는 "학생들이 알고 있는 것을 진정으로 더 잘 이해하기 위해서는 모든 측면을 고려해야 한다"는 점을 상기하기 위해 공학 도구 활용 환경에서 학생들의 활동에 대한 영상을 볼 때나 수업을 계획할 때 컴퓨터 모니터에 NITE 프레임워크를 띄워 둔다고 말했다. 처음 그가 공학 도구 활용 과제에서 학생들의 사고에 주목하기 위해 노력했을 때 다음과 같이 말했다.

> 저는 학생들이 무엇을 알고 있는지, 그들이 나에게 무엇을 말하는지에 매우 집중했었어요. 저는 학생들이 무엇을 알고 있는지에 너무 집중하고 있었는데, 한 발짝 물러서서 바라볼 필요가 있었어요. 학생들이 말하는 것에만 집중하려고 하다 보니 생각지 않은 완전히 다른 영역의 정보[학생들의 공학 도구 사용을 언급하면서]를 알려주는 것 같았죠. 여러분은 학생들이 무엇을 말하는지 듣고 무엇을 쓰는지 볼 뿐, 실제로 학생들이 어떻게 상호작용을 하는지는 보지 않고 있습니다.

NITE 프레임워크를 염두에 두고 몇 가지 예를 더 살펴보자.

사례: 상자그림 이해하기

상자그림에 대한 개념적 이해는 중학교, 고등학교 및 대학 과정 전반에 걸쳐 발달되는 주

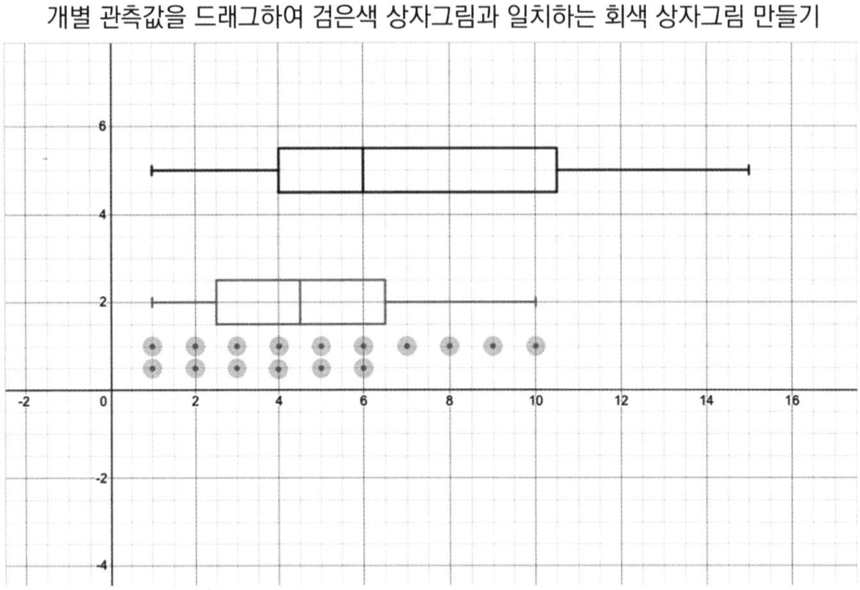

[그림 6.7] 상자그림 이해하기

제이다. Desmos 활동 제작 도구에 내장된 상자그림 이해하기 활동은 네 개의 상자그림 맞추기 과제가 있다. 각 과제에는 학생들에게 움직일 수 있는 동적인 데이터 집합, 이 데이터 집합에 연결되어 개별 관측값이 드래그되면 함께 변하는 상자그림, 그리고 고정된 상자그림이 제공된다(그림 6.7 참조). 이 과제의 목적은 개별 관측값을 드래그하여 동적인 상자그림과 고정된 상자그림을 일치시키는 것이다. 이를 통해 학생들은 데이터 분포와 다양한 표현 사이의 관계를 탐색할 수 있다.

🌐 [링크 6.3] 상자그림 이해하기[3)]

잠시 생각해봅시다.

아래 수업 장면에서 두 명의 학생 JP와 Kyle는 중앙값, 사분위수, 일변량 데이터에 관한 다양한 표현(예: 점그래프, 상자그림, 히스토그램)에 대한 사전 지식이 있는 Integrated Math 1을 수강하는 학생이다. 이들은 동적인 상자그림을 고정된 상자그림에 일치시키기 위해 노력하고 있다. 수업 장면을 읽고 동영상을 보는 동안 NITE 프레임워크를 가까이 두고 아래에 대해 생각해 보자.

---

3) https://teacher.desmos.com/activitybuilder/custom/622614945bc0b50a29297948

1. JP와 Kyle가 상자그림을 일치시키는 방법에 주의를 기울여라.
2. 상자그림에 대한 JP와 Kyle의 현재 이해에 대해 해석해라.
3. 당신이 JP와 Kyle의 선생님이고 이 영상이 촬영되는 동안 그들 옆에 서서 그들을 보고 듣고 있었다면, 이 상황 이후에 어떻게 반응할 것인가?

[링크 6.4] 상자그림 이해하기 과제를 수행하는 Kyle와 JP[4)]

수업 장면: 상자그림 이해하기 과제를 수행하는 Kyle와 JP

Kyle: 알았어. [JP는 가장 오른쪽에 있는 점을 최댓값이 있는 위치로 드래그한다. 이 값은 이상치(outlier)가 된다.]

JP: 그럼 우리는 계속– 이것을 여기 오른쪽까지 최대한 옮겨서 최댓값을 만들어야겠어. [JP는 두 번째 점을 최댓값의 왼쪽으로 드래그한다. 이를 통해 두 번째 이상치가 나타나게 된다.]

JP: 그런데 이 점도 저기로 옮겨야 할 것 같아. [JP는 세 번째 점을 최댓값의 왼쪽으로 드래그한다. 이를 통해 세 번째 이상치가 나타나게 된다.]

JP: 이것도 이동시켜야 할 것 같아.

Kyle: 음.

JP: 그럼 우리 여기에 3개를 넣으면, 맞나?

Kyle: 그런 것 같아. [JP가 네 번째 점을 최댓값의 왼쪽으로 드래그하자 기존의 세 개의 이상치는 사라지고 네 번째 사분위수의 수염이 나타난다.]

JP: 그리고 우리는 이것을 저 밑으로 옮겨야 해.

JP: 그래.

Kyle: 그래. [JP는 세 번째 사분위수의 한 점을 오른쪽으로 옮긴다.]

JP: 그리고 나서 이 중 하나를 여기로 옮겨야 해.

Kyle: 잠깐, 총 몇 개가 있는지 먼저 세어보자.

JP: 하나, 둘, 셋, 넷, 다섯, 여섯, 일곱, 여덟, 아홉, 열, 열 하나, 열 둘, 열 셋, 열 넷, 열 다섯, 열 여섯.

Kyle: 좋아, 여전히 16이네. 가운데 값은 6이야.

JP: 맞아. [Kyle이 세 번째 사분위수의 점을 좌우로 옮긴다.]

Kyle: 이거. 그럼 여전히 이걸 아래로 내려야 하지?

4) https://www.youtube.com/watch?v=h_5vK1G54Rc&feature=youtu.be

JP: 아니, 아니, 그건 그대로 둬. [Kyle은 두 번째 사분위수에서 한 점을 중앙값 근처로 드래그한다.]

JP: 왜냐면 그것이 세 번째 사분위수를 결정하니깐. 저것을 옮기면 이 중 하나를 아래로 옮겨야 해.

Kyle: 어? [JP가 Kyle이 옮긴 점을 다시 왼쪽으로 옮기고, 중앙값이 왼쪽으로 움직인다.]

JP: 이렇게, 봐봐. 이 점이 어떻게 중앙값을 움직이는지 보이지?

Kyle: 음. [JP가 세 번째 사분위수에서 한점을 드래그한다. 그리고 해당 상자그림에는 아무런 변화가 없다.]

JP: 알겠다. 잠깐, 이제 알겠어. [JP가 두 번째 사분위수에서 한 점을 드래그한다. 해당 상자그림에는 아무런 변화가 없다.]

JP: 이 중 하나를 옮겨야 해. [JP가 두 번째 사분위수에서 다른 한 점을 중앙값 쪽으로 드래그한다. 중앙값은 오른쪽으로 이동한다.]

JP: 그런 다음 이것을 더 드래그할 수 있어. [JP가 두 번째 사분위수에서 한 점을 드래그한다. 해당 상자그림에는 아무런 변화가 없다.]

JP: 그리고 이것을 이동하면 ... [JP가 두 번째 사분위수에서 한 점을 중앙값 쪽으로 드래그한다. 중앙값이 오른쪽으로 이동한다.]

Kyle: 아직 아니니 가운데에 두 개가 더 필요할 것 같아.

JP: 맞아. [JP가 두 번째 사분위수에서 한 점을 중앙값 쪽으로 드래그한다. 중앙값은 6으로 이동한다.]

JP: 오! 바로 거기.

Kyle: 좋아. 그럼 이 두 개는 기본적으로 ...

Kyle: 중앙에?

JP: 맞아.

Kyle: 그래 알겠어. [Kyle는 세 번째 사분위수에서 한 점을 드래그한다. 세 번째 사분위수는 대응하는 상자그림의 오른쪽으로 이동한다.]

JP: 그리고 그 다음에, 아니, 그걸 거기에 놔둬.

JP: 왜냐면 그건 세 번째 사분위수에 있고, 세 번째 사분위수를 흐트러지게 해.

JP: 그래서 여기 이 점들을 움직여야 해. [JP는 두 번째 사분위수의 한 점을 드래그한다. 해당 상자그림에는 아무런 변화가 없다.]

Kyle: 좋아. 이제.

JP: 아래에 있는 것도 옮겨야 해.

Kyle: 그래. [Kyle은 두 번째 사분위수의 한 점을 드래그한다. 해당 상자그림에는 아무

런 변화가 없다.]

JP: 아니, 사실 바닥에 있는 점은 그대로 놔둬도 돼. [Kyle은 계속해서 그 점을 드래그하고, 이로 인해 두 번째 사분위수의 값이 증가한다.]

JP: 저거처럼- 오, 그래.

Kyle: 좋아

JP: 바로 저기야.

Kyle: 그래, 그리고 이것들은 그대로 있어야 돼.

Kyle: 맞아. 몇 개인지 보자. 하나, 둘, 셋, 넷. 하나, 둘, 셋, 넷. 하나, 둘, 셋. 하나, 둘, 셋.

JP: 좋아.

Kyle: 하나, 둘.

Kyle: 좋아. 그래서 이제 우리는 기본적으로 짝수일 때마다 중간에 두 개가 있어야 하고, 그리고 양쪽에는 동일하게 있어야 한다는 걸 알게 됐어.

JP: 그래.

Kyle: 수염 부분

Kyle: 그리고 상자 부분.

JP: 그래, 외부에는 네 개씩 있고, 그쪽에도 네 개씩 있고, 그리고 가운데는 두 개 있어, 중간에 가까운 곳에.

Kyle: 맞아, 만약 홀수였다면, 우리는 아마 ...

JP: 반대로 해야 했을 거야.

Kyle: 맞아. 그리고 가운데는 한 개만 있었을 거야.

JP: 그래.

Kyle: 두 개 대신에.

Addison과 Abby와는 다르게, Kyle과 JP는 교사가 상자그림에 대한 그들의 이해에 주의를 기울이기 위한 말을 많이 했다. 그러나 Addison과 Abby와 마찬가지로, Kyle과 JP가 공학 도구를 활용하는 방식에도 더 많은 이해가 필요했다. Kyle과 JP의 대화를 들어보면, 데이터 관측값의 수에 주의를 기울이고, 데이터 관측값의 수가 짝수인 경우 중앙값의 위치를 결정하기 위해 두 개의 값을 사용해야 함을 알고 있었다. 그러나 그들은 두 관측값이 중앙값 위에 있어야 한다고 믿는 것으로 보인다. 또한, 그들은 특정 관측값들이 사분위수의 위치를 조정할 수 있다는 점을 인식한 것으로 보인다.

우리는 Kyle과 JP의 대화와 공학 도구 사용 방식을 세밀하게 살펴봄으로써, 상자그림의 수염을 만들기 위해서는 최댓값과 최솟값에 하나의 데이터 관측값과 근방에 다른 관측값들이 있어야 한다는 것을 이해한 것으로 해석할 수 있다. 이는 그들이 "이것을 여기 오른쪽까지 최대한 옮겨서 최댓값을 만들어야겠어"라고 말한 것과 하나의 관측값만 옮기면 수염이 아닌 이상치가 나타난다는 것을 인식하고 최댓값 쪽으로 점들을 계속해서 드래그한 사실을 통해서 알 수 있다. 또한, 학생들이 데이터 관측값을 세는 소리를 들을 수 있지만 실제로 어떤 위치의 관측값을 세고 있는지 볼 수 없다면, 그들이 제2사분위수와 제3사분위수에 있는 관측값 개수를 세면서 "넷"이라고 말하지 않고 중앙값에 놓인 한 점을 만졌다는 사실을 놓치게 된다. 다시 말해, 이 사실을 주목하지 못했다면, 그들이 각 사분위수에는 동일한 수의 데이터 관측값이 있어야 한다는 사실을 이해하고 있음을 입증할 근거가 없을 것이다. 나아가, 우리는 그들이 이러한 관측값의 분포가 각 사분위수의 길이와 어떻게 관련되는지 아직 고려하지 않았음을 입증할 근거도 없을 것이다.

Kyle과 JP의 생각과 공학 도구 사용에 대한 우리의 해석을 조정한 후, 우리는 정보에 바탕으로 어떻게 반응할지를 결정할 수 있다. 예를 들어, 짝수개의 관측값을 가진 데이터 집합에서 중간에 있는 두 개의 관측값이 중앙값에 놓일 필요가 없다는 것을 이해시키기 위해 JP와 Kyle에게 관측값을 새로운 위치로 옮기면서도 중앙값 6을 유지할 수 있는지 물어볼 수 있다. 마찬가지로, 두 사람이 데이터 관측값을 Q1과 Q2의 '중간'에 위치시켰으므로 왜 Q3에 가까운 점이 없는지 물어볼 수 있다. 마지막으로, 지금 당장은 아무런 결정도 하지 않을 수도 있다. 이 활동에는 두 개의 도전 과제가 더 있고, 각각은 이전보다 더 복잡하다. 더 복잡한 과제를 혼자서 해결하면 상자그림에서 데이터 분포에 대한 그들의 현재의 사고가 달라질 수도 있다.

사례: 유리함수와 수직 점근선

이 과제는 유리함수의 맥락에서 수직 점근선을 소개하기 위해 Desmos 활동 제작 도구로 만들어졌다. 이 과제에서 학생들은 슬라이더를 사용하여 $f(x)=\dfrac{k}{ax+b}$ 형태의 유리함수의 매개변수를 변경하는 것이 수직 점근선의 위치(및 존재)에 미치는 영향을 탐구할 수 있다. 활동의 처음 몇 페이지는 분자가 상수이고 분모가 일차식인 다양한 유리함수의 그래프와 함께 학생들에게 정의역과 치역에 대해 설명하게 하고 그래프들을 비교하여 무엇을 발견했는지 묻는다. 그런 다음 '수직 점근선'이라는 용어가 소개되며, 학생들은 함수의 구조와 수직 점근선의 존재 및 위치 사이의 관계를 탐구한다. 이를 위해 그래프에 함수와 함께 표시된 수직 점근선을 조절할 수 있는 슬라이더를 사용한다. 슬라이더를 움직이면 함수의 그래프와 상단에 있는 함수식이 수직 점근선과 마찬가지로 동적으로 변한다(그림 6.8 참조).

🌐 [링크 6.5] 과제: 수직 점근선 도입[5]

슬라이더를 사용하여 함수 $f(x) = \frac{-7}{-x+1}$ 의 매개변수 값을 변경하시오.
함수식을 바탕으로 수직 점근선의 4치를 어떻게 예측할 수 있는가?

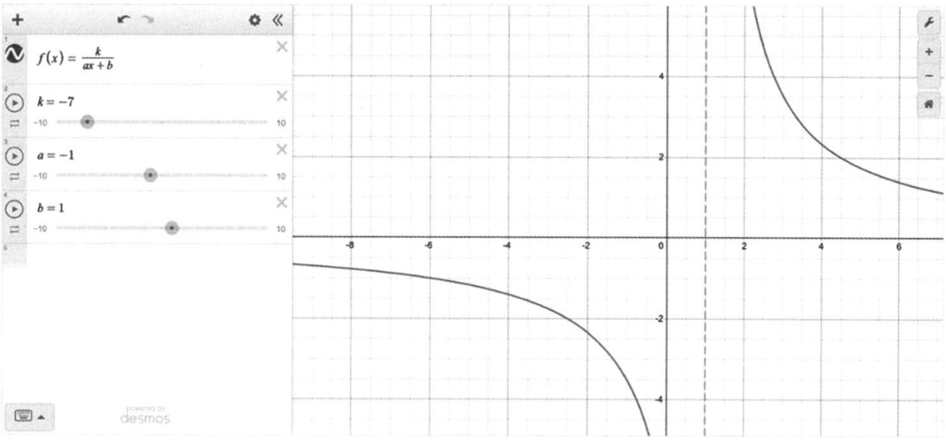

[그림 6.8] 수직 점근선 도입

> **잠시 생각해봅시다.**
>
> 수업 장면을 읽고 동영상을 보는 동안 NITE 프레임워크를 가까이 두시오. Eden과 McKenzie는 점근선 도입 활동의 5번 화면에서 활동하고 있다. 그들은 슬라이더를 사용하여 유리함수의 매개변수인 k, a, b를 탐구하고 있으며, 이 매개변수들이 수직 점근선의 위치(및 존재)에 미치는 영향을 탐색하고 있다. 자료를 읽거나/보는 동안 다음 질문을 고려해 보자.
>
> 1. Eden과 McKenzie가 $f(x) = \dfrac{k}{ax+b}$ 형태의 유리함수에 대한 수직 점근선의 위치를 어떻게 결정했는지 주의를 기울이시오.
> 2. 수직 점근선에 대한 Eden과 McKenzie의 현재 이해에 대해 해석하시오.
> 3. 만약 당신이 이 동영상이 발생한 순간에 Eden과 McKenzie의 선생님이고 그들 옆에 서 있었다면, 이 상황 이후에 무엇을 하겠는가?

🌐 [링크 6.6] 수직 점근선 과제를 수행하는 Eden과 McKenzie[6]

---

5) https://teacher.desmos.com/activitybuilder/custom/5d82a5a6288f7374687fe429?lang=ko
6) https://www.youtube.com/watch?v=BluXSbAi-TM&feature=youtu.be

수업 장면: 수직 점근선 과제를 수행하는 Eden과 McKenzie

McKenzie:	점근선은 ... 단순히 그 숫자들만을 기반으로 하지 않아. 이렇게 해봐, 만약 여기에 하면 ... 그 숫자와 정확히 일치하지 않을 거야. [학생이 슬라이더 b를 드래그하여 값을 5에서 4로 변경하면 그래프가 x축에서 오른쪽으로 이동한다.]
Eden:	그래...
McKenzie:	그래서... 함수식이 주어졌을 때 수직 점근선의 위치를 어떻게 예측할 수 있을까? 내 생각에는 ... 잠깐만 ... 나는 모르겠어... "a"와 "b"가 같은 역할을 하는 거 같은데... 잠깐 "a"를 움직여봐. [학생이 슬라이더 a를 드래그하여 값을 5에서 2로 변경하면 그래프가 왼쪽으로 3만큼 이동하고 그래프가 수평으로 늘어난다.]
McKenzie:	이거 내 생각에는 크게 만드는 거 같은데, 아니면 내 생각이겠지?
Eden:	이런! 내가 방금 뭘 한 거지?
McKenzie:	0으로 해보자. [학생이 슬라이더를 0으로 변경하여 결과적으로 $y=1$ 그래프가 나타난다.]
Eden:	그래도 여전히 3이네.
McKenzie:	이건 위 아래로 움직이는 거야 왜냐하면 ... 이것은 수직 점근선을 움직이지 않거든. [학생이 슬라이더 k를 드래그하여 값을 1에서 12로 변경하면 수직 점근선에 영향을 주지 않고 그래프가 수직으로 늘어난다.]
McKenzie:	이거는 수직 점근선을 움직이는 거야, 그래서 이거랑 이거랑 관련이 있어. [학생이 슬라이더 a를 드래그하여 -1에서 4의 값을 테스트한다. 그 결과 수평 점근선이 왼쪽에서 오른쪽으로 이동한다.]
McKenzie:	그래서 나는 "b"가 수직 점근선일 것 같아.
Eden:	내 생각에는 그게 ...
McKenzie:	그래도 "a"랑도 뭔가 관련이 있을 거야.
Eden:	내 생각엔... 내 생각엔... 음... [신음하며] "a"로 나눈 것 같아. 내 생각에는 "b"를 "a"로 나눈 것 같아. 왜냐하면 2를 4로 나누면 뭐죠?
McKenzie:	2를 4로 나누면 1/2인데, 2를 -4로 나누면 -1/2이지.
Eden:	내 생각에는, 내 생각에는 그건 이 그래프가 가지고 있는 이상하게 뒤집히는 성질 중 하나인 것 같아
McKenzie:	이 숫자로 시도해 보자... 그리고... 오, 그리고 내려가야 해. 잠깐만... 0.5야. [학생이 슬라이더를 움직여 $k=0, a=-10, b=5$로 설정한다. $k=0$은 학생이 a값을 −10에서 0으로 변경해도 그래프가 움직이지 않

	게 한다.]
McKenzie:	오! 맞아, 왜냐면 그게 0.5니깐.
Eden:	내 생각에 이건 이상하게 뒤집히는 것 중 하나야. 전혀 이해가 안되네.
McKenzie:	혹은... 이거 [웃음] 또는...
Eden:	2 ... 2와 4
McKenzie:	여기에 2와 4를 넣을 수 있어. [학생이 슬라이더 a와 b를 드래그하여 a값을 2로, b값을 8로 변경하면 수직 점근선은 $x=-0.5$에서 $x=-4$로 변한다.]
Eden:	좋아.
McKenzie:	그래, 이것이 뒤집히는 것 중 하나야. 그러면 저거는 ...
Eden:	그래서 ... 만약 내가 수직 점근선을 정의한다면... 내 친구에게 어떻게 말해줄 거냐면... "b"를 "a"로 나눈 다음... 좋아 "b" 나누기 "a"는 뭐랑 같냐면...
McKenzie:	잠깐, 이걸 써놓아야겠다.
Eden:	"$-x$" 또는 기타 등등과 같다.
McKenzie:	좋아.

위에 기술된 수업 장면을 보면, 학생들이 $f(x)=\dfrac{k}{ax+b}$ 형태의 유리함수에 대한 수직 점근선의 위치를 찾는 방법을 알아낸 것 같지만, 교사가 학생들이 적어낸 답만 본다면 학생들의 현재 이해 수준을 완전히 파악할 수 없을 것이다. 가장 중요한 것은 학생들이 $k=0$을 설정하면 함수의 그래프가 "사라진다"는 것이다. 다시 말해, 학생들은 매개변수 a와 b의 값을 동적으로 변경하고 그들이 보는 수직선에 대해 추론하는 동안 유리함수를 더 이상 보지 못한다. 학생들이 함수가 $f(x)=0$이라는 것을 알아차리지 못하는 것인지, 아니면 수직 점근선을 나타내는 수직선에만 집중하기 위해 의도적으로 그렇게 한 것인지는 분명하지 않다.

McKenzie와 Eden이 말한 내용과 공학 도구 사용 방법을 고려할 때, 수직 점근선이 함수가 정의되지 않은 점에 나타난다는 사실을 이해했다는 증거는 보이지 않는다. 오히려, 그들은 매개변수 a, b와 수직 점근선의 위치 사이의 연관성을 찾는 데 집중하고 있다고 해석할 수 있다. 그들은 매개변수 a와 b가 그들의 위치에서 역할을 한다는 것은 이해하지만, 아직 함수가 정의되지 않는 x의 값을 찾기 위해 매개변수 a, b와 함수의 분모를 0으로 만드는 것 사이의 관계를 이해하지 못했다.

McKenzie와 Eden의 사고와 공학 도구 사용에 대해 해석한 후, 우리는 정보를 바탕으로 어떻게 반응할지 결정할 수 있다. 예를 들어, 학생들이 탐구하고 있는 함수가 유리 함수가 아님에도 불구하고 점근선의 위치를 찾고 있는 학생들에 주목했다면, 먼저 함수의 구조에 주의를 기울이도록 하고 점근선의 위치 외에 k, a, b의 값이 변할 때 함수의 그래프가 어떤 모양이 될지 예측(그리고 동적 기하 도구를 통해 검증)하도록 물을 수 있다. 또 다른 반응으로는 학생들에게 함수의 구조를 고려할 때 점근선이 $x=\frac{-b}{a}$에 위치하는 것이 합당한지에 대한 이유를 설명하도록 하는 것이다. 첫 번째 반응은 공학 도구를 사용해야 하지만 두 번째 반응은 그렇지 않다. 그러나 두 가지 답변 모두 학생들이 점근선의 존재와 위치를 함수식의 구조와 연결하도록 유도할 수 있다.

만약 우리가 각 예시에서 학생들의 마지막 응답만을 분석한다면 학생들의 이해에 대한 중요한 통찰을 놓칠 수 있다. 이 과제에서 학생들의 활동을 분석함으로써 목표했던 것은, 학생들의 수학적 사고에 주의를 기울이고 해석할 때 그들의 공학 도구 활용에 주의를 기울이고 그 결과를 보는 것이 필요하다는 것을 명백히 하는 것이었다. 학생들의 활동 속에서 우리는 수학 및 통계에 대한 그들의 이해를 더욱 깊게 파악할 수 있었고, 이러한 이해를 기반으로 어떻게 반응할지 결정할 수 있었다.

NITE 프레임워크는 우리가 학생들이 공학 도구 활용 과제를 수행하는 것을 관찰할 때 무엇을 주목하고 조정해야 하는지를 안내한다. 또한 학생들의 사고를 예측할 때 염두에 두어야 할 유용한 도구로, 학생들이 과제를 수행할 때 공학 도구를 사용하는 방식과 어떻게 그러한 사용이 그들의 사고에 영향을 미칠 수 있을지 예측할 수 있도록 돕는다.

이 장의 핵심 사항

- 공학 도구를 활용한 학생들의 과제 수행을 관찰할 때, 그들이 공학 도구로 무엇을 하는지(그리고 그 결과를 보는 것)와 함께 그들이 말하는 것과 쓰는 것에 주의를 기울이는 것이 중요하다.
- 학생들의 생각을 완전히 이해하려면 학생들이 공학 도구로 무엇을 했는지와 함께 그들의 응답을 해석해야 하며, 그 결과로 무엇을 했는지를 볼 필요가 있다.
- 학생에게 어떻게 반응해야 할지 결정할 때, 그 반응은 학생의 조정된 이해를 바탕으로 이루어져야 한다. 우리는 학생의 사고를 발달시키기 위해 우리의 반응에 공학 도구를 어떻게 자리매김할지(또는 자리매김하지 않을지) 고려해야 한다. 어떻게 반응할지 결정하는 것은 공학 도구 활동을 포함할 수도 있고 포함하지 않을 수도 있다.

동료와 논의할 만한 질문들

1. 앞의 수업 장면을 다시 생각해 보자. NITE 프레임워크에 대해 배우기 전에 수업 장면을 읽거나 동영상을 봤다면 학생들의 사고에서 어떤 측면을 포착하지 못했을 것인지 설명해 보시오.
2. 언젠가 수업에서 사용하고 싶은 공학 도구 활용 과제에 대해 생각해 보시오. 과제의 어떤 구성 요소/스케치/페이지가 공학 도구를 사용하는 과정에서 학생들의 이해를 파악할 기회를 끌어낼 수 있을지 이야기해 보시오.

이 책의 모든 공학 도구 활용 과제와 보충 영상 링크는 https://www.tlmtresearch.com/teachingmathtechbook에서 확인할 수 있다.

제 7 장

공학 도구 기반 환경에서 전체 학급 논의 촉진하기

이 책 전반에 걸쳐 우리는 학생들을 강력한 수학 탐구자로 자리매김하는 것이 중요함을 언급했다. 특히, 공학 도구 활용 과제를 해결할 때 수학 탐구자가 된다는 것은 수학적 대상을 조작하는 방법을 알고 자신의 조작 결과로부터 대상이 어떻게 변하는지 관찰하는 것을 의미하며, 탐구 과정에서 학생 담론이 중요하다는 점을 의미한다. 특정 과제에 대한 전체 학급의 수학적 논의는 학생들이 자신의 수학적 아이디어를 공유하고, 다른 사람의 생각을 고려하며, 자신이 이전에 가지고 있던 수학적 이해와 연결함으로써 수학적 사고를 발전시킬 수 있는 기회를 제공한다. 또한 이러한 논의는 공정한 학습 환경 조성에 학생들을 가치 있는 자원으로 자리매김하게 한다(Smith et al., 2020).

사례: 타원의 특징에 대한 논의

Kristen은 그녀의 Precalculus 수업에서 타원에 대한 블록타임제 수업(lesson arc)[1]을 계획했다. 우리가 이 활동을 블록타임제라고 부르는 이유는 그녀가 이 활동을 최소 두 차시에 걸쳐 진행되도록 설계했기 때문이다. 원뿔 곡선에 대한 단원을 시작하기 위해 그녀는 하루 동안 체육관에서 학생들을 10명씩 모둠으로 나누고, 그들 자신을 특정한 특성을 가진 도형으로 배열하도록 하는 '도전 과제'를 수행하였다. 이 과제에는 다음과 같은 내용이 포함되었다.

- 바닥에 하나의 원뿔[2]이 놓여 있다. 도전 과제는 각 모둠원을 원뿔에서 같은 거리에 있도록 배열하는 것이었다.
- 바닥에 하나의 선이 그어져 있고 하나의 원뿔이 놓여 있다. 도전 과제는 각 모둠원을

1) 역자 주: 수업 아크는 국내에서는 사용되지 않는 용어로 이와 유사한 블록타임제로 번역한다.
2) 역자 주: 원문의 cone을 번역한 것이나, 체육 시간에 사용하는 꼬깔콘으로 해당 맥락에서는 '점'의 역할을 한다.

바닥에 표시된 선과 원뿔에서 같은 거리에 있도록 배열하는 것이었다.

- 바닥에 두 개의 원뿔이 놓여 있다. 도전 과제는 각 모둠원을 자신과 각각의 원뿔까지의 거리의 합이 같도록 배열하는 것이었다.

이 과제가 끝난 후, 학생들은 손전등을 사용하여 원뿔을 '자르는' 관점에서 원뿔 곡선을 살펴보기도 했다. 이 시연을 위해 Fye는 원뿔 조명(conic light)과 벽보판을 사용했다([링크 7.1] 참조). 이제 학생들은 다음 몇 차시 수업에서 Precalculus에 포함된 원(Math 3에서 이미 공부했지만 여기서는 자주 언급된다), 타원, 포물선, 쌍곡선과 같은 원뿔 곡선을 탐구할 것이다. 이번 수업에서는 타원에 중점을 둔다.

[링크 7.1] 원뿔 조명(Light Cone) 시뮬레이션[3)]

Kristen은 온라인에서 찾은 Desmos 활동을 그녀의 수업 목표에 맞게 변형했다. 이 활동에서는 Desmos 그래프 계산기와 GeoGebra를 모두 사용했다(그림 7.1, 화면 3, 5, 11은 모두 GeoGebra와 연동되어 있음). 이 활동에 대한 링크는 [링크 7.2]에 제공된다.

[링크 7.2] 타원(기하적 정의, 방정식, 그래프) 활동[4)]

[그림 7.1] Desmos 활동 내에 연동된 GeoGebra 스케치

3) https://mathigon.org/course/circles/conic-sections
4) https://teacher.desmos.com/activitybuilder/custom/5daf97b716dcbc0c2f6defa8?collections=623dd1279309b90a38a9e220

잠시 생각해봅시다.

Kristen의 타원 활동(링크 7.2)을 살펴보시오.

- 이 활동의 어느 시점에서 멈추고 전체 논의를 해야 하는지 설명해 보시오.
- 이것이 여러분의 수업이라고 상상해 보시오. 타원의 방정식과 그래프의 주요 특징 사이의 중요한 관계를 파악하는 것을 목표로 전체 수업을 어떻게 진행할 수 있을 것인지 설명해 보시오.

공학 도구 활용 수학 과제를 사용할 때 논의를 이끌기 위해 학생의 활동을 선택하고 공유하는 방식은 지필 환경에서와는 상당히 다르다. 이는 공학 도구 활용 과제에서 학생들의 전략이 종종 동적인 표현과 관련되어 있기 때문이다. 이 장에서는 학생들이 소모둠으로 작업할 때 담론을 지원할 수 있도록 구조를 마련하는 방법(5장)에서 출발하여, 학생들의 작업을 관찰하면서 얻은 통찰(6장)을 활용하여 공학 도구 활용 수학 과제에서 생산적인 전체 학급 논의를 촉진하는 방법으로 나아간다. 우리는 전체 학급 논의를 중심에 두기 위해 교실에서 협력과 담론을 지원하는 규범을 설정하는 방법과 학생들의 활동을 사용하는 전략에 대해 살펴볼 것이다.

협력과 담론을 지원하는 규범들

수학 탐구자로서 학생을 참여시키는 것은 타인과 협력하여 타인으로부터 배우고 타인과 공유하는 것을 포함한다. 그러나 1:1 기기 사용(학생 한 명당 하나의 기기)이 학생들을 각자의 기기에 몰입하게 하여 오히려 서로 고립시키는 경우가 많다. 이런 일이 일어나지 않도록 하려면 공학 도구 활용 과제에서 협력을 지원하는 루틴을 마련하는 것이 중요하다. 이를 해결하기 위한 가장 쉬운 방법 중 하나는 1:1 활동하는 대신 2:1로, 즉 하나의 기기를 두 명의 학생이 사용하는 것이다(화면이 큰 경우 하나의 기기에서 최대 세 명까지 사용할 수 있다). 하나의 화면을 공유한다는 것은 학생들이 같은 것을 보고 같은 수학적 대상에 대해 서로 이야기하면서 그중 한 명이 대상을 조작한다는 것을 의미한다(이때 조작하는 학생이 다른 학생의 의견을 수용하면서 조작하거나 돌아가면서 대상에 대해 조작하는 것이 바람직하다). 수학적 대상이 자신이 하는 조작에 어떻게 응답하는지 관찰하는 과정에서는, 자연스럽게 수학적 개념에 대한 논의가 이루어질 수밖에 없다!

- "제가 정말 좋아하는 것은 두 명의 학생이 하나의 화면을 공유하는 것입니다. 이렇게 하면 공학 도구가 학생들을 고립시키는 것이 아니라, 서로 대화를 나누도록 도와줍니다. 어떤 수업에서는 이 방법을 깜빡하고 1:1로 진행하는데, 그러면 교실이 조용해집니다. 그런데 다음 수업에서는 이 방식을 기억해서 적용하면 학생들이 활발하게 대화를 나누게 됩니다. 그래서 아이들을 이야기하게 하는 것은 정말 큰 차이를 만들어냅니다" (Nolan)
- "저는 많은 경우, 학생들이 각자 활동을 하더라도 옆 사람과 대화하기를 기대합니다. 하지만 만약 특정 활동이 명확한 '짝 활동'이라면, 저는 이를 '2:1 상황'으로 바꿔서 두 명의 학생이 하나의 기기를 함께 사용하도록 유도합니다. 이렇게 하면 학생들이 개별적으로 작업할 수 있는 가능성이 사라지고, 서로 대화를 나누며 문제를 해결하도록 강제됩니다. 결국, 질문을 어떻게 풀어나갈지 협력하고 의견을 조정하는 과정이 자연스럽게 이루어지게 됩니다" (Kristen)

여러 학생이 하나의 기기로 활동하는 경우 함께 활동하는 방법을 안내하는 루틴을 마련하는 것이 도움이 된다. 가장 중요한 것은 교대로 기기를 직접 사용하고 도구를 사용할 때 각 학생의 아이디어가 탐구되고 있는지 확인하는 루틴을 마련하는 것이다.

- "한 사람이 독점하지 않도록 응답을 입력하는 사람을 번갈아 가며 정할 수 있어요. 또는 크롬북을 어디에 놓을지 정하는 루틴을 만들어, 누군가가 화면을 전혀 볼 수 없게 되는 일이 없도록 해야 합니다. 이렇게 다양한 루틴이 있습니다. 학년 초부터 기대 사항을 설정하고, 학생들에게 그 방법을 가르치는 것입니다" (Nolan)
- "학생들이 답을 종이에 기록하면서 동시에 공학 도구를 활용해야 하는 활동이라면, 저는 이 운전자-내비게이터(navigator) 시나리오를 사용합니다. 즉, 종이를 가진 학생이 내비게이터 역할을 하며 방향을 제시하고, 기기를 조작하는 학생(운전자)은 나중에 휴식을 취하고 역할을 바꾸어야 합니다. 이렇게 하면 두 학생 모두 각각의 역할을 경험하게 되고, 한 학생만 작업을 담당하는 상황을 방지할 수 있습니다. 역할을 번갈아 가며 수행하는 이 방식이 학생들에게 큰 도움이 됩니다" (Kristen)

모둠 논의에서 전체 학급 논의로 전환할 때는 학생들이 충분히 참여하고 서로의 말에 귀를 기울이고 있는지 확인하는 것이 중요하다. 즉, 학생들의 눈과 귀가 자신의 기기가 아닌 학급 전체가 공유하고 있는 내용에 주목하도록 해야 한다. 휴대용 계산기나 아이패드를 사용하는 경우, 다른 곳에 주의를 기울여야 할 때 기기를 뒤집어 놓는 것이 루틴일 수 있다. 노트북을 사용하는 경우에는 노트북을 닫거나 거의 닫아두는 것이다(예: 화면을 45도로 기울이기). 이러한 작은 규칙들은 교사가 학생들의 얼굴을 보면서 소통을 확인하고, 학생들 간에도 눈을 맞추며 토론을 진행할 수 있도록 도와준다. 일부 교사 대시보드에는 '일시 정지' 기능이 있어 학생의 주의를 끌기 위해 학생들의 화면을 일시 정지할 수 있다(예: Desmos Classroom, GeoGebra Classroom).

- "우리 학교에서는 모든 학생들이 크롬북을 사용하기 때문에, 뚜껑을 닫는 것이 학습 루틴의 일부입니다. '지금은 화면을 닫을 시간'이라는 식으로 일관된 규칙을 정하면, 학생들도 기대할 수 있는 행동이 명확해집니다" (Nolan)
- "저는 학생들에게 '컴퓨터 화면을 45도로 기울이세요'라고 말합니다. 그러면 학생들은 다른 사람과 눈을 맞추고, 학급 토론에 다시 참여해야 한다는 신호를 인식하게 됩니다. 또는, 저는 그냥 화면을 일시 정지(pause)합니다. 화면이 정지되었다는 것은 '지금 우리는 토론할 시간이며, 자신의 생각을 공유할 차례'라는 의미입니다" (Lauren)

교실에서 협력과 담론을 지원하는 전략을 염두에 두고, 학생 중심 수학 교실에서 가장 복잡하고 중요한 관행 중 하나인 전체 학급 논의를 촉진하는 방법을 살펴보자.

공학 도구 활용 과제의 맥락에서 전체 학급 논의 촉진하기

이 책 전반에 걸쳐 우리는 도입(launch), 탐구(explore), 토론 및 요약(discuss and summarize)의 세 단계로 구성된 과제 실행 모델을 암묵적으로 언급해 왔다(Smith & Stein, 2011). 이 모델은 학습 목표에 부합하는 높은 수준의 과제를 선택하는 것으로 시작된다(4장 참조). 학생들과 함께 과제를 수행할 때 도입 단계에서는 교사가 학생들이 의미 있게 참여할 수 있도록 과제를 소개한다(5장 설명 참조). 탐구 단계에서는 학생들이 짝을 이루거나 모둠으로 그들에게 의미 있는 전략을 사용하여 과제를 해결한다. 학생들은 자신의 아이디어를 정당화하면서 모둠과 이야기하고 학급 전체에 공유할 준비를 한다. 마지막으로 토론 및 요약 단계에서는 교사가 전체 학급 논의를 촉진한다. 이 단계에서 교사는 수업의 구체적인 학습 목표와 관련된 수학적 아이디어를 강조하는 학생들의 다양한 전략을 사용하여 학급 전체가 보고 토론할 수 있도록 한다.

토론 및 요약 단계는 효과적인 토론이 그냥 이루어지는 것이 아니라 신중하게 조율되

[표 7.1] 공학 도구 활용 수학 과제에서 5가지 관행

관행	설명	공학 도구 활용 과제에서의 의미
관행 0: 학습 목표 및 과제 선정하기	학습 목표를 구체화하고 학습 목표에 적합한 높은 수준의 과제 선정하기	공학 도구를 과제에 필수적으로 사용하려는 경우, 학습 목표뿐만 아니라 학생이 무언가를 만들어내고 탐구할 수 있도록 하는 표현(representation)을 가장 잘 지원하는 공학 도구 선택을 포함(3장 및 4장).
관행 1: 학생 응답 예상하기	학생들이 과제를 어떻게 해결할 것인지 살펴보고 그들의 사고에 대해 물어볼 질문을 준비하기	여기에는 학생들이 공학 도구를 사용하는 방식, 학생들의 시선이 어디에 쏠릴지, 학생들이 어떤 표현을 선호할지, 공학 도구를 사용한 활동 결과를 학생들이 어떻게 이해할지 예상하는 것을 포함(4장).
관행 2: 학생 활동 점검하기	학생들이 과제를 수행하는 과정을 면밀히 관찰하고 질문을 통해 그들의 이해를 평가하고 발전시키기	탐구 단계에서 학생들의 활동을 점검하는 것은 협력적인 방식에서 공학 도구를 사용할 때 그들의 사고에 주목하는 것을 의미. 이는 학생들이 말하거나 쓰는 내용에 주의를 기울이고 해석하는 동시에, 공학 도구를 활용한 결과로 그들이 한 것과 본 것을 함께 고려하는 것을 의미(6장). 또한, 일부 플랫폼은 교사가 학생 모두의 활동을 볼 수 있는 기능을 제공
관행 3: 학생 풀이 선정하기	수업 목표를 달성하는 데 도움이 되는 핵심적인 수학적 아이디어를 공유할 학생 풀이 선정하기	공학 도구를 활용한 학생들의 활동을 선정할 때 교사는 어떻게 이를 학급에 공유할 것인지 생각해야 함. 일부 플랫폼에는 학급 논의를 위해 공유되어야 할 특정 학생의 활동을 선택하는 기능이 있음. 수업에 사용되는 공학 도구가 이러한 기능이 없는 경우, 교사는 공유 문서를 사용하여 학생들이 자신의 활동을 바로 공유할 수 있는 방법을 마련해야 함
관행 4: 풀이 공유할 학생들을 계열짓기	수업의 일관된 스토리라인을 만들기 위해 풀이를 공유할 학생들을 계열짓기	공학 도구를 활용한 학생들의 활동을 발표시킬 순서를 결정할 때 교사는 특정 순서대로 공유하게 하거나 (공학 도구가 이를 가능하게 하므로) 한번에 여러 학생의 활동을 공유하게 하여 비교 및 대조할 수 있도록 선택할 수 있음
관행 5: 학생 풀이 연결하기	학생 풀이 간의 연결성 그리고 토론을 통해 이끌어 내고자 하는 수업의 목표와 연결성 파악하기	연결하기 단계에서 교사의 역할은 학생들의 활동에 반영된 수학적 아이디어를 사이에 연결성을 학생들이 파악할 수 있게 하며, 그들이 타인의 수학적 아이디어를 토대로 생각하게 하는 것을 돕고, 이러한 아이디어를 학습 목표와 연결하는 것. 학생들의 활동이 동적이고/또는 연결된 표현을 사용하여 생성된 경우, 해당 토론은 학생들의 연결하기를 지원하기 위해 동적인 방식에서 이들 표현에 대한 검토를 포함한다는 것이 중요

※ Smith et al.(2020)로부터 수정

어야 하므로 수행하기 까다로운 단계이다. Smith & Stein(2011)은 수년간 수학 교사들이 효과적인 전체 학급 논의를 진행하는 것을 관찰한 후, 이 작업을 수행하는 교사를 지원하기 위한 프레임워크를 개발했는데 이를 수학적 논의를 성공적으로 조율하기 위한 5가지 관행(또는 줄여서 5가지 관행)이라고 한다. 이것은 실제로 6가지 관행이 있기 때문에 약간 잘못된 이름이다! 처음 두 관행(관행 0과 관행 1)은 수업을 계획할 때, 나머지 네 관행은 수업 중에 이루어진다. [표 7.1]에는 공학 도구 활용 수학 과제를 사용하는 맥락에서 각 관행이 의미하는 바를 포함한 관행에 대한 설명이 제시되어 있다.

아래에서 볼 수 있듯이, 특히 교사 플랫폼과 같은 공학 도구가 학생들의 공학 도구 활용 수학적 작업을 선정하고 공유할 계열을 짓는 것을 용이하게 해줄 수 있는 많은 방법이 있다. 실제 이것이 어떠한 모습인지 아래에서 살펴보도록 하자.

사례: 타원의 기하학적 대수적 정의

Kristen의 타원 수업 흐름을 다시 살펴보자([링크 7.2]). 수업 첫날 학생들은 화면 1-10에서 함께 활동했다. 수업이 끝나고 Kristen은 학생들에게 화면 11에 연동된 GeoGebra 애플릿(그림 7.2)을 사용하여 화면 12-21의 질문에 답하도록 과제를 주었다. 이 질문들은 다양한 매개변수가 타원의 그래프와 방정식에 어떻게 관련되는지를 묻고 있다.

Kristen은 이 수업을 우리가 참관할 수 있도록 교실로 초대했다. 다음 수업 장면은 화면 12-21에 대한 학생들의 응답을 사용하여 타원 방정식과 타원의 그래프의 주요 특징 간의 관계에 대한 전체 학급 논의를 진행하는 Kristen의 모습 중 일부이다. 우리는 학생들이 도입 활동을 마친 후 바로 수업에 참관했다.

🌐 [링크 7.3] 수업 장면 동영상: 타원의 방정식과 그래프에 대한 Kristen의 전체 학급 논의[5]

수업 장면: 타원의 방정식과 그래프에 대한 Kristen의 전체 학급 논의

교사(Kristen): 알겠죠, 제가 몇 가지 답을 가지고 왔어요. 우리는 12번과 13번 질문부터 시작할 거예요. 여러분들의 답변이 너무 비슷해서 빠르게 살펴보려고 했어요. [Kristen은 학생들의 답(그림 7.3의 예시)을 스크롤하며 학급 전체 학생들이 볼 수 있도록 한다.] "h"는 그래프에서 어떤 역할을 하나요?

학생들(다 같이): [학생들은 "왼쪽과 오른쪽" 그리고 "좌우로"와 같은 아이디어를 가지고

5) https://www.youtube.com/watch?v=YtCQGpXhTDE

서로 이야기한다.]

교사(Kristen): 좌우로 움직인다는 거네요. "k"는 그래프에 어떤 영향을 주나요?

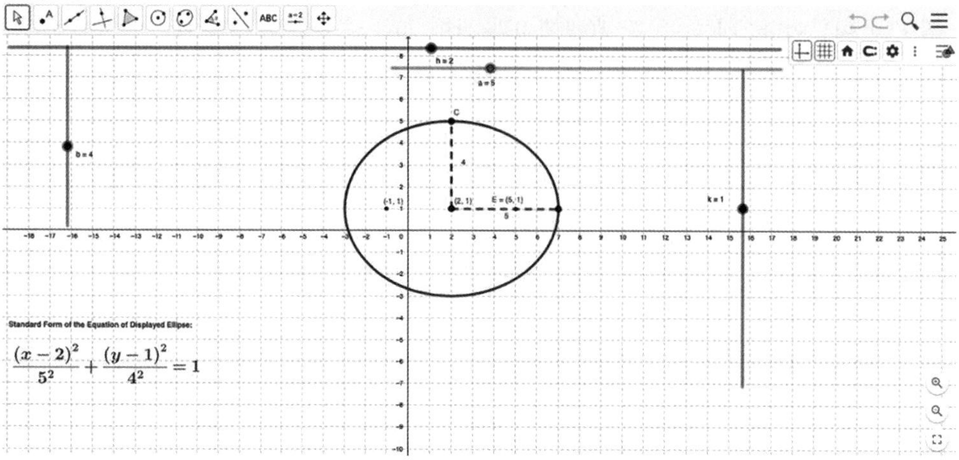

[그림 7.2] GeoGebra 애플릿에서 타원 탐구

a 값은 그래프에 어떤 영향을 미치는가?

☐ Sophie Germain

좌우로 이동시킨다.

☐ Katherine Johnson

수평으로

☐ Vivienne Malone-Mayes

x축을 따라 좌우로 평행이동시킨다.

☐ Martin Lo

h가 좌우로 이동시킨다.

☐ Ron Buckmire

타원의 중심의 x값

☐ Gladys West

좌우로

☐ Nkechi Agwu

좌우로 이동시킨다.

[그림 7.3] 화면 12에 대한 학생 응답

학생들(다 같이): 위아래요.

교사(Kristen): 그게 항상 그렇게 되는 거죠? 좋아요, 그럼 화면 14로 가볼까요? [질문: 'a' 값이 그래프에 어떤 영향을 미치나요?] 이 네 개의 답을 읽어 보세요. [Kristen은 자신이 선택한 네 개의 학생 응답을 보여준다. 이는 [그림 7.4]에 나와 있다.]

Kristen(교사): 그리고 언제든 화면 9[GeoGebra 애플릿을 가리키며]로 돌아가서, 이게 맞는지 생각해 보세요. 모두 맞나요?

학생(식별 안됨): 다 맞아요.

교사(Kristen): 다 맞다고요?

학생(동일 학생): 아니네.

교사(Kristen): 다 맞나요? [교실 곳곳에서 학생들이 손을 든다.] 네가 맞다고 하니 다른 학생들의 손이 올라갔어. 세 명이 당황해서 모른다고 대답했어요. Fye [...] Lotier, 어떻게 생각해요?

Lotier 아, 왼쪽 아래에 뭔가가 있었는데. 생각나지 않네요. 그냥 말해보면, 이것이 장축(major axis)의 크기를 바꾼다고 할 수 있지만, 엄밀히 말하면 이것은 더 이상 장축이 아니에요.

교사(Kristen): 그래요. 재밌네요. 장축이 아닌 경우는 언제인가요?

학생(식별 안됨): 이것이 다른 축보다 작을 때요.

교사(Kristen): 다른 축보다 작을 때. 그러니까 항상 장축은 아니네요. 모두 이해되나요?

학생들(다 같이): 네.

교사(Kristen): 이 친구에게 [왼쪽 아래에 있는 응답을 가리키며] 어떻게 수정하라고 제안할 수 있을까요? 어떻게 바꾸어 표현할까요? Sofia, 무엇이라고 하면 좋을까요?

초점이 이동하며 타원이 수평으로 늘어나거나 줄어든다	**한 변의 길이가 변하며, 이는 수평으로 늘어나는 것을 의미한다**
a값은 장축의 크기를 변화시킨다	**중심에서 꼭짓점까지의 거리**

[그림 7.4] 논의를 위해 Kristen이 선택한 학생들의 응답에 대한 공유 화면

Sofia: 그럼, 장축의 절반이어야 되나요?

교사(Kristen): 그것에 대해 이야기해 봅시다. 이 장축이란 것에 대해 다시 한번 이야기해서 명확히 해봐요. [Kristen은 GeoGebra 애플릿을 띄운다.] Lotier, 아까 말한 게 뭐였지? 두 번째 요약 부분 말이에요.

Lotier: 저는 기본적으로 할 수 있다고 말했어요. 이 "a"를 충분히 움직이면 항상 장축은 아니란 것을 알았어요. 이것이 축을 바꾸기는 하지만 항상 장축이 되지는 않아요. [Kristen은 Lotier의 말에 따라 슬라이더를 움직이면서 "a"값의 변화시키고 있다. (그림 7.5 참조)]

교사(Kristen): Sofia, Lotier의 생각과 같아요? 좀 더 명확해졌나요? 아니면 더 궁금한 게 있을까요? 왜 "장축"이라는 표현이 혼란스러울 수 있는지 알겠나요?

Sofia: 네.

교사(Kristen): 왜냐하면 때때로 이것[수평축을 가리키면서(그림 7.6 참조)]이 뭐에요?

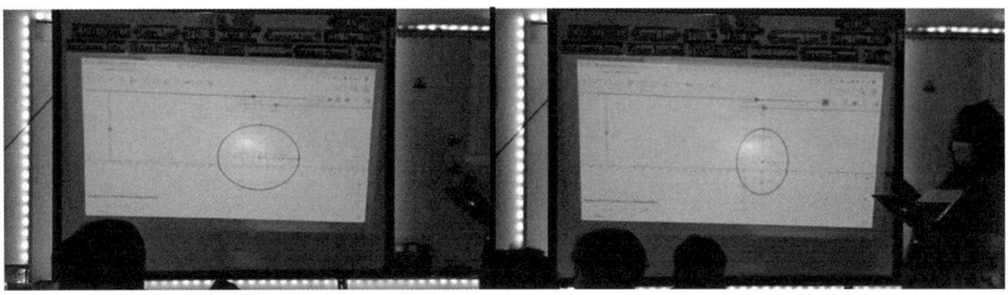

[그림 7.5] Lotier가 자신이 본 것을 설명할 때 슬라이더 a를 드래그하는 Kristen

[그림 7.6] Sofia가 자신의 생각을 말할 때 수평축을 가리키는 Kristen

Sofia: 단축(minor axis)이요.

교사(Kristen): 단축. 지금은 항상 어떤 방향으로 되어있나요?

학생들(다 같이): 수평 방향.

교사(Kristen): 수평 방향, 맞죠? "a"가 왜 수평으로 늘어나고 줄어든다고 생각하세요?

학생(식별 안됨): "h" 아래에 있어서요?

교사(Kristen): "h" 아래에 있어서. 우리는 "h"가 어떤 역할을 한다는 걸 알고 있죠?

학생들(다 같이): [불분명한 답변]

교사(Kristen): "h"와 짝을 이루는 변수가 무엇이죠?

학생(식별 안됨): x.

교사(Kristen): "x", 이 변수는 어떠한 움직임을 조절하죠?

학생들(다 같이): 왼쪽과 오른쪽.

교사(Kristen): 왼쪽과 오른쪽. 그래서 "x" 아래에 있는 건 무엇이든 수평으로 늘어나고 줄어드는 것을 조절할 거예요.

교사(Kristen): 자 우리는 왼쪽 아래에 있는 것을 수정하는 방법에 대해 이야기 했어요. [다시 위로 끌어올린 응답을 가리키며] 또 변경하고 싶은 내용이 있나요? 아니면 수정이 필요하다고 생각되는 다른 부분이 있나요? Nela?

Nela: 제 생각에는 오른쪽 위에 있는 거, 수평으로 늘리는 건 맞지만 선의 길이를 변경하지는 않아요, 왜냐하면 원 안에 선들이 딱히 없어요.

교사(Kristen): 음... 여러분들 어떻게 생각하세요? 여러분이 "선들"이라고 한 건 무엇을 생각한 거 같나요? Kate? [Kristen은 Kate가 말하기 시작할 때 GeoGebra 애플릿을 다시 화면에 띄우고 슬라이더를 사용하여 "a"값을 변경한다.

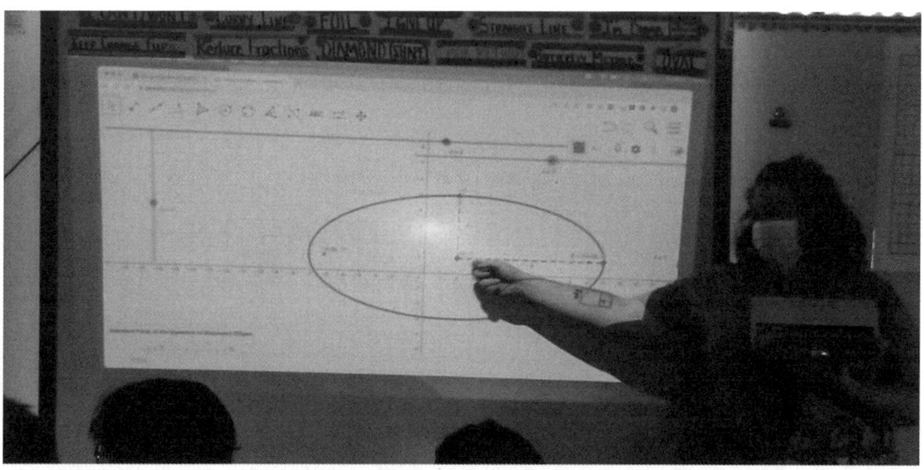

[그림 7.7] Kate가 자신의 생각을 공유할 때 이를 동적인 이미지에 가리키고 있는 Kristen

	(그림 7.7 참조)]
Kate:	왜냐하면 그것은 길게 늘리기 때문에 중간 부분을 길게 만들어요. 축들을.
교사(Kristen):	제 생각에는 그게 여러분이 말한 것 같아요. 제 생각은 여러분들이 이 축들을 얘기한 거 같아요. 맞죠? 그렇죠. 이 선들은 타원 내부에 참조로 존재하기 때문에 엄밀히 말하면 타원 위에 있는 점은 아니지만 타원의 특징으로 우리가 말할 수 있는 거예요. 좋아요. 다들 이해했나요? 우리가 이 선들의 의미를 명확히 알기만 하면 괜찮아요. 좋아요. 더 명확히 해야 할 사항은 없나요? [더 이상 변경해야 할 사항이 없다고 판단되자 Kristen은 탐구 단계에서 다음 페이지로 이동하여 논의를 계속하기 위해 선택한 학생들의 응답을 보여준다.]

잠시 생각해봅시다.

1. Kristen의 논의 진행 방식은 여러분이 상상했던 수업 방식과 어떻게 비슷하거나 달랐는가?
2. Kristen은 전체 학급 논의 동안에 학생들의 사고를 지원하기 위해 어떤 방식으로 GeoGebra 애플릿을 사용했는가?
3. 동영상에서 본 전체 학급 논의의 한 부분과 학생들이 참여한 Desmos/GeoGebra 활동을 생각해 볼 때, 어떤 방식으로 이 활동과 토론이 학생들로 하여금 (a) 수학에 접근하고 탐구하게 하며, (b) 자신의 수학적 아이디어를 의사소통하고, (c) 비형식적이고 강력한 수학적 사고 능력을 발달시킬 수 있었는가?

이 짧은 전체 학급 논의에서 Kristen은 신중하게 선정한 학생의 활동을 사용하여 'a' 값의 변화가 타원의 그래프에 어떻게 영향을 미치는지에 대한 명확한 설명으로 전체 학급 논의를 이끌었다. 그녀는 학생들로 하여금 보다 정확한 설명을 이끌어내기 위해 학생 응답에 사용된 일부 언어에 문제를 제기하면서 네 명의 학생의 응답을 선정하여 사용했다. 그녀는 네 가지 명제가 모두 참인지 묻는 것으로 시작하여 학생들에게 각 명제를 고려할 때 GeoGebra 애플릿을 사용할 수 있음을 상기시켰다. 이 개방형 질문을 통해 학생들은 슬라이더와 그래프 사이의 관계뿐만 아니라 그들이 배운 수학 용어에 대해서도 생각해 볼 기회를 가졌다. 이것은 왼쪽 아래 답변에 대한 Lotier의 설명에서 확인할 수 있다. 그가 애플릿에서 'a'를 드래그했을 때 수평축이 때로는 장축으로, 때로는 단축으로 나타났다. Kristen은 애플릿을 통해 'a'의 값을 변경하여 장축에서 단축으로 바뀌는 것을 보여주었다. 논의 말미에 Kristen은 슬라이더를 사용하여 'a'의 값을 변경할 때 변화하는 모든 동적인 표현(예: 방정식과 그래프)을 강조하기 위해 애플릿을 사용하여 보여주었다. 이를 통해 그녀는 타원의 수평적 위치와 관련된 모든 매개변수와 변수에 주목하도록 하였다.

Desmos의 교사 대시보드는 논의를 촉진하기 위해 학생의 응답을 선정하고 공유할 수 있도록 하였고, 또한 GeoGebra 애플릿은 다양한 아이디어가 공유, 탐구, 연결될 때 모든 학생이 동일한 동적인 표현을 볼 수 있도록 하였기 때문에 이 공학 도구는 전체 학급 논의의 촉진에 핵심적인 역할을 했다. 여기서 제시된 논의에서는 학생들의 텍스트 응답이 선택되어 화면에 표시됨으로써 논의를 촉진하는 역할을 했지만, 동적 표현은 학생들이 개념을 이해하고 정리하는 과정에서 중요한 매개체로 활용되었다.

수학적 논의에 공정한 참여를 지원하기 위한 교사 대시보드 사용

Kristen과 마찬가지로 Tech-Math 교사들은 전체 학급 논의에서 공정한 참여 구조를 만드는 데 공학 도구가 얼마나 중요한 역할을 하는지 언급했다. 공학 도구는 학생들의 아이디어를 공적으로 쉽게 공유하고 토론을 이끌기 위해 사용할 수 있을 뿐만 아니라 위협적이지 않은 방식으로 모든 학생을 토론에 참여할 수 있도록 한다. 익명 기능(대부분의 교사 플랫폼에서 사용 가능)의 사용은 미완성된 아이디어를 공유하는 데서 오는 스트레스를 덜어 주며, 교사가 모든 학생의 응답을 한눈에 볼 수 있도록 스크롤할 수 있는 기능을 통해, 특정 학생들만이 논의에 참여하는 것이 아니라 모든 학생의 생각을 반영할 수 있도록 지원한다.

- "공학 도구는 학생들이 실수를 두려워하지 않도록 익명으로 참여할 수 있게 합니다. 저는 스냅샷 기능을 사용하여 참여에 익숙하지 않거나 실수하는 것을 두려워하거나 수줍음을 많이 타는 학생들에게 주목하는 것을 좋아합니다. 학생들은 보드에서 자신의 활동을 보고 자신이 무언가를 제대로 하고 있고 기여할 수 있는 것이 많다는 것을 깨닫게 되죠. 그래서 이러한 도구는 정말 도움이 됩니다" (Michele)
- "저는 질문에 대한 응답을 공유할 수 있는 사람이 오직 교사가 지목한 학생 한 명뿐인 상황이 싫어요. 저는 모든 학생이 자신의 목소리를 낼 수 있고, 모든 답변이 보여지고 논의될 수 있는 공간을 만들고 싶어요. 모든 응답을 화면에 표시할 수 있고, 이를 스크롤하며 다양한 의견을 살펴볼 수 있어요" (Samantha)
- "학생들의 활동을 볼 수 있다는 것은 학생들의 사고가 어떻게 발전하는지 볼 수 있

다는 것이고 익명으로 학생들의 활동을 공유하거나 스스로 자원하지 않을 조용한 학생들의 활동도 공유할 수 있다는 것을 의미합니다" (Leah)

실제로 일부 Tech-Math 교사들은 학생들의 사고에 대한 접근성을 높임으로써 그들의 수업 방식을 학습자 중심 수업으로 전환하는 데 도움이 되었다고 말했다.

- "이 교사용 대시보드 덕분에, 학생 중심의 교실을 만들 수 있었습니다. 이제 저는 덜 말해도 됩니다. 왜냐하면 학생들이 이미 놀라운 아이디어를 가지고 있기 때문이에요. 학생들의 아이디어를 강조하여 수업을 끌어가는 것은 정말 강력한 도구입니다" (Nick)
- "이 도구는 교실에서 담론을 형성하는 데 큰 도움이 되었습니다. 저는 모든 학생의 응답을 실시간으로 볼 수 있고, 이를 수집하고 적절한 순서로 정리하여 수업을 끌어나갈 수 있습니다. 그리고 그 모든 과정이 학생들의 아이디어를 중심으로 진행됩니다" (Nolan)
- "모든 학생이 무엇을 하고 있는지 볼 수 있기 때문에 제가 토론을 어떤 방향으로 진행할지 계획할 수 있어요" (Karen)

Tech-Math 교사들은 교사 대시보드를 사용하여 학생의 사고를 가시화하는 것이 왜 강력한지에 대한 매우 확실한 의견을 피력한다. Kristen의 타원 수업 사례는 학생들의 텍스트 응답을 활용하여 효과적인 수업을 운영하는 방식을 보여주었다. 그러나 공학 도구 기반 수업에서는 학생들이 단순히 텍스트로만 응답하는 것이 아니라, 활동 속에서 동적 표현을 생성하며 학습하기도 한다. 이러한 경우, 교사는 학생들이 만든 표현을 신중하게 선택하여 공개적으로 공유하고, 이를 바탕으로 의미 있는 수학적 논의를 촉진할 수 있다.

사례: 대푯값 탐구

잠시 생각해봅시다.

학생들이 평균을 균형점(balance point)으로 이해하도록 하는 것이 목표라고 가정해 보자. 이를 위해, 학생들이 이동 가능한 점(movable points)을 드래그하면서 평균과 중앙값이 어떻게 변하는지를 관찰할 수 있는 스케치를 활용하기로 결정했다([링크 7.3] 및 [그림 7.8] 참조). 이

> 스케치는 다양한 목적(예: 분포와 대푯값 비교, 이상치의 영향 분석)으로 사용할 수 있지만, 이번 활동에서는 평균이 실제로 무엇을 측정하는지에 초점을 맞춘다. 따라서, 학생들에게 데이터상의 점을 조작하여 평균과 중앙값이 같아지도록 만들고, 이 과정에서 사용한 전략을 생각해 보도록 요청한다. 스케치를 직접 탐색해 보며, 학생들이 이 도전에 접근할 때 활용할 수 있는 다양한 전략을 예상해 보자. 그런 다음, 특정 학생의 작업을 선정할 때 고려해야 할 요소가 무엇인지 생각해 보자.

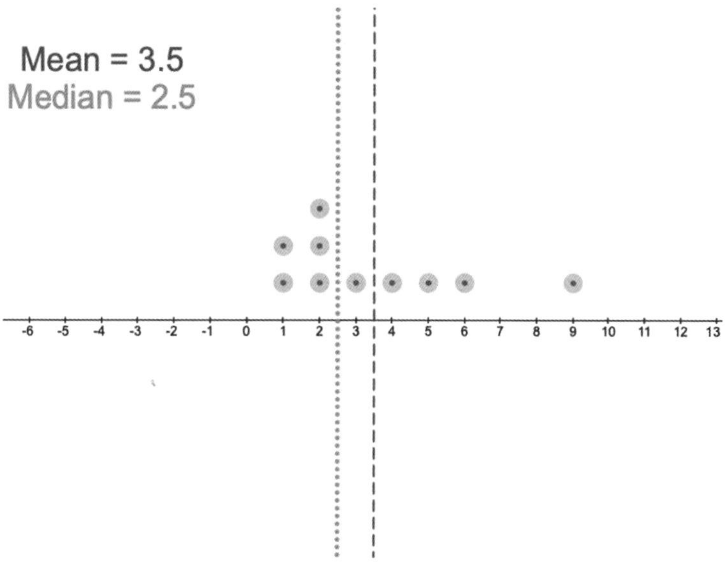

[그림 7.8] 대푯값 탐구 활동에 대한 장면 1

[링크 7.4] 대푯값 탐구[6]

Nina는 우리를 그녀의 수업에 참관하도록 초대했다. 그녀는 Integrated Math 4 수업에서 이 스케치를 학생들과 함께 사용했다. 학생들은 평균과 중앙값을 구하는 절차에는 익숙했지만, 평균이 실제로 무엇을 측정하는지(즉, 균형점)를 설명하는 데 어려움을 겪고 있었다. 이는 표준편차 개념을 학습하기 전에 반드시 이해해야 할 중요한 개념이었다. Nina는 학생들에게 데이터상의 점을 조작하여 평균과 중앙값이 같아지도록 배열하는 과제를 제시했다. 이 활동에서 Nina는 학생들이 데이터상의 점을 배열하는 다양한 전략을 살펴보는 데 초점을 맞추었다. 이를 위해, Desmos 활동 내에 동적 그래프를 포함시켜, 학생들

6) https://teacher.desmos.com/activitybuilder/custom/6346e0b7bd7ce17e86cd56a9

이 생성한 그래프를 실시간으로 모니터링하고, 논의를 촉진하기 위해 적절한 학생 작업을 선정하고 계열지었다. [그림 7.9]는 학생들이 만든 다양한 그래프들이다.

Nina는 학생들이 만든 그래프들을 살펴본 후, 학급 토론을 활성화하는 데 도움이 될 다섯 쌍의 학생들(Nicole & Isabella, Drew & Zaid, Jack & Robert, Jenna & Carlos, Maddie & Hannah)의 작업을 선정했다. 특히 그녀는 먼저 Jack과 Robert가 만든 그래프와 Jenna와 Carlos가 만든 그래프가 짝을 이루도록 계획했는데, 이는 학생들이 흔히 사용하는 접근 방식인 점들이 매우 가까운(또는 평균 위에 있도록) 그래프를 만들었기 때문이다. 다음으로, 그녀는 Nicole과 Isabella의 그래프와 Drew와 Zaid의 그래프가 짝을 이루도록 계획했는데, 이는 그들의 그래프가 모두 대칭이지만 하나는 평균에 점이 있고 다른 하나는 그렇지 않기 때문이다. 이를 통해 평균에 점들이 있어야 하는지 논의하고 자료가 평균을 중심으로 대칭이 아닐 경우 어떤 일이 일어날 수 있는지 생각해 볼 수 있는 기회

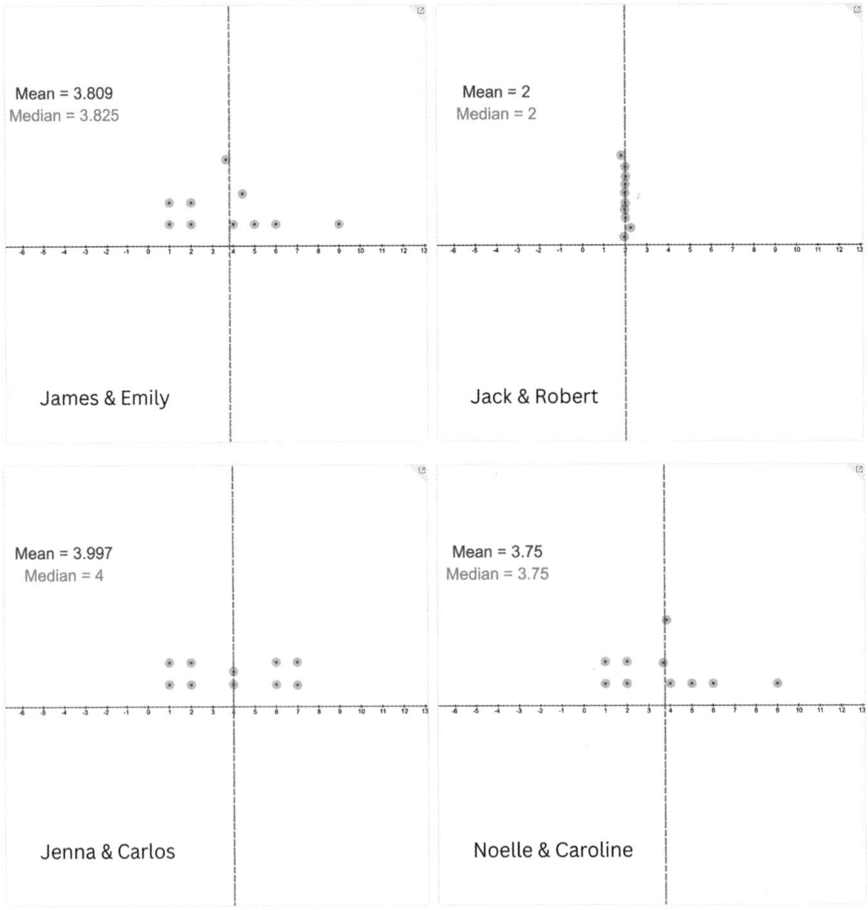

[그림 7.9] 평균 & 중앙값 일치 과제에서 학생들이 생성한 그래프 (계속)

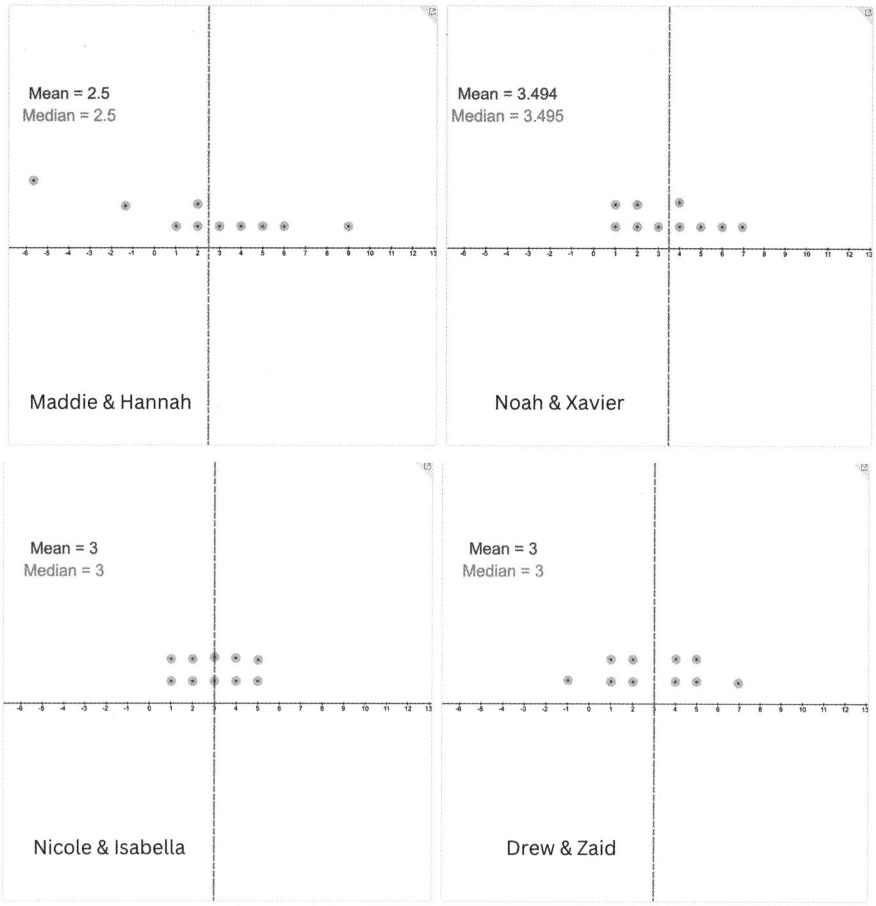

[그림 7.9] (계속)

를 제공했다. 그녀는 Maddie와 Hannah의 그래프를 마지막으로 사용하기로 했는데, 이는 그들의 그래프가 대칭도 아니며 왼쪽으로 벗어나 있는 하나의 점이 다른 점들과 어떻게 '균형'을 이룰지에 관해 논의할 수 있는 좋은 기회였다. 그녀는 전체 학급 논의 중 학생들의 그래프를 보여줄 수 있는 교사 대시보드 프레젠테이션 모드를 사용하면서 아래의 토론을 진행했다.

수업 장면: 균형점으로서의 평균에 대한 Nina의 전체 학급 논의

[참고: 이 수업 장면에 대한 동영상 클립은 없음.]

교사(Nina): 그래프를 쭉 살펴보니 여러분 모두가 이 어려운 과제를 해결한 것 같아요. 아주 멋지네요. 탐구하는 과정에서 여러분이 사용한 방법과 평균과

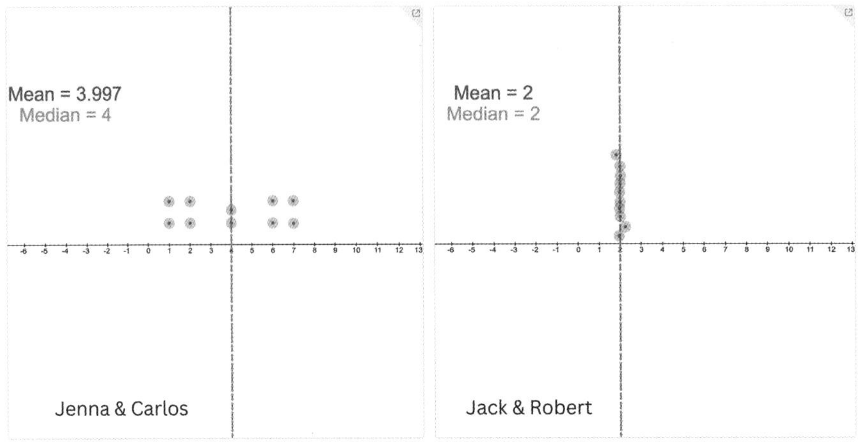

[그림 7.10] Jack과 Robert의 응답과 그들과 짝을 이룬 Jenna와 Carlos의 응답

	중앙값에 대해 알아낸 점에 대해 이야기해 봐요. 여기 두 가지 가능한 방법이 있어요[Jack과 Robert 그리고 Jenna와 Carlos의 그래프를 보여주면서(그림 7.10)]. 무엇을 발견했나요?
Nicolle:	둘 다 평균에 점들이 있어요. 오른쪽에 있는 그래프는 평균에 모든 점들이 있어요.
Drew:	평균선 위에 있지 않은 점들의 경우 평균선에서 같은 거리에 있어요.
교사(Nina):	Drew, 좀 더 설명해 줄래요? 어떤 선을 말하는 건가요? 도움이 된다면 칠판으로 올라와 봐요.
Drew:	[Drew는 칠판으로 걸어와 그림을 가리킨다.] 주황색과 보라색 선[수직 점선을 가리키며]이요. 평균이기도 하고 중앙값이기도 해요. 이 선 위에 없는 점들은 모두 선을 중심으로 반대편에 같은 거리만큼 떨어져 있는 점들의 쌍으로 되어있어요.
교사(Nina):	흥미롭네요. 방금 설명한 것이 무엇인지 여기에 보여주겠어요?
Drew:	이 두 개요. [Drew는 왼쪽 그래프에서 평균으로부터 한 점으로 이동하는 동작을 취한 뒤 같은 동작을 평균에서 반대편에 있는 점으로도 취한다. 그의 동작은 [그림 7.11]의 화살표와 같다.]
Drew:	이 그래프에서도 볼 수 있어요. [오른쪽 그래프를 가리키며] 이건 선에서 오른쪽으로 약간 벗어났지만, 이것은 선에서 오른쪽[7)]으로 약간 벗어났어요. 그래서 한 쌍이에요. [밑에서 두 번째 점과 가장 위쪽에 있는 점을 가리키며.]

7) 역자 주: 왼쪽을 잘못 말한 것(또는 전사한 것)으로 보여진다.

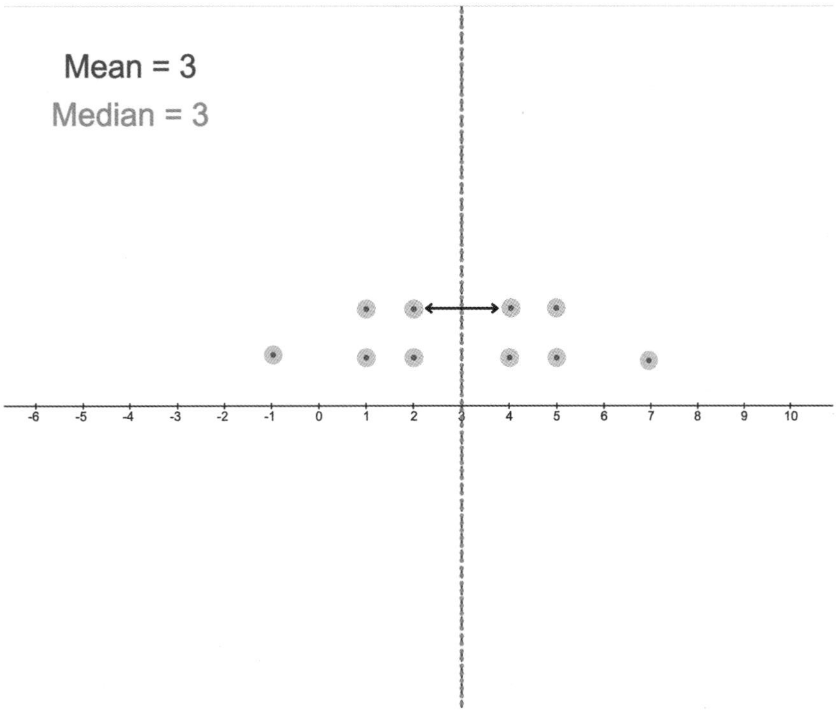

[그림 7.11] Drew가 두 화살표 방향으로 손가락 움직이는 장면

교사(Nina): 그래서 Drew는 두 답안 모두 평균과 같은 값을 가진 점들이 있고, 그렇지 않은 답안의 경우 점들이 평균에서 같은 거리를 가진 쌍으로 나타난다는 것을 알아냈네요. 추가하고 싶은 내용이 있나요?

Caroline: 우리가 한 점만 움직여도 평균 역시 함께 움직이기 때문에 한 쌍의 점과 평균과의 거리에 대해 Drew가 말한 것이 중요하다고 생각해요.

학급(다 같이): 네.

Noelle: 대박이네요!

교사 (Nina): 흥미롭네요 ... 왜 그런지 궁금한데요. ... 그것에 대해 계속 생각하고 몇 가지 답안을 더 살펴봅시다. [그녀는 Nicole과 Isabella의 그래프를 Drew와 Zaid의 그래프와 함께 보여준다. [그림 7.12] 참조] 무엇을 발견했나요?

Isabella: 저게 우리 그래프예요[왼쪽 그래프를 가리키며]. 처음에 모든 점을 일렬로 정렬하면서 시작했어요. 그래서 모두 똑같고 모두 평균이 되도록 했어요. 하지만 그 뒤에 한 점을 오른쪽으로 조금 옮겼고 평균도 오른쪽으로 이동했기 때문에 평균을 같은 위치에 유지하기 위해 다른 방향으로 한 점을 조정해서 움직여야(shimmy) 했어요. 예를 들어 한 점을 오른쪽으로

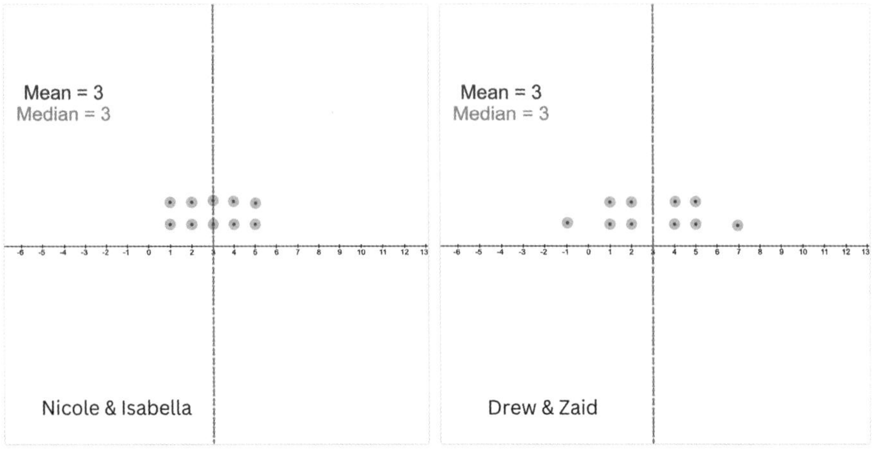

[그림 7.12] Nicole과 Isabella의 응답과 그들과 짝을 이룬 Drew와 Zaid의 응답

	이동하면 다른 점을 왼쪽으로 이동해야 했어요. 그래서 결국 선의 양쪽이 똑같이 보이도록 만들었어요.
교사(Nina):	조정해서 움직인다 맘에 들어요. 설명이 타당해 보입니다. 제가 다시 한 번 말해볼게요. 제가 듣기에는 Isabella는 위 그래프에서 보았던 것처럼 점들을 일렬로 세운 상태에서 시작했다고 말한 거 같은데요. [교사는 빠르게 이전의 쌍을 보여주고 오른쪽 그래프를 가리킨다.] 점을 왼쪽이나 오른쪽으로 옮기면 평균도 함께 움직였기 때문에, 점을 반대 방향으로 옮겨야만 평균이 원래 있던 위치로 돌아갈 수 있었다고 했죠? 제 말이 맞나요?
Isabella:	네.
교사(Nina):	제가 보기에는 오른쪽 그래프에는 평균에 점이 하나도 없어요. 어떻게 그게 가능한가요?
Xavier:	평균에는 점들이 없어도 돼요. 점들은 평균 주위에 균등하게 분포되어 있으면 됩니다.
교사(Nina):	Xavier, 더 설명해 주세요.
Xavier:	[칠판으로 다가가 그래프를 가리키며] 평균은 하나의 점이 아니라 모든 점에 대한 무언가를 알려주는 것입니다. 평균값을 구하려면 모든 것을 더한 다음 제가 가진 자료의 수로 나누면 된다는 것을 알아요. 하지만 여기서는 오른쪽에 있는 점들과 왼쪽에 있는 점들이 같은 거리가 되는 곳을 찾아야 하는 것처럼 보여요. [Xavier는 평균의 위치를 나타내는 선을 가리키며 손가락으로 선과 한쪽 점 사이의 거리가 다른 쪽 점의 거리와 같

[그림 7.13] Nina가 칠판에 빠르게 그린 시소 그림

	다는 것을 보여준다]. 제게는 마치 시소를 연상시켜요.
교사 (Nina):	시소? 무슨 뜻이죠?
Xavier:	놀이터에서 시소는 가운데에서 같은 거리를 두고 앉으면 균형을 유지할 수 있어요. 또는 사람이 가운데에 바로 서 있으면 시소도 균형을 유지하죠. 여기는 [왼쪽 그래프를 가리키며] 시소 가운데에 사람이 있고, 여기는 [오른쪽 그래프를 가리키며] 그렇지 않아요.
교사(Nina):	훌륭한 비유예요. 모두 Xavier가 말하는 것을 상상할 수 있나요? 어렸을 때 시소에서 놀았던 기억이 있나요? [Nina가 학생들이 참고할 수 있도록 칠판에 시소를 빠르게 그린다. [그림 7.13] 참조]
교사(Nina):	Xavier가 시소 위의 아이들을 점들로 설명한다면, 시소의 평균은 어디에 있나요?
.Jack:	중간이요. 균형점 또는 지렛대의 받침점(fulcrum), 아니면 과학 시간에 우리가 불렀든 뭐든 간에요.
교사(Nina):	네, 좋은 설명이네요. 바로 균형점이죠. 다른 것을 살펴봅시다. [그녀는 Maddie와 Hannah의 그래프를 보여 준다. [그림 7.14] 참조]
교사(Nina):	이 그래프는 다른 그래프들과 완전히 다르지만, 평균과 중앙값이 여전히 같습니다! 왜 그럴까요? 잠시 시간을 내어 짝과 함께 생각해 보세요. 그래프에서 점들을 드래그하여 자유롭게 놀아보세요.
교사(Nina):	[학생들이 짝과 그들의 생각에 대해 이야기할 수 있도록 3분 정도 기다린 후] 좋아요, 무엇을 알아냈나요? 왜 이 그래프도 평균과 중앙값이 같을까요?
Maddie:	우리는 각 점에 쌍이 있기 때문인 줄 알았는데 그렇지 않아요.

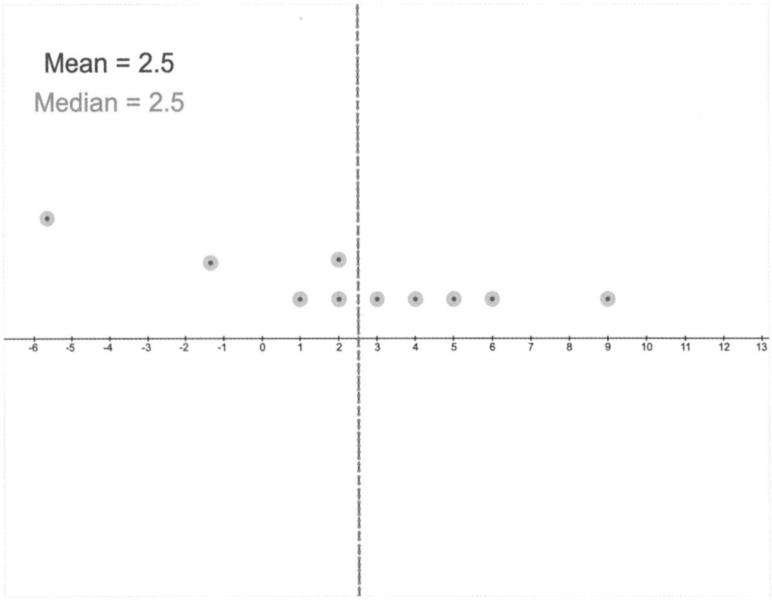

[그림 7.14] Maddie와 Hannah의 응답

교사(Nina):	예를 들어 설명해 주겠어요?
Maddie:	3의 값을 갖는 점은 평균과 같은 거리에 2의 값을 갖는 점이 있어 쌍을 이루지만, 7의 값을 갖는 점은 반대편에 평균에서 같은 거리에 있는 쌍이 없어요. 하지만 양쪽에 같은 개수의 점이 있습니다.
Robert:	하지만 점의 개수는 중요하지 않아요. 그건 중앙값이지 평균이 아니니까요.
교사(Nina):	Robert가 좋은 지적을 했네요. 중앙값은 양쪽에 같은 개수의 점들이 있는 값을 측정해요. 그리고 우리는 평균을 중앙값과 같게 만들어야 하니 양쪽에 같은 개수의 점이 있어야 하는 것이 당연하죠. Maddie가 지적한 것에 대해 좀 더 생각해 봅시다. Maddie는 각 점은 평균의 반대편에 같은 거리를 가진 쌍이 없으며, 일부는 있지만 모두는 그렇지 않다고 말했어요. 그렇다면 왜 여전히 평균과 중앙값이 같게 되는 걸까요?
Carlos:	이게 말이 되는지 모르겠지만 점들이 서로 다른 무게를 가지고 있는 것 같아요. 시소처럼... 균형을 맞추려면 시소 양쪽의 무게가 같은지 확인해야 합니다. 제가 나가서 설명해도 될까요?
교사(Nina):	물론이죠.
Carlos:	이 두 개는 균형을 이루고 [Maddie가 직전에 말한 평균의 양쪽에서 0.5씩 떨어져 있는 두 점을 가리키며], 이 두 개도 균형을 이룹니다 [평균의

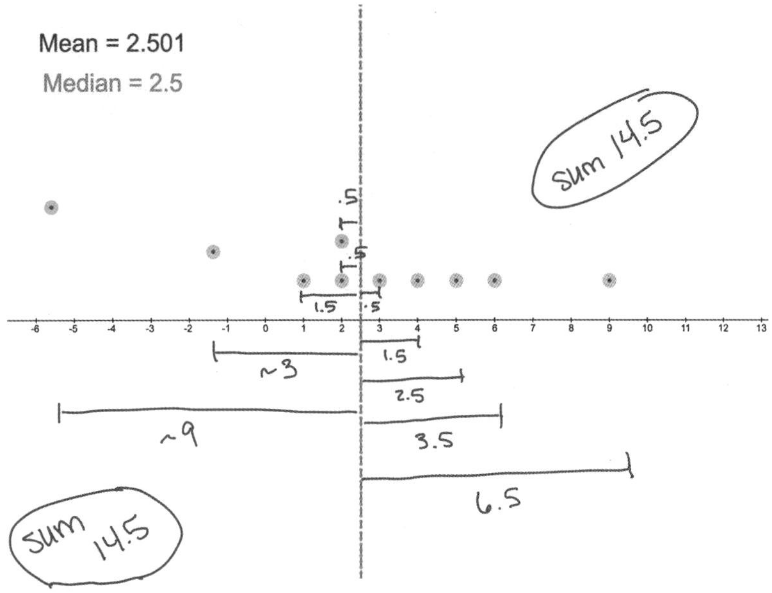

[그림 7.15] 평균으로부터 거리를 합하기

	양쪽에서 1.5씩 떨어져 있는 두 점을 가리키며]. 저는 이쪽[오른쪽을 가리키며] 두 개를 합치면 이쪽[왼쪽을 가리키며]의 한 개와 균형을 이룰 수 있지 않을까 생각해요.
교사(Nina):	Carlos, 정말 흥미로운 아이디어네요. Carlos의 아이디어를 검증해 볼 수 있는 방법을 제안해 볼 사람 있나요?
Noelle:	각 점이 평균에서 얼마나 떨어져 있는지 구해보는 거예요.
교사(Nina):	좋아요. 해봅시다. 이 점은 평균에서 얼마나 떨어져 있을까요? [교사가 학생들의 도움을 받아 [그림 7.15]와 같이 평균으로부터 각 점의 거리를 기록한다.]
교사(Nina):	무엇을 발견했나요?
Carlos:	모두 합쳐져요!
교사(Nina):	무슨 말이죠?
Carlos:	양쪽이요. 거리가 모두 같게 합쳐져요. 둘 다 14.5입니다!
교사(Nina):	시소 비유로 설명할 수 있는 사람 있나요?
Noelle:	오오오. 이제 알겠어요. Carlos는 시소가 균형을 잡아야 한다고 말했고 무게에 관해 이야기했었는데, 그 무게가 여기서는 거리와 같아요. 그래서 양쪽의 사람 수가 같은 것이 중앙값이고, 그 사람들의 무게가 균형을 이루는 곳, 즉 균형이 잡히는 곳이 평균이 되는 거죠.

교사(Nina):	네, Noelle! 그것은 거리들의 합인데, 이 합이 양쪽에서 같아야 해요. 이는 자료가 평균에 대해 대칭일 때는 쉽게 알 수 있지만 여기서는 보기가 조금 어려워요. 만약 평균을 그대로 유지하되 맨 왼쪽의 점을 더 왼쪽 더 더 왼쪽으로 이동하려면 어떻게 해야 하나요?
Tristan:	반대쪽의 한 점을 평균에서 같은 양만큼 멀리 옮기면 됩니다.
교사(Nina):	해봅시다. [교사가 그림을 클릭하면 학생 화면에서 열리고 이제 동적으로 점을 옮길 수 있다.] 이 점[가장 왼쪽에 있는 점]을 2만큼 더 옮겨 볼게요. Tristan, 평균을 2.5로 되돌리려면 어떻게 해야 하나요?
Tristan:	오른쪽에 있는 한 점을 골라 2만큼 이동시키면 됩니다.
교사(Nina):	어느 점이요?
Tristan:	상관없어요.
교사(Nina):	흠, 왜 상관없죠?
Tristan:	거리의 합이 2만큼만 올라가면 되니까. 따라서 이 2를 어디서 올릴지는 중요하지 않아요.

Nina는 전체 학급 논의에서 나온 중요한 관계를 사용하여 평균을 균형점(즉, 자료의 분포가 균형을 이루는 수직선 위의 점)으로 정의하기 위한 토론을 이어갔다.

잠시 생각해봅시다.

1. Nina의 토론 진행 방식은 당신이 상상했던 방식과 어떤 점에서 비슷하거나 달랐는가?
2. Nina는 전체 학급 논의 중에 학생들의 사고를 지원하기 위해 어떤 방식으로 동적 Desmos 스케치를 사용했는가?
3. 학생들이 참여한 Desmos 활동과 전체 학급 논의에서의 수업 장면을 되돌아볼 때, 이 활동과 논의를 통해 학생들은 어떤 방식으로 (a) 수학에 접근하고 탐구하며, (b) 자신의 수학적 아이디어를 의사소통하고, (c) 비형식적이고 강력한 방식으로 수학적 사고 능력을 발달시킬 수 있었는가?

전체 학급 논의 중 이 부분에서 Nina는 표준편차를 도입하기 전에 반드시 이해해야 할 내용으로 '균형점'으로서의 평균을 이해하도록 이끌기 위해 신중하게 선정된 학생들의 활동을 수업에 사용했다. Nina는 먼저 모든 학생의 응답을 검토했으며, 모두 정답이었다는 점을 강조하며 논의를 시작했다. 이 접근 방식은 토론의 초점을 정답 찾기에서 전략 탐색으로 전환하는 데 도움이 되었다. 그녀는 다섯 쌍의 학생들이 만든 점그래프를 신중하게 선정하고 계열지어, 학생들이 평균의 양쪽 값의 합을 고려하여 데이터가 균형을 이루는지(즉, 분포를 분석하는지) 깨닫도록 유도하는 전략을 활용했다.

그녀는 먼저 일부(또는 모든) 데이터가 평균 위에 놓인 두 개의 점그래프를 제시했다. 이는 학생들이 흔히 사용하는 전략이라는 점을 알고 있었기 때문이다. 그런 다음, 단순히 "무엇을 발견했나요?"라고 질문을 던졌다. 이 질문을 통해 Drew는 "모든 점이 평균선 위에 있거나 평균선에서 같은 거리에 있다"는 점을 지적했다. 이는 평균을 균형점(balance point)으로 이해하는 데 중요한 통찰이었다. 이 개념은 Caroline이 덧붙인 의견을 통해 더욱 강조되었다. 그녀는 "데이터상의 점들이 쌍을 이루고 있다. 한 점을 움직이면, 평균이 중앙값과 같게 유지되도록 다른 점도 이동해야 한다"라고 말했다. 그 후, 학생들이 다음 두 개의 그래프를 비교하면서 그래프의 대칭성(symmetry)이 학생들의 관심을 끌었고, 데이터가 평균을 중심으로 균등하게 퍼져 있음을 인식하게 되었다. 이때 Xavier는 자신이 발견한 개념을 설명하기 위해 시소를 비유로 사용했다. 이에 Nina는 이 은유를 활용하여 칠판에 시소 그림을 그리며 개념을 시각적으로 표현하며 논의를 이어갔다. 마지막으로, Nina는 "데이터 분포가 반드시 평균을 중심으로 대칭적일 필요가 있는가?"라는 문제를 제기하는 점그래프를 제시했다. 그녀는 학생들에게 "이 그래프가 왜 성립할까요?"라고 질문하며, Desmos 스케치를 활용하여 추가 탐구할 시간을 주었다. 이 과정에서 Carlos와 Noelle은 "평균의 양쪽에 있는 값들의 합이 중요할 것 같다."는 가설을 제시했다. 이에 Nina는 학생들의 아이디어를 따라, 각 점에서 평균까지의 거리 합을 구하는 과정을 보여주었다.

Kristen의 타원에 관한 논의와 매우 유사하게, 공학 도구는 전체 학급 논의를 촉진하기 위한 핵심적인 역할을 하였다. 즉, Desmos 교사 대시보드가 토론을 촉진하기 위해 학생 그래프를 선정하고 전체 학급에 보여줄 수 있는 기능을 제공했을 뿐만 아니라 학생들이 공유한 역동적인 아이디어를 드래그하고 관찰하는 것을 통해 빠르게 시연할 수 있었기 때문이다.

선정하기와 계열짓기를 위한 전략들

교사 대시보드는 당신이 학생의 활동을 개별적으로 또는 최대 4명의 모둠으로 선정하여 보여줄 수 있게 한다. Kristen의 타원 수업에서는 그녀가 하나의 모둠에서 4개의 응답을 신중하게 선택하여 사용하였다. Nina의 균형점으로서의 평균 수업에서는 그녀가 하나의 응답뿐 아니라 두 개의 응답을 신중하게 선정하여 짝지어 사용하였다. 어떤 학생 응답을 선택할지 그리고 어떻게 그러한 응답들을 짝짓고 공유할 계열을 지을 때는 한번에 보여줄 응답의 개수뿐만 아니라 어떻게 교사가 포함하려고 계획한 특정 응답을 선택할 것인지를 고려해야 한다. 앞의 예에서 설명한 Kristen과 Nina의 전략과 유사하게, 흔하게 나타나는 미완성된 사고, 공통된 접근 방식, 동일한 아이디어를 표현하거나 나타내는 다양한 방법을 가진 응답을 선택하는 것이 일반적인 전략이다. 예를 들어, Lauren은 다음과 같이 언급했다.

> 저는 같은 그룹 내에서 두 개의 매우 다른 답변을 선택하여 비교하게 하는 것을 좋아합니다. 학생들이 각 답변이 질문에 대해 어떤 가치를 가지는지, 그리고 서로 다른 관점에서 어떤 의미를 추가하는지 고민하도록 유도하는 것이 중요하다고 생각합니다.

Tech-Math 교사들은 학생들의 초기 아이디어를 포착하는 것이 또 하나의 효과적인 전략이 될 수 있다고 말했다. Andrew는 다음과 같이 설명했다.

> 스냅샷 기능의 또 다른 좋은 점은, 학생들이 작업하는 동안 교사가 컴퓨터 앞에 있을 수 있다면, 중간 사고 과정(intermediate thoughts)을 캡처할 수 있다는 점입니다. 나중에 다시 확인하려고 보면 그 생각이 사라져 있을 수도 있거든요. 예를 들어, 어떤 답변이 좋은 반례였는데, 학생이 이후에 수정해 버려서 사라질 수도 있죠. 그래서 저는 보통 학생들에게 '이것이 그들의 첫 번째 생각이었고, 이 부분이 좋았다'고 보여줍니다. 저는 특히 '좋은 실수(favorite mistakes)'를 공유하는 것을 좋아합니다.

Lauren 역시 이에 동의하며 덧붙였다. "저는 학생들의 초기 사고를 충분히 포착하여, 메타 수준에서 논의할 수 있도록 하는 것이 좋아요. 예를 들어, '우리가 처음에는 이런 생각을 했었는데, 이제는 어떻게 생각하나요? 과거의 자신에게 지금 무엇을 말해주고 싶나요?'와 같은 질문을 던질 수 있습니다" 이와 같이 학생들의 진행 중인 사고 과정(in-progress thinking)을 활용하는 방식은 단순히 초기 아이디어의 중요성을 강조할 뿐만 아니라, 강력한 성찰 도구로도 작용할 수 있다.

학생들의 진행 중인 작업을 선정하여 공유하고 논의할 때, 질문을 어떻게 제시할 것인지, 그리고 교실 내에서 서로의 아이디어를 논의하는 방식에 대한 규범(classroom norms)을 마련하는 것이 중요하다. 예를 들어, 플랫폼에서 학생의 답변을 공유할 때 학생 이름을 익명으로 처리하는 기능이 있는 경우, 해당 기능을 언제 사용하고 언제 사용하지 않을 것인지를 고려할 필요가 있다. 또한 학생들은 이름이 익명으로 처리되었지만 같은 반 친구들의 아이디어에 대해 이야기하고 있으며, 이를 존중하는 방식으로 해야 한다는 점을 인식하는 것도 중요하다. 이러한 이유로 플랫폼을 사용하는 많은 Tech-Math 교사들은 공학 도구 활용 과제에서 수학에 대해 공유하고 토론할 때 기대하는 것에 대해 학생들에게 구체적으로 자주 언급한다고 하였다.

- "제 학생들은 컴퓨터에서 답변을 입력할 때, 그것이 익명일 수 있더라도 여전히 존중해야 한다는 것을 알고 있습니다. 여러 번 강조해야 하지만, 저는 항상 '다른 사람을 존중해야 한다'는 규범을 확립하려고 합니다. 모든 학생이 여러분의 답변을 보고 있으며, 나중에 다시 기록을 확인할 수도 있다는 점을 잊지 마세요. 그러므로, 교실에서와 마찬가지로 항상 다른 사람을 존중해야 합니다. 만약 교실에서 친구에게 직접 말할 수 없는 내용이라면, Desmos 활동에서도 절대 입력하지 마세요. 또한, 화면에 올라온 답변이 자신의 의견과 다르거나 동의하지 않는다고 해서 웃지 않는 것이 중요합니다. 저는 학생들에게 온라인 활동을 할 때도 대면 수업에서 따르는 교실 규범이 그대로 적용된다는 것을 지속적으로 상기시킵니다" (Kristy)
- "제 교실에서는 딱 세 가지 규칙이 있습니다. 첫 번째는, 저는 모든 학교 및 지역의 정책을 준수해야 한다는 것입니다. 그것이 제 역할이기 때문입니다. 두 번째는 자신을 존중하고, 동료를 존중하고, 교사를 존중하며, 교실 내 모든 물건을 존중해야 한다는 것입니다. 이 순서는 의도적으로 정한 것입니다. 먼저 자신을 존중해야 하고, 그다음에 동료를 존중해야 하며, 마지막으로 제가 포함됩니다. 왜냐하면 학생들이 효과적으로 학습하고, 공학 도구 기반 과제를 수행하며, 실수에 대해 너그럽게 받아들이려면 기본적으로 자신과 주변 사람을 존중하는 태도가 필요하기 때문입니다. 실수를 했다고 해서 그것이 '어리석은 행동'이 아닙니다. 여러분은 저에게 '바보 같다'고 말하지 않을 것이고, 그것은 무례한 행동이겠죠. 그러므로, 자신에게도 같은 방식으로 존중을 보여야 합니다" (Samantha)

교사 대시보드 없이 선정하고 계열짓기

일부 수학 공학 도구는 교사용 대시보드를 기본적으로 제공하지 않지만, 그렇다고 해서 이러한 도구를 활용할 수 없는 것은 아니다. Tech-Math 교사들은 교사용 플랫폼이 없는 경우에도 학생들이 공학 도구 기반 수학적 작업을 공유할 수 있는 다양한 방법을 찾아냈

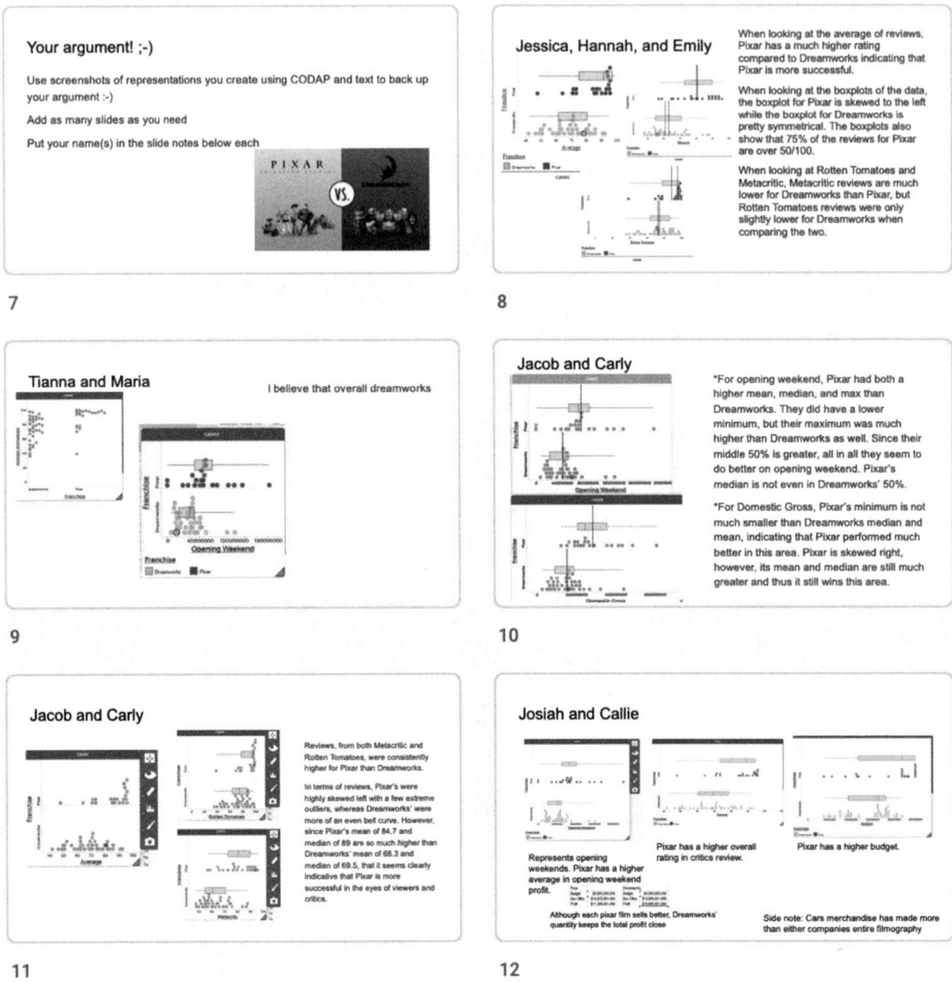

[그림 7.16] Google Slide에 공유된 CODAP에서 만든 학생 활동

다. 예컨대, Juan은 학생들이 모두 볼 수 있도록 자신의 노트북을 화면에 비출 수 있게 교실 환경을 구축했다고 설명했다: "우리는 크롬북을 사용하기 때문에, 학생들이 자신의 화면을 캡처한 후, Chromecast를 이용해 교실 전체에 화면을 공유하도록 하고 있습니다" Nina는 Tuva나 CODAP과 같은 도구를 사용할 때 학생들에게 그들의 활동을 사진 찍게 하고 그 사진을 Google Slide에 게시한 다음 학급과 함께 스크롤하여 볼 수 있도록 한다고 말했다(그녀는 슬라이드를 이동하여 선정하고 계열짓기를 할 수도 있다; [그림 7.16]의 예 참조). 정적인 이미지보다 동적인 이미지가 교실 토론에 더 도움이 된다면 학생들은 자신의 활동을 저장하여 공유 링크를 Google Doc에 게시한 다음 교사의 노트북에서 열어 보여줄 수 있다. 이 전략은 학생들이 동적 그래핑 계산기, 동적 기하, 데이터 분석

도구 또는 Google Spreadsheet와 같은 도구를 사용하여 저장 및 공유할 수 있는 콘텐츠를 만드는 과제와 관련된 모든 상황에서 매우 효과적이다.

학생들의 컴퓨터에서 화면을 직접 공유할 수 있는 도구가 있든, 아니면 학생들이 작업한 내용을 링크 또는 이미지 형태로 공유하는 창의적인 방법을 사용해야 하든, 학생들의 공학 도구 기반 수학적 작업을 중심으로 진행되는 전체 학급 논의는 학생들을 가치 있는 지식의 자원으로 자리매김하게 할 뿐만 아니라, 그들이 만든 표현을 활용하여 협력적 탐구를 지속할 수 있도록 하며, 집단 지식 형성을 촉진하는 역할을 한다.

이 장의 핵심 사항

5가지 관행(Smith & Stein, 2011)은 전체 학급 논의를 촉진하는 데 매우 유용한 프레임워크이다. 공학 도구 활용 과제를 활용할 때 염두에 두어야 할 추가적인 고려 사항이 있다.

- 활동 제작 도구(activity builder)에 내장된 공학 도구 활용 과제를 사용하는 경우 학생의 활동을 점검할 수 있는 추가적인 방법이 있다. 그렇다고 해서 노트북 화면만 보고 있어야 한다는 의미는 아니며, 교실을 돌아다니며 학생들과 상호작용하는 것이 여전히 중요하다. 그러나 그렇게 하면서 교실 건너편에 있는 학생을 확인하거나 교실 순회 방법을 알기 위해 대시보드 정보를 사용할 수 있다.
- 학생들의 공학 도구 기반 수학적 작업을 선정할 때는 이를 공개적으로 공유하는 방법에 대해 생각해 보아야 한다. 이 과정에서 정적인 이미지와 동적인 이미지 중 어떤 것이 진행 중인 탐구와 토론을 가장 잘 지원할 수 있는지 고려해야 한다.
- 학생들의 과제를 선정할 때는 최종 결과뿐만 아니라 학생들의 진행 중인 사고의 사진을 찍는 것도 고려해야 한다.
- 학생들의 활동을 계열지을 때, 한 개인의 활동을 보여주거나 여러 개의 활동을 동시에 보여주면서 비교/대조하도록 선택할 수 있다.
- 동적 이미지는 전체 학급 논의를 포함하여 의사소통을 촉진하는 데 강력한 역할을 한다. 동적 이미지는 엄밀한 언어가 새롭거나 이해하기 어려울 때 우리가 무엇을 주목하고 있는지 그리고 서로 다른 표현들이 어떻게 연결되어 있는지 설명하는 데 도움이 되는 무언가를 보여주고 행동으로 옮길 수 있게 해준다.

동료와 논의할 만한 질문들

1. 전체 학급 논의를 촉진하기 위한 5가지 관행을 실행해 본 경험이 있다면, 공학 도구 활용 과제에서 이를 수행할 때 어떤 점이 더 어려울 것인가? 또는 덜 어려울 것인가? 그 이유는 무엇인가?
2. 학생의 사고를 예상하는 것은 5가지 관행의 핵심 요소이다. 공학 도구 활용 과제를 사용할 때 전체 학급 논의를 계획하는 데 이 계획 관행을 어떻게 활용할 것인가?
3. 언젠가 수업에서 사용하고 싶은 공학 도구 활용 과제에 대해 생각해 보시오. 과제에서 빅 아이디어를 종합하기 위해 전체 학급 논의를 어떻게 진행할 수 있을지 이야기해 보시오. 토론에서 어떤 학생 활동을 포착하여 사용하면 도움이 될 것인가? 정적인 활동인가, 동적인 활동인가? 당신이 학생 활동을 쉽게 선정하고, 계열짓고, 연결하기 위해 어떤 방식으로 학생 활동을 포착할 것인가?

이 책에 소개된 공학 도구 활용 과제와 보충 영상 링크는 https://www.tlmtresearch.com/teachingmathtechbook에서 확인할 수 있다.

제2부
모든 것을 종합하기

이 책의 1~7장의 목적은 공학 도구를 활용한 수학 과제를 수업에 포함할 때 내리는 중요한 결정들에 대해 깊이 생각해 보는 것이었다. 여기에는 수업 전에 내리는 결정과 수업 중에 내리는 결정이 모두 포함된다. 예를 들어, 공학 도구를 활용한 과제를 사용할지를 결정하는 것에서부터 우리의 목표에 부합하고 질이 높은 공학 도구와 과제를 선택하는 것, 과제를 효과적으로 시작하는 것을 계획하는 것, 학생들의 사고를 파악하고 공학 도구를 활용한 과제를 사용할 때 토론을 이끄는 것까지 포함된다. 우리는 Tech-Math 교사들의 조언과 우리가 제공한 도구와 프레임워크가 여러분이 자신의 실천에서 이러한 중요한 결정을 내리는 데 도움이 되기를 바란다.

이어지는 장에서는 Tech-Math 교사들이 제공한 구체적인 과제 예시를 통해 모든 것을 종합한 것을 확인할 수 있다. 각 장은 대수와 함수, 기하, 확률과 통계와 같은 각 수학 영역에 초점을 맞추고 있다. 각 장에서는 세 가지의 공학 도구를 활용한 과제와 그에 따른 수업 계획을 볼 수 있다. 수업 계획에는 학습 목표, 과제를 시작하는 방법에 대한 세부 사항, 과제 진행 속도에 대한 제안, 학생들의 작업을 예상한 내용, 전체 학급 요약 토론을 이끌기 위한 제안된 전략이 포함되어 있다. 또한, 실제 학생들의 활동 예시와 과제를 활용한 Tech-Math 교사들의 반성도 함께 제공된다.

우리는 각 영역에서 제공한 구체적인 수업 계획 예시가 여러분이 자신의 수업을 계획할 때 유용한 참고자료가 되기를 바란다. 또한, 여러분이 교실에서 바로 사용할 수 있는 훌륭한 과제들도 제공한다! 각 장의 시작 부분에서는 1장에서 7장까지 언급된, 해당 영역에 속하는 공학 도구를 활용한 모든 과제의 목록도 확인할 수 있다. 각 장에서는 사용할 수 있는 세 가지 훌륭한 과제가 제공된다. 요약하자면, 이 마지막 장들이 여러분이 모든 것을 종합하는 데 도움이 되기를 바란다.

이 책의 모든 공학 도구 활용 과제와 보충 영상 링크는 https://www.tlmtresearch.com/teachingmathtechbook에서 확인할 수 있다.

제8장

공학 도구를 활용한 대수와 함수 과제

이 책 전반에서 우리는 대수와 함수 영역에서 수업에 유용한 과제 예시를 공유했다([표 8.1] 참조). 이 장에서는 두 명의 Tech-Math 교사인 Juan과 Dan이 자신들의 가장 선호하는 공학 도구를 활용한 과제를 이 영역에서 소개하고 분석한다. Juan의 과제는 Desmos 활동으로, 시간에 따른 이동 거리의 그래프 표현을 탐구하는 것에 중점을 두고 있다. Dan은 두 가지 과제를 공유했다. 첫 번째는 극좌표 그래프의 도입이고, 두 번째는 도함수 그래프의 도입이다. 이러한 예시를 포함한 목적은 여러분이 수업에서 활용할 수 있는 훌륭한 과제를 제공하는 것뿐만 아니라, 그러한 과제를 사용할 계획을 세울 때 필요한 사고 과정에 대한 통찰을 제공하는 것이다. Juan과 Dan은 각각의 과제에 대해 전체 실행 계획과 함께 교실에서의 활용에 대한 조언도 포함했다. 이 장의 나머지 부분은 대수와 함수 영역에서 선택된 이러한 과제들을 공유하는 데 할애한다.

이 책에 소개된 공학 도구 활용 과제와 보충 영상 링크는 https://www.tlmtresearch.com/teachingmathtechbook에서 확인할 수 있다.

[표 8.1] 이전 장에 제시된 대수와 함수 과제

장	과제
1	[링크 1.3] Shodor의 '내 규칙을 맞춰봐' 함수 기계 애플릿 [링크 1.4] 함수 도입 애플릿
2	[그림 2.1] 방정식에 대한 해의 표와 그래프 표현 [그림 2.2] a, b, k에 대한 슬라이더가 있는 $y = \text{asin}(bx) + k$ 그래프 탐구 [그림 2.7] CAS를 사용하여 세제곱의 합 인수분해 탐구 [그림 2.9] CAS를 사용하여 방정식을 풀고 확인하기 [그림 2.10] 동적 대수 표기 시스템(DANS)를 사용하여 일차방정식 풀기 [그림 2.11] 세 동물 경주 과제 [그림 2.15] "몬티 홀" 게임 탐구 [링크 2.5] 폴리패드 가상 대수 타일 [그림 2.16] 단위원과 사인함수의 그래프 연결하기
3	[링크 3.1] GeoGebra로 돼지 울타리 만들기 [링크 3.2] Desmos Activity로 더 넓은 영역 만들기
4	[링크 4.1] 이후에는 어떻게 될까 [링크 4.2] 영화표 가격 예상하기 [링크 4.3] 함수 축제
6	[링크 6.5] 과제: 수직 점근선 도입
7	[링크 7.2] 타원(기하적 정의, 방정식, 그래프) 활동

▌사례 1: 시간에 따른 이동 거리 시나리오와 이를 나타내는 그래프

이 예시는 Desmos 팀이 만든 Desmos 활동으로, Illustrative Mathematics와 Open Up Resources의 과제에서 영감을 받았다. 제목은 '거북이 건너기(Turtle Crossing)'이다. 학생들은 여러 시나리오에서 거북이의 움직임과 그래프 사이의 관계를 탐구한다. Juan은 이 과제를 좋아하는 이유에 대해 "함수에 대해 배우는 학생들에게 심리적인 기준점이 되기 때문입니다. 일차함수의 성질을 배울 때마다 이 경험을 반복해서 돌아볼 수 있습니다"라고 말했다. 과제에 대한 설명은 다음과 같다.

과제에 대한 설명

학생들은 활동을 시작하면서 이동 거리와 시간의 그래프를 그려야 하고, 이 그래프는 거북이가 해변을 횡단하는 행동과 연결된다. 학생들은 자신이 그린 그래프가 거북이의 움직임에 어떻게 반영되는지 확인한 후, 다른 방식으로 그린 그래프가 거북이의 움직임에 어떤 영향을 미칠지 가설을 세워야 한다. 마지막으로, 학생들은 뱀이 가득한 해변에서 거북이가 뱀들과 마주치지 않고 건너게 하는 도전 과제를 해결해야 한다. 학생들이 결정을 내리는 데 도움을 주기 위해, 물로부터의 이동 거리와 학생이 '재생' 버튼을 누른 이후의 시간을 관계짓는 그래프가 제공된다. 학생들은 자신이 그린 그래프가 거북이의 움직임에 어떻게 영향을 미치는지 실시간으로 확인할 수 있다.

🌐 [링크 8.1] 거북이 건너기 Desmos 활동[1)]

이 과제가 어떻게 학생들을 수학 탐구자로 참여하게 하는지를 Juan은 이렇게 설명했다. "이 수업의 목표는 수학을 공부가 아니라 놀이로 자리매김하는 것입니다. 저는 학생들이 그리면서 놀기를 원합니다. '이 동작을 하면 어떤 일이 일어날까?'라는 궁금증을 가지게 하고, 더 많은 궁금증을 가지게 하고 싶습니다" Juan의 목표는 학생들이 이러한 놀이를 통해 일차함수의 몇 가지 성질을 탐구하는 것이다. 그는 수학을 놀이로 자리매김하는 것이 중요하다고 생각하는데, 이는 학생들이 일차함수에 대한 직관을 개발할 수 있도록 하기 위함이다. 그는 "수학을 공부로 접근하면, 학생들이 놀이와 탐구를 통해 이동 거리와 시간 그래프에 대한 직관적인 감각을 개발하는 것과 같은 느낌을 얻을 수 없습니다"라고 생각한다. 이 과제가 학생들이 수학적 아이디어를 의사소통하는 데 어떤 도움을 주는지를 반성하면서, Juan은 다음과 같이 언급했다.

> 학생들에게는 4번째 화면까지는 어떤 내용을 소통하거나 해석하도록 요구하지 않지만, 이 활동은 개방형인 낮은 문턱의 과제이므로 모든 학생이 첫 번째 화면부터 관찰을 시작할 수 있습니다. 또한, 이 활동을 놀이로 자리매김함으로써 학생들이 자신의 관찰을 더 기꺼이 공유하는 것 같습니다.

마지막으로, 이 과제가 학생들의 함수의 비형식적인 이해에 어떠한 기반을 두고 있는지를, Juan은 학생들이 이 과제를 놀이를 통한 학습으로 받아들이는 것에 다시 언급하며 "놀이와 함께 학습을 결합함으로써, 학생들은 자신들이 교사를 위해 무언가를 하고 있다고 생각하지 않으면서도 자발적으로 참여하게 됩니다"라고 설명했다. 학생들이 거북이의 움직임을 시뮬레이션하기 위해 원하는 대로 그림을 그릴 수 있게 함으로써, Juan은 이것이 학생들이 함수의 정의, 변화율, 그리고 일차함수와 구간함수의 그래프를 배울 때 다시 참고할 수 있는 핵심 경험이 될 수 있다고 본다.

---

1) https://teacher.desmos.com/activitybuilder/custom/5ddbf9ae009cd90bcdeaadd7?collections=featured-collections%2C5da6476150c0c36a0caf8ffb&lang=ko

거북이 건너기: Juan의 수업 계획

수업 주제

시나리오와 이를 나타내는 그래프를 연결하기

학습 목표

학생들은 상황 속에서의 시뮬레이션(예: 거북이가 해변을 횡단하는 것)과 그 시뮬레이션의 그래프 사이의 관계를, 함께 변화하는 양을 고려하여 이해하게 될 것이다.

학생 학습의 증거(수행 목표)

- 학생들은 거북이가 움직인 시간에 따라 이동 거리가 어떻게 변화하는지를 정확하게 나타내는 그래프를 그릴 수 있을 것이다.
- 학생들은 주어진 시간에 따른 이동 거리 그래프와 일치하는 이야기를 작성할 수 있을 것이다.
- 학생들은 실제 상황에서 발생할 수 있는 시간에 따른 이동 거리 그래프와 발생할 수 없는 그래프를 구별할 수 있을 것이다.
- 학생들은 특정 시간에서의 이동 거리를 구하거나, 특정 이동 거리에서의 시간을 구하기 위해 이동 거리와 시간 그래프를 사용할 수 있을 것이다.

수업 지원

이 수업은 학생들이 수학적 과제에 도전하기 전에 해결책을 도출하도록 요구하지 않고 공학 도구를 경험할 수 있게 한다. 이러한 방식은 모든 학생이 참여할 수 있게 한다. 이 수업은 모국어로 수학을 공부하는 것이 더 편한 학생들을 위해 10개 언어로 제공된다. 학생들이 각자의 기기에서 작업하되, 짝이나 소그룹으로 배치되어 탐구하면서 관찰한 내용을 다른 학생들과 이야기할 수 있도록 하는 것을 권장한다.

사전 지식

학생들은 좌표평면에 그래프를 그려본 기본적인 경험을 갖고 있을 것으로 예상되었다.

핵심 질문

- 현실 세계의 상황과 좌표평면의 그래프 사이에는 어떤 관계가 있을까?
- 두 변수 사이의 관계에 대해 의사소통하기 위해 그래프를 어떻게 활용할 수 있을까?

과제 시작

활동의 속도를 조절하여 학생들이 1번 화면의 준비 활동에서 몇 분 동안 자유롭게 탐색할 시간을 준다. 만약 학생들이 처음으로 스케치 도구를 사용하는 경우라면, 도구의 위치, 그리기 및 지우기 방법, 그리고 그린 후에 '재생' 버튼을 눌러 그래프가 거북이의 모래 위 여정을 어떻게 나타내는지 확인하는 방법을 간단히 보여준다. 그런 다음, 학생들이 자유롭게 탐색할 수 있도록 한다. 제시된 지시문은 다음과 같다: *거북이의 모래 위 여정을 나타내기 위해 시간에 따른 이동 거리의 그래프를 그리시오. 그런 다음 재생 버튼을 누르시오.*

학생들이 새로운 사실을 발견하면, 이 사실을 옆 친구와 공유하거나 교사에게 이야기하여 전체 수업에서 성과를 보여줄 수 있도록 격려해야 한다. 이러한 발견에는 가파른 기울기가 거북이의 속도에 영향을 미친다는 점이나, 음/양의 기울기가 거북이를 해변으로부터 멀어지게/해변으로 향하게 움직이도록 한다는 점이 포함될 수 있다.

이 시점에서는 학생들이 무엇을 발견했는지 듣기만 하고, 그 이유에 대해 깊이 파고들지는 않는 것이 좋다. 학생들은 활동을 진행하면서 스스로 이유를 탐구하게 될 것이다. 또한, Desmos 교사 지침에서는 몇몇 학생의 그래프를 선택하여 화면에 표시하고 "이 그래프는 거북이의 여정에 대해 어떤 이야기를 하고 있나요?"라고 질문해 보도록 권장하고 있다.

학생들이 1번 화면에서 자신이 발견한 점과 궁금했던 점을 공유한 후, 이제 활동을 시작할 준비가 되었다. 오늘 탐구에서는 우리가 그린 *시간에 따른 이동 거리의 그래프*와 거북이의 모래 위 여정 간의 관계를 놀이를 통해 탐구할 것이라고 간단히 알려주면 된다.

수업 진행 속도에 대한 제안

수업 중에 1번, 2번, 5번 화면 후에 잠시 멈춰 짝과 대화(예: "무엇을 봤니? 나는 이런 것을 봤어.")를 나눈 후, 짧은 전체 그룹 토론을 진행하는 것이 좋다.

화면 2: 이 화면에서는 학생들이 개별적으로 약 2분간 작업한 후, 1분 동안 짝과 공유하도록 할 수 있다. 학생들이 짝과 공유하는 동안, 전체 수업 토론에 사용할 몇 가지 응답을 식별하시오. 이때 두세 가지 비형식적인 주목할 점(예: [그림 8.1])과 상황과 밀접하게 연결된 하나의 주목할 점(예: [그림 8.2])에 초점을 맞추는 것이 좋다. 이 시점에서는 정제된 답변을 공유하지 않도록 하여 학생들이 계속 과제에 참여할 수 있도록 동기를 부여한다.

화면 3: 2번 화면에 대한 토론이 끝난 후, 학생들이 Luca의 거북이가 한 일을 확인하고 자신의 설명과 비교할 수 있도록 3번 화면을 열어준다.

거북이는 물에서 나와서, 멈추었다가, 달리고나서 다시 멈추었다.

거북이는 물에서 나와서 잠시 모래에 머물렀다가, 다시 잔디로 걸어갔다. 그러고나서 거북이는 멈추었다.

[그림 8.1] 화면 2에서 학생들의 비형식적인 주목하기의 예

거북이는 물에서 2피트 떨어진 곳까지 걸었다가, 2초 멈추었고, 9피트를 4.5초 동안 뛰었다가 물에서 11피트 떨어진 곳에서 3.5초 동안 머물렀다.

[그림 8.2] 맥락과 밀접하게 관련된 응답의 예

화면 4-5: 학생들이 짝이나 그룹과 토론하기 전에 이 두 페이지에 대해 개별적으로 생각할 시간을 갖도록 한다. 각자 생각할 시간을 가진 후, 짝과 이야기하도록 한다. 이 시간 동안 몇몇 학생의 응답을 선택해 공개적으로 토론할 수 있도록 하시오. 이 화면들을 논의할 때 학생들의 응답이 '정확한지' 여부에 대해 언급하지 말고, 그래프와 관련된 아이디어를 정당화하도록 격려하시오.

화면 6: 모든 학생이 동시에 화면 6을 경험하면서 거북이가 '복제'되고 여러 마리의 거북이가 나타나는 것을 논의하도록 한다. 이 토론에서는 그래프가 거북이의 실제 여정을 나타내지 않는다는 아이디어가 나오도록 하는 것이 중요하다(즉, 우리가 보는 것은 현실적으로 불가능함: 거북이가 복제될 수 없고 동시에 두 곳에 있을 수 없음).

화면 7-10: 화면 6에 대한 논의 후, 7번부터 10번 화면을 열어준다. 학생들에게 7번 화면의 동영상을 본 후 다음 화면에서 거북이의 여정을 그래프로 그리게 될 것임을 알려준다. 이 화면들을 주의 깊게 모니터링하여, 추가 지원이 필요한 학생이 있는지 확인한다.

전체 수업 과제 요약

화면 7-10은 전체 수업을 요약하는 토론을 진행하는 데 유용하다. 화면 7의 동영상을 다시 보여주며 거북이의 여정을 그래프로 그리는 데 있어 무엇이 어려웠는지 학생들에게 물어보면, 대부분의 학생은 거북이가 뒤로 가도록 만드는 것이 어려웠다고 할 것이다. 이는 이전 화면을 탐구하면서 이 방법을 알아낸 경우를 제외하고, 이 활동이 처음으로 거북이의 뒤로 가는 움직임

을 다루기 때문이다. 그런 다음, 학생들에게 거북이를 뒤로 가게 만들려고 시도했지만 잘 되지 않았던 방법들에 대해 이야기하게 하고, 그 방법들이 왜 효과가 없었는지 함께 생각해 보도록 한다. 이후 거북이의 여정에서 나타난 모든 측면들(앞으로 가기, 멈추기, 뒤로 가기, 다시 멈추기, 그리고 더 빠르게 앞으로 가서 잔디에 도착하기까지)을 다루며, 각 움직임을 그래프로 어떻게 그릴 수 있는지, 그리고 왜 그것이 가능한지 학생들에게 질문하시오. 일반적인 특성들에 대해 논의한 후, 특정 시간에 이동한 거리를 결정하기 위해 그래프를 어떻게 사용하는지, 그리고 그 반대의 경우도 꼭 다루어야 한다. 마지막으로, 이 활동은 함수 그래프를 공부하는 동안 계속해서 참고할 수 있는 활동이므로, 그래프의 어떤 특징들이 거북이의 여정으로서 가능하지 않은 결과를 초래하는지, 그리고 그 이유를 반성하는 것도 도움이 될 것이다.

이 과제를 사용하려는 교사들을 위한 조언

Juan은 이 과제가 학년 초나 학교 행사로 인해 수업 시간이 달라지는 날에 사용하기 좋은 '기본 단위'의 과제라고 언급했다. 이 과제는 학생들의 참여도가 매우 높으며, 교실에서 수학적 아이디어를 의사소통하는 규범을 확립하는 데 도움이 된다. Juan은 "이 활동은 계속해서 되돌아보게 될 활동입니다. 또한, 미래의 수업에서 학생들이 거북이와 함께한 경험과 연결할 수 있는 토론을 계획할 수 있게 해줍니다"라고 말했다. 학기 초에 이 과제를 사용한 경험을 반성하며 Juan은 다음과 같이 덧붙였다.

> 이 수업에서 얻은 교훈 중 하나는 일부 학생들이 처음에 보인 미성숙한 태도가 거북이의 문제를 해결하는 데 몰입하면서 빠르게 사라졌다는 점입니다. 학생들이 상황을 설명하기 위해 사용하는 언어를 보는 것은 매우 인상적이었습니다. 예를 들어, 한 학생이 5번 화면에서 자신의 거북이 움직임을 "그래프가 glitch한다"고 표현했는데, 이는 특정 유튜브 채널을 본 학생들에게는 익숙한 표현이었지만, 저에게는 낯선 표현이었습니다. 이를 통해 수업 시간에 더 명확하게 정의된 의미를 가진 대체 언어에 대해 대화를 나눌 수 있었고, 이는 함수 개념과 함수에 대한 수직선 검사를 다룰 때 더욱 쉽게 대화를 이어갈 수 있게 해주었습니다.

이는 이 과제가 학생들이 수학 탐구자가 되도록 지원하는 데 얼마나 부합하는지를 더욱 잘 보여준다!

사례 2: 극좌표 함수의 도입

이 과제는 Luke Walsh가 Desmos Activity Builder에서 만든 것으로, Dan이 공유했다. 학생들은 함수의 직교좌표 그래프와 극좌표 그래프 사이의 관계를 탐구한다. Dan은 이 과제가 마음에 드는 이유에 대해 "극좌표 그래프는 학생들이 이해하기 매우 어려울 수 있습니다. 극좌표는 그동안 학생들이 알고 있던 함수에 대한 모든 규칙을 깨뜨리기 때문입니다"라고 말했다. 그는 이어서 이 과제가 교사가 극좌표 그래프를 형식적으로 도입하기 전에 학생들이 '탐구하고 사고를 확장'할 수 있게 해준다고 설명했다. 과제에 대한 설명은 다음과 같다.

과제에 대한 설명

이 활동은 '극좌표 그래프 그리기(Polar Graphing)'라는 제목의 Desmos 활동이다. 학생들은 Desmos 그래핑 계산기의 동적 특성을 활용하여 동일한 함수의 직교좌표 그래프와 극좌표 그래프 사이의 연관성을 탐구하고 연결 지을 수 있다. 학생들은 두 가지 다른 유형의 원에 맞는 방정식을 만들어야 한다. 구체적으로는 직교좌표계에서의 변환과 극좌표계에서의 회전 간의 연관성을 탐구하고 연결 지으며, 이러한 변환을 삼각함수의 항등식을 사용하여 설명하도록 유도된다. 그런 다음, 학습한 내용을 적용하여 주어진 그래프에 맞는 극좌표 그래프를 만들고, 자신만의 미술 작품을 만든다. 이 활동은 학생들이 자신의 학습을 반성하도록 유도하는 질문으로 마무리된다.

🌐 [링크 8.2] 극좌표 그래프 그리기[2)]

이 과제가 학생들을 수학 탐구자로서 어떻게 자리매김하게 하는지에 대해, Dan은 이렇게 설명했다.

> 이 과제는 학생들이 존재하는 줄도 몰랐던 수학과 상호작용할 수 있게 해줍니다. 그들은 형식적으로 정의되지 않은 것들을 놀이와 탐구를 통해 접할 수 있습니다. 그리고 단지 놀기만 하는 것이 아니라, 그 놀이를 통해 가정하고, 예상하며, 다음에 무엇이 일어날지 예측하는 능력을 기르게 됩니다.

---

2) https://teacher.desmos.com/activitybuilder/custom/6040f4736670f80c5d38cf02?lang=ko

이 과제가 학생들이 수학적 아이디어를 의사소통하는 데 어떤 도움을 주는지 돌아보며, Dan은 이 과제를 수행하는 동안 많은 의사소통이 '학생들 사이에서' 이루어질 것이라고 언급했다. 그는 이렇게 설명했다. "이 과제에는 학생들이 자신의 생각을 설명해야 하는 여러 부분이 있어서, 다양한 그룹의 사고 과정을 강조할 수 있어 좋습니다. 하지만 이 과제에서 많은 소통은 학생들이 탐구하고 예측하려고 할 때 이루어집니다" 예를 들어, Dan은 학생들이 자신의 아이디어를 짝에게 설명하기 위해 그래프를 새로 만들거나 이전에 만든 그래프를 수정하는 경향이 있다고 설명했다. 마지막으로, 이 과제가 학생들의 극좌표 함수 그래프에 대한 어떤 비형식적 이해에 기반을 두고 있는지에 대해 Dan은 학생들이 극좌표 그래프에 대한 사전 경험이 없으므로 "전체 과제가 비형식적인 이해를 구축하는 것"이라고 다시 한번 강조했다. 그는 이 과제가 나중에 형식적인 용어와 설명을 도입할 때 참고하기에 좋다고 언급했는데, 그 이유는 "학생들의 과제 경험과 비형식적인 언어를 참조할 수 있기 때문"이라고 말했다.

극좌표 그래프 그리기: Dan의 수업 계획

학습 목표

- 학생들은 직교좌표평면과 극좌표평면에서 함수의 그래프를 그리는 방법의 유사점과 차이점을 이해할 것이다.
- 학생들은 극좌표평면에서 원을 두 가지 방식으로 그리는 방법을 배울 것이다: r=반지름이고, $r=\sin(\theta)$ 또는 $r=\cos(\theta)$.
- 학생들은 직교좌표평면에서 함수를 왼쪽 또는 오른쪽으로 이동시키는 것과 극좌표평면에서 함수를 원점 기준으로 회전시키는 것의 연관성을 이해할 것이다.
- 마지막으로, 학생들은 사인 또는 코사인 그래프의 주기를 바꾸어 생성된 다양한 장미 곡선(예: $r=\sin(3\theta)$)의 모양을 탐구하고 예측할 것이다.

학생 학습의 증거 (수행 목표)

- 학생들은 주어진 극좌표 방정식에 대한 극좌표 그래프의 움직임을 예측할 수 있을 것이다.
- 학생들은 극좌표를 사용하여 두 가지 다른 종류의 원 방정식에 맞는 식을 만들 수 있을 것이다.
- 학생들은 원과 일치시키기 위해 극좌표 그래프의 "변환"(결국 회전이 됨)을 사용할 수 있을 것이다.
- 학생들은 삼각함수의 항등식을 사용하여 서로 다른 두 삼각함수가 대수적으로 동치임을 보여주는 대수적 '증명'을 만들 수 있을 것이다.
- 학생들은 원래의 원 방정식의 주기를 바꾸어 다양한 장미 곡선과 일치시킬 수 있을 것이다.

수업 지원

이 활동은 인터넷에 접속할 수 있는 컴퓨터를 공유하는 두 명의 학생이 짝을 이루어 진행하는 것이 가장 좋다. 교사는 학생들에게 교사용 대시보드를 보여줄 방법을 마련하여, 다른 학생들의 익명으로 처리된 응답을 볼 수 있도록 해야 한다.

사전 지식

학생들은 앞서 학습한 배운 일차함수의 그래프, 함수의 평행 이동, 삼각함수의 그래프 그리기, 그리고 라디안의 사용에 대한 지식을 바탕으로 학습을 진행하게 될 것이다.

핵심 질문

- 극좌표평면에서 원을 두 가지의 서로 다른 방법으로 그릴 수 있을까?
- 이러한 원을 원점을 중심으로 어떻게 회전시킬 수 있을까?
- 함수의 직교좌표 그래프는 극좌표 그래프와 어떻게 연결되어 있을까?

과제 시작

이 과제를 시작하려면, Desmos 활동의 첫 번째 화면을 표시하고, 학생들이 이 화면에서만 작업할 수 있도록 제한하시오. 그런 다음, 학생들에게 직교좌표 그래프에서 녹색 점을 이동시키고 어떤 일이 일어나는지 설명하게 한다. 여기서 목표는 학생들이 녹색 점이 위아래로만 움직이며, 이 점이 극좌표 그래프(우리가 오른쪽에 있는 원형 격자라고 부르는 것)에서 주황색 점이 위치하는 곳을 제어하는 것처럼 보인다는 것을 인식하게 하는 것이다. 추가적인 설명 없이, 목표는 녹색 점을 이동시켜 주황색 점이 웃는 얼굴 모양의 열린 주황색 점과 일치하도록 하고, 그 과정을 주의 깊게 관찰하는 것이라고 간단히 설명한다. 이제 학생들이 활동을 시작할 준비가 되었다!

수업 진행 속도에 대한 제안

첫 아홉 개의 화면은 학생들이 극좌표평면에서 점(또는 함수처럼 점의 집합)을 나타내는 것이 직교좌표계에서 점이나 함수의 그래프를 나타내는 것과 어떻게 같은지 또는 다른지를 탐구하도록 사용된다. 이 시작 화면들을 통해, 학생들은 극좌표에 점을 나타내고, 몇 가지 함수의 그래프를 극좌표평면에서 그릴 때 어떤 모양이 될지 예측하는 능력을 키워나간다. 9번 화면에서는 교사가 활동을 잠시 멈추고, 학생들의 응답에서 유사한 오개념이 나타났는지 확인하거나, 학생들의 질문에 답하는 것이 좋다. 예를 들어, 두 개의 응답을 익명으로 묶어 토론하게 하는 것은 [그림 8.3]에 나타난 것과 같은 유익한 토론을 촉진할 수 있을 것이다.

그런 다음 또 다른 응답을 공유하고(예: [그림 8.4] 참조) 그저 "이것도 흥미로운 방법이네요"라고 말한다. 학생들이 그 응답에 대해 토론하도록 하여, 정답이 무수히 많다는 사실에 대한 논의로 이어지도록 유도한다.

중요하게 확인해야 할 다른 화면은 12, 13, 그리고 17번이다. 모든 학생이 최소한 13번 화면까지 완료한 후, 모두를 24번 화면으로 이동시킨다. 이 화면은 전체 수업 요약 토론을 이끌기 위해 사용될 것이다.

$\left(1, \frac{\pi}{2}\right), \left(-1, \frac{\pi}{2}\right)$

원의 반지름은 1이고 각도는 90도이다.

$\left(1, \frac{\pi}{2}\right), \left(-1, \frac{3\pi}{2}\right)$

음수 반지름을 사용해도 원의 중심의 좌표가 같다.

[그림 8.3] 화면 9에 대한 응답의 두 가지 예

$\left(1, \frac{\pi}{2}\right)\left(1, \frac{5\pi}{2}\right)$

서로 다른 두 표현은 표준적인 극좌표와,
이 극좌표에 2pi를 더한 형태이다.
이는 두 좌표가 같은 점을 나타내는 이유이다.

[그림 8.4] 화면 9에 대한 다른 응답의 예

전체 수업 과제 요약

모든 학생이 최소한 13번 화면을 완료하고 24번 화면을 마친 후, 이 화면에 대한 학생들의 응답을 사용하여 전체 수업 요약 토론을 진행한다. 24번 화면에서 다양한 응답(즉, 학생들이 관찰한 내용과 그들을 놀라게 한 것)을 선택하여, 이번 탐구에서 얻은 주요 아이디어에 대한 토론을 이끌어 나간다.

화면 24에 대해 논의할 때 제기할 수 있는 몇 가지 질문은 다음과 같다:

- 직교좌표 평면에서 수평선인 함수의 그래프가 왜 극좌표평면에서는 원으로 그려지는가?
- 사인 또는 코사인 그래프(주기가 1인 경우)가 왜 극좌표평면에서는 원으로 나타나는가?
- 극좌표평면에서 원점을 중심으로 하는 회전은 어떻게 작동하는가? 사인 또는 코사인 그래프의 주기가 장미 곡선의 꽃잎 수에 어떤 영향을 주는가?

이 토론의 목표는 학생들이 주목한 주요 용어와 대상을 도입하여, 극좌표 그래프 단원이 진행됨에 따라 이를 계속 발전시켜 나가는 것이다.

이 과제를 사용하려는 교사들을 위한 조언

이 과제를 사용하려는 교사들에게 조언이 있는지 질문했을 때, Dan은 이렇게 말했다. "이 과제를 사용한다고 해서 극좌표를 가르칠 필요가 없다는 의미로 받아들이지 마세요. 이 과제는 극좌표 그래프에 대한 직관을 축적하기 위한 도입 과제입니다" Dan은 또한 과제를 끝까지 완료하지 않아도 괜찮다고 언급했다. 그는 종종 모든 학생이 수업 시간 내내 참여할 수 있도록 추가 화면을 포함한 과제를 만든다고 말했다. 그의 바람은 모든 학생이 최소한 12번 또는 13번 화면까지 완료하는 것이다. 마지막으로, Dan은 17번 화면을 항상 사용하지는 않는다고 언급했다. 이 질문은 학생들에게 삼각함수의 항등식을 대수적으로 증명하도록 요구한다. 궁극적으로, Dan은 이 과제가 극좌표 그래프를 소개하는 훌륭한 방법이라고 말한다.

> 극좌표 그래프는 정말 까다로울 수 있습니다. 이들은 함수가 어떻게 생겼는지에 대한 모든 가정을 깨뜨리기 때문입니다. 더 구체적인 사고를 하는 학생들은 이것이 함수일 수 있다고 믿지 않거나, 어떻게 함수가 될 수 있는지 이해하지 못합니다. 극좌표에서는 하나의 함수를 무한히 많은 방법으로 표현할 수 있습니다. 그래서 이 과제의 목적은 이러한 것들을 탐구하고, 앉아서 자세히 설명하기 전에 학생들의 사고를 확장시키는 것입니다. 따라서 이 과제는 아이디어를 탐구하는 데 완벽합니다.

▌사례 3: 순간 변화율 나타내기

이 예시는 Samantha Falkner가 만든 '기울기 서핑하기(Surfing the Slope)'라는 Desmos 활동이다. Dan은 이 과제를 좋아했는데, 그 이유는 "도함수의 의미를 이해하기 위한 많은 개념적 사고를 필요로 하기 때문"이며, 이 과제가 학생들이 대수에서의 평균 변화율로서의 기울기에 대한 이해를 바탕으로 순간 변화율을 고려할 수 있게 해주기 때문이다. 과제에 대한 자세한 설명은 다음과 같다.

과제에 대한 설명

이 과제에서 학생들은 두 점을 이은 직선의 기울기, 접선의 기울기, 그리고 두 점 사이에서 함수의 평균 변화율을 구하는 식 사이를 연결하는 사전 지식을 활용하여 주어진 함수의 도함수 그래프를 예상하도록 했다. 학생들은 슬라이더, 스케치, 객관식 질문, 텍스트 입력을 사용하여 활동과 상호작용한다. 또한, 학생들에게 평균 변화율(AROC), 순간 변화율(IROC), 도함수의 정의가 제공된다. 활동은 학생들이 도전할 수 있는 몇 가지 확장 활동으로 마무리된다.

[링크 8.3] 기울기 서핑하기[3)]

이 과제가 학생들을 수학 탐구자로 참여하게 하는지를 Dan은 이렇게 설명했다. "학생들이 순간 변화율의 아이디어를 탐구하거나 관련된 도함수의 그래프를 그려보는 등, 개발하려는 목표에 따라 탐구할 수 있게 해줍니다" 예를 들어, 7번 화면에서 학생들은 도함수의 의미를 설명하지 않고 실제로 도함수를 만들게 된다. 이 과제가 학생들이 자신의 수학적 아이디어를 의사소통하는 데 어떤 도움을 주는지 되돌아보며, Dan은 이 과제를 해결하는 동안 학생 사이의 의사소통이 많이 일어날 것이라고 언급했다. Dan은 "이 과제에는 학생들이 자신의 생각을 설명해야 하는 여러 부분이 있습니다. 이 과제에서 학생들이 탐구하고 논리적으로 추론하려 할 때 많은 의사소통이 일어납니다"라고 말했다. 학생들이 짝을 이루어 활동하므로, 서퍼(surfer)의 행동 및 그에 대한 반응을 보는 것이 학생들의 의사소통을 중재하게 된다. 학생들이 서로에게 "이거 봐"라고 말하며 자신의 생각을 설명할 때 이러한 일이 일어나는 것을 볼 수 있다. 또한, Dan은 이 과제가 학생들의 순간 변화율에 대한 비형식적인 이해와 도함수 그래프 스케치 능력에 기반하는 점이 매우 강력하다고 느꼈다.

학생들은 직관을 사용하여 도함수를 스케치하고 있습니다. 슬라이더와 상호작용하여 도함수를 생성하고 있으며, 이를 통해 나중에 도함수 그래프가 x축을 교차하는 것의 의미나 함수가 증가할 때 도함수의 그래프가 의미하는 바에 대한 이해에 필요한 기능을 쌓고 있다.

3) https://teacher.desmos.com/activitybuilder/custom/5d2cd5903fc6a7779aad1fa0?lang=ko

기울기 서핑하기: Dan의 수업 계획

학습 목표

- 학생들은 함수의 그래프와 도함수의 그래프 사이의 연관성을 이해할 것이다.
- 학생들은 특정한 정의역 값에서 함수의 기울기들 사이의 연관성을 이해할 것이다.
- 학생들은 한 점에서의 기울기가 그 지점에서 도함수 그래프의 높이를 어떻게 예측할 수 있는지 이해할 것이다.

학생 학습의 증거(수행 목표)

- 학생들은 주어진 원래 함수로부터 도함수의 그래프를 예측할 수 있을 것이다.
- 학생들은 도함수의 그래프를 스케치할 수 있을 것이다.
- 학생들은 도함수의 그래프를 어떻게 스케치하는지 설명할 수 있을 것이다.
- 학생들은 접선의 기울기의 부호가 도함수의 값과 어떻게 관련되는지 설명할 수 있을 것이다.

수업 지원

이 활동은 인터넷에 접속할 수 있는 컴퓨터 한 대를 공유하는 두 명의 학생이 짝을 이루어 진행하는 것이 가장 좋다. 교사는 학생들에게 교사용 대시보드를 보여줄 방법을 마련하여, 다른 학생들의 익명으로 처리된 응답을 볼 수 있도록 해야 한다. 또한, 우리는 학생들이 도함수에 대해 탐구할 수 있도록 지원하기 위해 슬라이더를 포함한 동적 그래프가 있는 Desmos 활동을 사용할 것이다.

사전 지식

학생들은 평균 변화율(AROC), 순간 변화율(IROC), 그리고 두 점 사이에서 함수의 평균 변화율을 구하는 식에 대한 이전 지식을 바탕으로 도함수의 그래프를 스케치하고 해석할 것이다.

핵심 질문

- 주어진 함수의 그래프를 보고 도함수의 그래프를 어떻게 스케치할 수 있을까?
- 도함수는 원래 함수와 관련하여 무엇을 나타내는가?

과제 시작

이 과제를 시작할 때, 첫 번째 화면을 표시하고 학생들이 이 화면에 머물도록 제한한다. 학생들에게 슬라이더를 드래그해 보도록 하고, 무엇을 발견했으며 어떤 점이 궁금한지 물어본다. 여기서의 목표는 학생들이 비형식적으로 평균 변화율(AROC)과 순간 변화율(IROC) 간의 차이를 알아차리도록 하는 것이다. 이 시점에서 학생들이 발견한 것과 궁금한 점에 대해 논의하고, 평균 변화율과 순간 변화율이라는 용어를 공식적으로 도입한다. 학생들이 발견한 것과 궁금한 점에 대해 논의할 때, 학생들이 공유하는 것이 맞는지 틀린지를 확인하지 않는 것이 중요하다. 이는 학생들이 과제에 참여하면서 계속해서 그 아이디어들에 대해 생각할 기회를 빼앗을 수 있기 때문이다. 학생들이 일반적으로 발견하고 궁금해하는 것의 예시는 [그림 8.5]에 포함되어 있다. 이 논의 후, 학생들은 다음 화면으로 넘어갈 준비가 되어 있을 것이다.

수업 진행 속도에 대한 제안

학생들이 5번 화면을 진행한 후, 활동을 잠시 멈추고 3번, 4번, 5번 화면에서 나온 답변들을 학급 전체가 함께 분석하는 것이 좋다. 교사는 학생들에게 모든 가능한 위치를 확인했는지 묻고, 그렇지 않다면 학급의 응답에 어디를 추가할 수 있는지 물어보아야 한다. 예를 들어, 3번 화면에서 학급의 Surfer들을 겹쳐 보이게 하면, [그림 8.6]에 표시된 것과 같은 이미지를 얻을 수 있다.

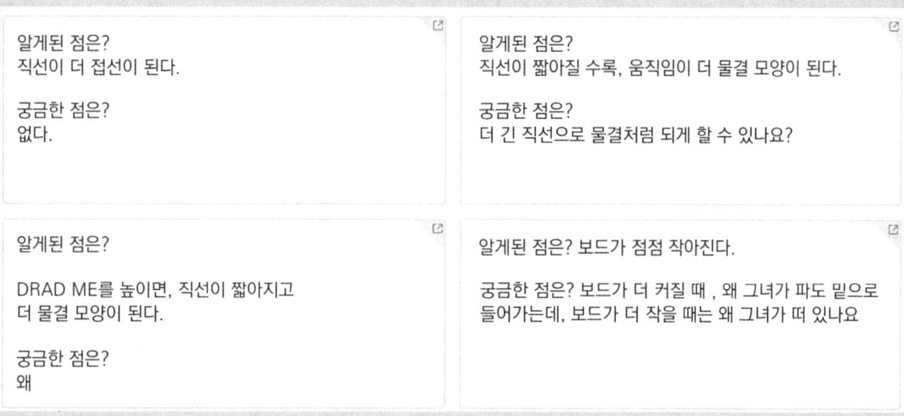

[그림 8.5] 화면 1에 대한 학생 응답의 예

[그림 8.6] 화면 3에 대한 학생 응답을 겹쳐 보인 것

학생들이 (학급 전체로) 서퍼를 배치할 두 개의 다른 영역을 선택한 것을 주목하시오. 교사는 학급에 '좋은 위치' 영역이 그래프에서 정확히 어디서 시작되고 끝나는지 물어볼 수 있다. 양의 기울기가 시작되는 영역과 끝나는 영역에서 무엇을 주목했는지 질문하시오. 학생들이 짝을 이루어 답을 공유하게 한 후, 전체 학급에 기여할 사람을 지목하거나 요청하시오. 이 과정을 4번과 5번 화면에서도 반복하시오.

9번 화면은 도함수에 대한 학생들의 설명을 공유하기에 좋은 지점이다. [그림 8.7]에 표시된 두 가지 응답처럼 학생들이 자신의 언어로 표현한 응답을 선택해 공유하시오.

예를 들어, [그림 8.8]처럼 너무 형식적이거나 학생이 답을 구글에서 찾은 것처럼 보이는 응답을 공유하는 것은 피하는 것이 좋다.

> 주어진 모든 점에서의 순간 변화율의 그래프

> 첫 번째 도함수는 원래 함수의 모든 점에서의 정확한 기울기를 나타낸다.

[그림 8.7] 화면 9에서 공유된 학생 응답의 예

> 첫 번째 도함수는 IROC, 또는 접선의 기울기로 알려져 있다. 이는 함수가 향하는 방향을 나타내며, 함수가 증가하는지 감소하는지의 여부를 알려준다.

[그림 8.8] 화면 9에서 너무 형식적인 응답의 예

전체 수업 과제 요약

모든 학생들이 최소한 14번 화면까지 완료한 후, 이 화면에서 학생들의 응답을 바탕으로 학급 전체가 참여하는 요약 토론을 진행할 수 있다. 몇몇 학생의 그래프를 선택하고 순서대로 보여주거나, 오버레이 기능을 사용하여 학급의 모든 그래프를 한번에 표시할 수 있다(그림 8.9 참조).

오버레이를 사용한다면, 학급에 이 응답들에서 무엇을 주목했는지 물어볼 수 있다. 모든 응답에 공통적으로 나타나는 점이 무엇인지 질문해 보시오. 학생들은 도함수의 모든 스케치가 동일한 두 지점에서 x축에 닿는다는 것을 알아차리기를 기대할 수 있다. 왜 하필 이 두 지점일까? 또한, 도함수가 증가하거나 감소해야 하는 구간과 관련된 논의를 이끌어내기 위해 그래프

간의 차이에 대해서도 물어볼 수 있다.

그 후, 함수의 그래프와 도함수 사이의 연결을 형식적으로 논의하시오. 특히, 함수의 그래프에서 접선의 기울기가 0, 양수, 음수일 때 도함수 그래프에 어떤 의미가 있는지 설명한다.

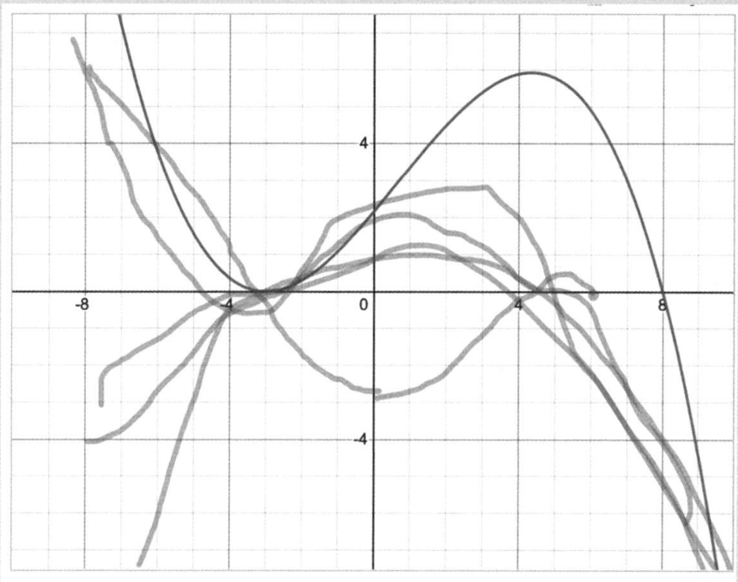

[그림 8.9] 화면 14에 대한 학생 응답

이 과제를 사용하려는 교사들을 위한 조언

Dan은 이 과제를 사용하고자 하는 교사들에게 세 가지 조언을 주었다. 첫째, Dan은 "학생들에게 기울기, 변화율, 평균 변화율에 대해 정확한 수학적 언어를 사용하도록 상기시키고, 학생들이 서로의 토론에서도 그 [정확한 언어]를 사용하도록 격려하세요"라고 말했다. 이 과제가 비형식적인 이해를 구축하는 데 초점을 두고 있지만, 여전히 정확한 언어를 사용하는 것이 중요하다고 언급했다. 또한, 13번과 14번 화면이 도전 과제로 표시되어 있지만, 모든 학생이 반드시 그 화면에 도달하는 것이 중요하다고 강조했다. 그는 "그 화면들에는 중요한 내용이 있으니, 시간이 부족하더라도 수업이 두 번째 날까지 시간을 충분히 확보하세요"라고 제안했다. 마지막으로, 가장 중요한 점으로 Dan은 "도함수가 무엇인지 설명하려고 하지 마세요. 학생들이 어려움을 겪는 것은 괜찮습니다. 이것은 여러분의 단원 초반이므로 이 시점에서는 비형식적인 이해에 대해 너무 염려하지 마세요"라고 말했다.

제 9 장

공학 도구 활용 과제를 사용하여 학생의 기하 탐구 지원하기

이 책 전체에서 기하를 가르칠 때 유용한 과제의 예를 공유했다([표 9.1] 참조). 이 장에서는 Tech-Math 교사 중 두 명인 Andrew와 Andy가 이 영역에서 가장 좋아하는 공학 도구 활용 과제를 공유하고 풀어낸다. Andy의 과제는 합동 변환에 대한 탐구이다. Andrew는 두 가지 과제를 공유했다. 첫 번째는 호의 길이와 중심각에 초점을 둔 것으로 호도법을 도입하기 위한 과제이다. 두 번째는 기하학적 작도를 소개하기 위한 과제이다. 이러한 예제를 포함시킨 목적은 교육에 활용할 수 있는 훌륭한 과제뿐만 아니라 과제 사용 계획에 들어가는 사고에 대한 통찰력을 제공하는 데 있다. 각 과제에는 전체 실행 계획과 함께 교실에서 사용하는 방법에 대한 조언이 포함되어 있다. 이 장의 나머지 부분은 기하 영역에서 선택한 과제를 공유하는 데 할애한다.

사례 1: 합동 변환 탐구하기

이 예는 Andy가 제안한 것으로 동적 기하 도구를 사용하여 합동 변환을 조사하기 위해 Desmos 팀에서 만든 Desmos 활동이다. 그는 골프의 맥락을 정말 좋아하여 학생들에게 변환 순서의 상등과 합동을 소개하기 위해 이 과제를 선택했다고 말했다. 특히, 그는 이 과제를 게임으로 만들어 학생들이 서로 다른 변환의 순서가 어떻게 같은 결과를 가져올 수 있는지 볼 수 있는 좋은 방법이라는 점이 마음에 들었다고 하였다. 과제에 대한 설명은 다음과 같다.

[표 9.1] 이전 장의 대수 및 함수 과제

장	과제
1	[링크 1.1] 원의 접선의 성질 과제
2	[그림 2.4-2.6] 놀이터 과제 [링크 2.6] 기하적 입체도형 조사하기 [링크 2.8] 최소제곱 회귀 대화형 애플릿 [링크 2.9] 원뿔 곡선 모델
4	[링크 4.4] 완전 삼각형 버스터 [링크 4.6] 원기둥의 부피 스케치 [링크 4.7] 원과 현의 관계 과제
5	[링크 5.1] 정육면체의 전개도 과제 [링크 5.5] 교차하는 원과 호
6	[링크 6.1] 미스테리한 변환들

과제에 대한 설명

이것은 변환 골프: 합동 움직임이라는 제목의 Desmos 활동이다. 학생들은 합동 변환(평행이동, 대칭이동, 회전)에 대한 지식을 적용하여 '변환 골프' 라운드를 완료해야 한다. 학생들은 골프공을 치는 대신 가능한 최소한의 움직임 또는 '스트로크'로 그래프 주위의 'L'자 모양을 새로운 위치로 이동해야 한다.

[링크 9.1] 변환 골프: 합동 변환[1)]

이 과제를 통해 학생들을 수학 탐구자로 자리매김하게 하는 방법에 대한 질문에 Andy는 다음과 같이 설명했다.

> 매우 개방적입니다. 처음부터 다양한 변환을 제공하고, 어떤 변환이 어떤 상황에 적합한지 알아보기 위해 각각의 변환을 가지고 놀 수 있습니다. 이것은 여러 가지를 조합해야 하는 첫 번째 큰 과제였습니다. 그래서 학생들은 확실히 다양한 조합을 탐색하고 있었습니다.

실제로 많은 활동 화면에서 사용할 수 있는 변환 도구는 학생들이 자신의 추측을 탐구

1) https://teacher.desmos.com/activitybuilder/custom/59b01d08f4d48d0a0ee7526e?collections=featured-collections%2C5d9386f6383d2d0c53a026b5&lang=ko

하고 시험할 수 있는 방법을 제공했다. Andy는 또한 이 과제가 학생들이 아이디어들을 서로 의사소통하는 데 도움이 되는 다양한 방법에 주목했다. 학생들은 변환 도구를 사용하여 자신의 아이디어를 반 친구들에게 보여줄 수 있을 뿐만 아니라 자신의 아이디어를 설명해 달라는 요청을 받으면 단어나 그림을 사용할 수 있었다. Andy는 이렇게 덧붙였다.

> 활동 구조는 적어도 그룹 친구들과 자신의 생각에 대해 이야기하는 데 도움이 됩니다. 저는 그냥 돌아다니면서 조금 모니터링하고, 아이들이 보고 있는 것에 대해 이야기하면서 그런 유형의 활동을 하도록 유도합니다. 서로의 생각에 대해 조금씩 도전하는 거죠.

그는 특히 학생들이 비형식적인 용어를 사용하여 자신의 강력한 사고방식을 설명할 수 있는 방식을 이 과제에서 가장 좋아하는 측면 중 하나로 꼽았다.

> 기하학에서는 일반적으로 용어가 가장 큰 어려움 중 하나라고 생각합니다. 저는 학생들이 자신의 생각을 적거나 그릴 수 있는 열린 방식이 마음에 듭니다. 이를 통해 아이들은 비형식적인 언어와 자신감을 키울 수 있고, 제가 타당한 주장을 하는 만큼 제 생각을 설명하고 있는 것임을 깨닫게 됩니다. 저는 그것이 토론에서 강력한 힘이라고 생각합니다. 교실에서 토론을 할 때는 학생들이 말하는 것을 받아들이고 그것을 사용하여 학급이 생각을 발전시키고 자신의 생각이 소중하다는 것을 알 수 있도록 하는 것입니다.

변환 골프: Andy의 수업 계획

학습 목표

학생들은 같은 이미지를 만들어 내는 다양한 합동 변환의 조합이 있다는 것을 이해하게 된다. 이 수업의 목표는 다양한 합동 변환을 사용하여 원하는 변환을 생성하는 유연성을 개발하는 것뿐만 아니라 공간 추론 기술을 미세 조정하여 이동의 효율성에 대한 아이디어를 개발하는 것이다.

학생 학습의 증거 (수행 목표)

- 학생들은 하나 이상의 변환(평행, 회전, 대칭)을 사용하여 사전 이미지를 주어진 이미지와 일치하도록 변환할 수 있다.
- 학생들은 주어진 사전 이미지를 주어진 이미지에 대응시키는 일련의 변환을 예측하고 설명할 수 있다.

- 학생들은 합동 변환의 합성이 항상 교환적이지 않은 이유를 설명할 수 있다.
- 학생들은 한 변환은 두 개의 대칭 변환의 합성과 같고, 한 변환을 두 개의 회전으로 대체할 수 있다는 것을 식별하고 설명할 수 있다.
- 학생들은 합동 변환의 속성(즉, 방향과 위치는 변할 수 있지만 길이와 각도의 측정값은 변하지 않는다는 것)을 설명할 수 있다.

수업 지원

이 활동은 인터넷에 연결된 컴퓨터 한 대를 공유할 수 있는 학생 한 쌍과 함께 진행하는 것이 가장 좋다. 교사는 다른 학생의 (익명) 응답을 학생들이 볼 수 있도록 교사 대시보드를 학생들에게 보여줄 수 있는 방법이 있어야 한다.

사전 지식

학생들은 평행이동, 회전이동, 대칭이동에 대한 기존 지식을 바탕으로 학습한다. 특히 단일 변환으로 대상을 특정 방식으로 이동하거나 대상을 변환하는 방법에 대해 알아본다.

핵심 질문

어떤 변환 또는 일련의 변환이 평행이동, 회전이동, 대칭이동과 같을까요?

과제 시작

이 과제를 시작하기 위해 속도 도구를 사용하여 학생을 처음 두 화면으로 제한한다. 미니 골프 코스(또는 개별 홀)의 사진을 표시할 수도 있다. 미니 골프 사진을 표시하면서 학생들에게 미니 골프를 해 본 적이 있는지 또는 본 적이 있는지 물어본다. 예와 아니오라는 다양한 대답이 나올 것이다. 그런 다음 미니 골프에 익숙한 사람에게 미니 골프가 무엇인지 설명해 달라고 요청한다. 학생은 공을 홀에 넣는 것이 목표이지만 이를 위해서는 여러 가지 장애물을 피해야 한다고 말할 것이다. 그런 다음 오늘은 변환 미니 골프를 할 거라고 말하고 화면 1을 표시한다. 여기서 "사전 이미지는 골프 공과 같고, 우리가 공부한 변환만을 사용하여 이미지(또는 홀)에 공을 넣어야 하며, 장애물에 부딪히지 않도록 해야 해요!"라고 말한다. 그런 다음 화면 2를 보여준다. 학생들에게 "여기에는 어떤 변환이 도움이 될 것 같나요?"라고 물어본다. 효과가 없을 것이라고 확신하는 제안을 한다(누군가는 평행 이동이라고 할 테니 시도해 보자!). 평행이동 도구를 사용하여 화살표를 조정하여 평행이동의 방향과 길이를 결정할 수 있음을 학생들에게 보여주고(사전 이미지와 이미지의 꼭지점에 화살표를 놓는다) "시도해 보기"를 누른다. 이 장애물을 통과할 때 끊어지므로 "이런! 안 됐어요"라고 말할 수 있다. 그런 다음 학생들에게 무엇이 효과가 있는지 알아내도록 도전하게 한다. 학생들에게 짝과 함께 놀면서 해결 방법을 찾아보라고 권유한다. 이제 학생들이 "시작"하였다.

수업 진행 속도에 대한 제안

전체 활동을 계속 열어 두되, 대부분의 학생이 특정 화면을 지나가면 잠시 멈추고 특정 화면에서 토론한다. 특히 주의해야 할 화면으로는 4, 8, 9 및 12가 있다.

화면 4: 지시문은 질문을 도전 과제로 구성한다. 이렇게 하면 토론에 참여하기 싫어하는 학생의 참여를 유도할 수 있다. 이 화면에서는 도형을 양방향으로 회전할 수 있다는 사실을 알려준다. 학생들에게 도형이 대칭되면 어떻게 될 것이라고 생각하는지 그리도록 요청한다. 그런 다음 회전도 똑같이 해본다. 사전 이미지가 원하는 위치에 일직선이 될 수 있는 곳에 대칭선을 배치할 수 있나요? 회전의 중심을 원하는 위치에 맞추기 위해 사전 이미지가 원하는 위치에 정렬되도록 할 수 있는 곳이 있나요? 학생이 앞으로 와서 화면이 투사되는 화이트보드에 그림을 그리게 할 수도 있다(또는 효과적으로 그림을 그릴 수 있다면 화면을 보여줄 수도 있다).

화면 8: 학생들이 잠시 토론을 하게 하고, 그들의 추론을 듣고 가능하면 스스로 의견을 조율하게 한다. "두 변환이 모두 동일하고 순서만 바뀌었다면 결과는 항상 같은 위치에서 끝날까요?"라고 질문하여 요점을 이끌어낸다.

화면 9: 학생들이 이 과제에 어떤 변환이 효과가 있을지에 대한 아이디어를 토론하게 한다. 실제로 테스트하지 않고 그림을 그리고, 시각화하고, 토론하게 한다(그림 9.1 참조). 어떤 변환 또는 변환의 조합이 가장 효율적일지, 그냥 효과가 있는 변환이 아닌 어떤 변환이 가장 효율적일지 생각해 보도록 한다. 그러나 학생들이 즉시 가장 효율적인 경로를 선택한다면 유연성과 창의성을 키우기 위해 덜 효율적인 다른 방법을 찾도록 격려할 수 있다. 토론을 촉진하기 위해 표시할 답을 선택할 때는 그림이나 설명에서 세부 사항이 누락된 답을 표시하는 것을 고

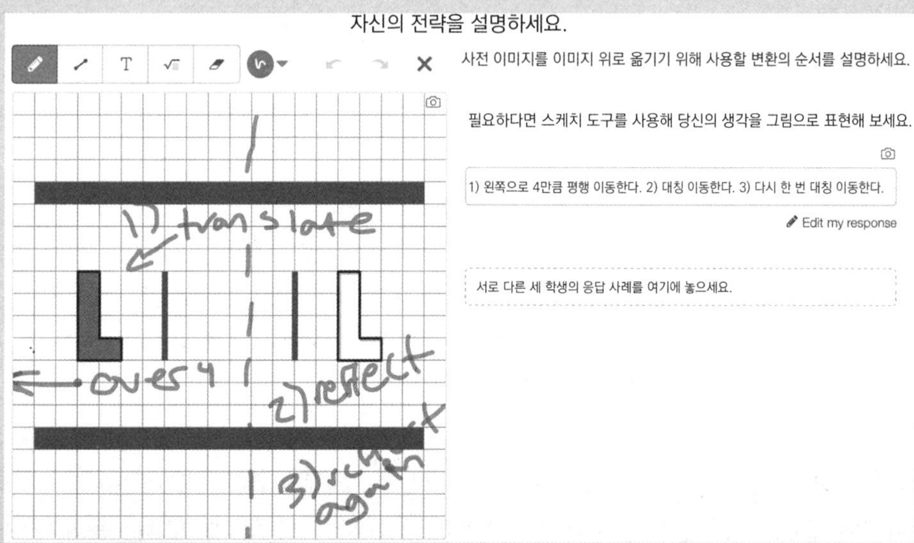

[그림 9.1] 화면 9의 응답 사례

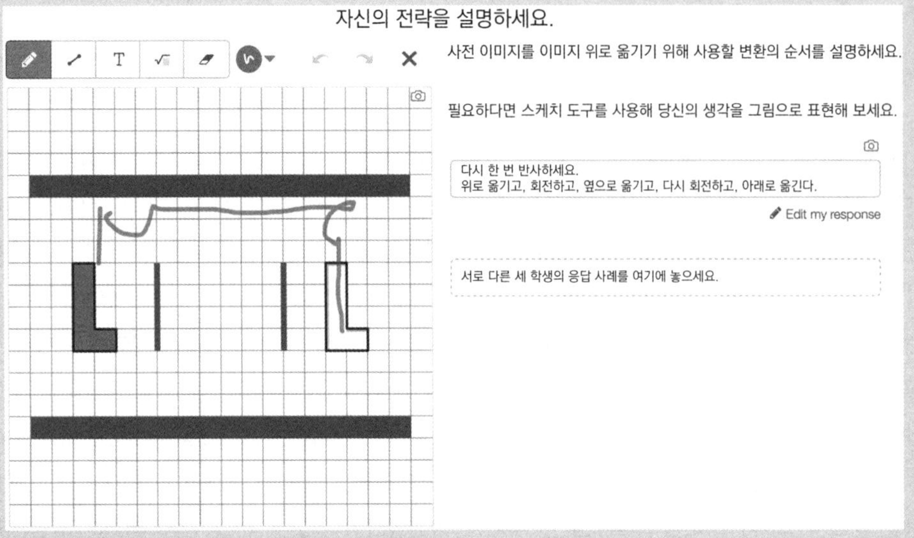

[그림 9.2] 세부 정보가 부족한 화면 9의 응답 사례

려하여라(예는 [그림 9.2] 참조). 이는 전략을 비교 및 대조하고 변환에 대한 언어를 사용하여 정확하게 설명하는 연습을 할 수 있는 좋은 기회를 제공하기 때문이다.

화면 12: 학생들이 자신의 답변의 근거를 그리거나 보여주게 한다. 학생들이 학급 앞에서 이렇게 하면 시각화하는 데 어려움을 겪는 다른 학생들도 볼 수 있다. 또한 수학에는 정답에 이르는 다양한 경로가 있다는 것을 알게 하고, 그 다양한 경로를 장려할 수 있는 기회를 제공한다.

전체 수업 과제 요약

화면 16과 17을 사용하여 수업의 주요 아이디어를 요약하는 전체 토론을 진행한다. 화면 16은 용어를 정확하게 사용할 수 있는 기회를 제공한다. 화면 17은 학생들이 주장을 만들고 다른 사람의 주장을 비판하는 토론을 할 수 있는 좋은 기회이다.

변환이 다른 일련의 변환과 동일할 수 있다는 것을 깨닫는 것 외에도, 이 토론이 끝날 무렵에는 학생들이 이 특정 변환 집합(즉, 합동 변환)이 (아직 해당 언어가 없더라도) 합동인 도형을 만든다는 것을 이해하는 것이 큰 목표이다. 크기와 모양은 변하지 않으며 이러한 변환에 따라 위치나 방향만 바뀐다.

화면 16에서는 학생의 응답에 큰 변동이 없는 경우가 많다. 이러한 변동성은 일반적으로 아이디어가 아니라 용어를 잘 모르기 때문에 발생한다. 학생들에게 위치, 방향이 무엇을 의미하는지 말해 달라고 요청한다. 일반적으로 학생들이 혼동하거나 그 의미를 모르는 용어이기 때문이다.

17번 화면에서도 다른 많은 화면과 마찬가지로 학생들에게 각 명제에 대해 토론하게 하고 한 쪽이 자신의 답을 정당화할 수 있는지 알아보게 한다. 다른 쪽에서 왜 그렇게 생각하는지 그림을 그리거나 보여 주도록 격려한다. 학생들이 이러한 각기 다른 변환의 적용에 대해 토론하게 하면 학생들의 이해를 종합적으로 테스트하고 공간적 사고를 발전시킬 수 있다. 시간이 허락한다면 학생들에게 공학 도구를 사용하여(마지막 화면을 사용할 수도 있음) 각 명제를 테스트하고 항상 참인지 거짓인지 확인하도록 한다.

이 과제를 사용하려는 교사들을 위한 조언

Andy는 이 과제가 합동 변환에 대한 경험이 있는 학생들에게는 매우 효과적이지만, 이러한 변환을 처음 소개하는 데는 사용하지 않을 것이라고 언급했다. 이 과제는 일련의 합동 변환에서 가능한 결과를 이해하는 데 더 초점을 두고, 합동을 잘 정립하게 한다. 골프를 해본 적이 없는 학생들도 매우 직관적이어서 금방 이해할 수 있다. 또한 Andy는 아이들이 토론에 익숙해지는 데 도움이 되는 훌륭한 활동이라고 말했다. 그는 이렇게 설명했다:

> 아이들이 토론하는 방법과 다른 사람의 작업에 대해 정중하게 이야기하는 방법을 배우는 데 도움이 되는 첫 번째 활동이 될 수 있다고 생각합니다. 아이들이 기술적으로 부족하다고 느끼거나 걱정할 필요 없이 안전한 장소에서 자신의 의견을 공유할 수 있는 매우 개방적인 활동이라고 생각하기 때문에 사용하고자 하는 내용에 따라 속도를 조절할 수 있을 것 같습니다. 아이들에게 좋은 학급 토론을 하는 방법, 토론하는 방법, 서로의 그림과 생각과 사물을 존중하는 방식으로 비평하는 방법 등을 가르치기 시작할 수 있다고 생각합니다.

▌사례 2: 호도법 도입

이것은 Luke Walsh가 만든 과제를 Andrew가 각색한 피자 조각이라는 이름의 Desmos 활동이다. Andrew는 피자 조각을 비교하는 게임으로 시작하기 때문에 라디안을 소개하는 이 과제를 좋아한다고 말했다. 이것은 학생들이 구체적이거나 공식적인 언어를 사용하지 않고도 원의 일부를 비교하기 시작할 수 있는 훌륭한 비형식적인 방법이다. 수업이 진행됨에 따라 학생들은 질문에 답하는 데 어려움을 토로하고 더 나은 '추측'을 하기 위해 더 구체적인 정보를 원하게 된다.

과제에 대한 설명

학생들은 부채꼴, 호의 길이, 중심각에 주의를 기울여 피자의 '조각'의 관계를 조사해야 한다. 학생들은 피자의 '조각'이라는 구체적인 예부터 시작하여 라디안이 무엇인지, 원의 부채꼴은 각도와 라디안 측정값으로 측정한 중심각과 호 길이를 사용하여 설명할 수 있다는 보다 추상적인 개념까지 학습하게 된다. 이 활동의 가장 중요한 목표는 각도와 라디안 측정 사이의 관계를 이해하는 것이다. 그런 다음 학생에게 원의 각 부분을 설명하고 측정하는 방법에 대한 공식적인 아이디어를 소개한다. 이를 통해 학생들은 라디안이 원의 반지름 단위라는 개념을 공식화할 수 있다. 마지막으로, 학생들은 각도와 라디안의 관계를 소개하고 한 측정값에서 다른 측정값으로 변환하는 연습을 한다.

🌐 [링크 9.2] 피자 조각 Desmos 활동[2)]

이 과제를 통해 학생들이 수학 탐구자가 되게 하는 방법에 대한 질문에 Andrew는 이 과제를 통해 학생들이 "원의 일부라는 추상적인 개념을 자신이 알고 있고 편안하게 탐구하고 토론할 수 있는 맥락으로 가져올 수 있다"고 설명했다. 학생들이 '피자의 게임화'를 통해 라디안을 탐색하면서 라디안에 대한 이해를 높일 수 있다. 학생들은 슬라이더를 사용하여 각도와 라디안을 사용하여 각도와 호를 측정하며 탐구할 수 있는 기회를 갖게 된다. Andrew는 이 과제가 학생들이 아이디어들을 서로 의사소통하는 데 도움이 되는 다양한 방법을 언급했다. 그는 학생들에게 친숙한 피자 조각의 맥락이 각도와 호의 길이 측정에 대한 아이디어를 공유할 때 사용할 수 있는 구체적인 예를 제공했다고 설명했다. 학생들은 다양한 동적 도구를 사용하여 탐구하면서 크러스트와 '조각의 가장자리'와 같은 용어와 문구를 사용하여 서로의 아이디어를 공유했다. Andrew는 또한 이 과제에는 학생들이 아이디어를 전달하는 다양한 방법(예: 정답 상자, 객관식, 카드 정렬)을 제공하는 다양한 Desmos 구성 요소가 포함되어 있다고 지적했다. 학생들이 이 과제에 참여하여 비형식적이고 강력한 사고 방식을 개발하는 방법을 고려할 때, Andrew는 처음 8개의 화면에서 학생들이 어떤 수학을 탐구하고 있는지에 대한 호기심을 키우는 방식이 정말 마음에 든다고 말했다. 그는 학생들이 종종 "피자 조각을 맞혀서 어떤 수학을 공부하고 있는지 알아내려고 한다"고 말한다고 언급했다. Andrew는 이 비형식적인 놀이를 통해 학생들이 과제의 목적을 말하기도 전에 스스로 학습을 시작할 수 있다고 생각한다. 또한 이 과제를

---

2) https://teacher.desmos.com/activitybuilder/custom/5fc90cf1c7b73b0c028c7f52?collections=6082ead33ec540d11174d85&lang=ko

통해 학생들은 원을 감싸고 있는 라디안을 시각화할 수 있다. 학생들은 이러한 방식으로 라디안을 이해함으로써 '매우 직관적'인 능력을 키울 수 있다. Andrew는 다른 실습 과제에서도 이러한 효과를 본 적이 있지만, 이 과제의 가장 강력한 부분 중 하나라고 말했다.

피자 조각: Andrew의 수업 계획

학습 목표

- 학생들은 원의 각도를 측정하는 여러 가지 방법이 있다는 것을 이해한다.
- 학생들은 원의 여러 부분(부채꼴/호)을 이해한다.
- 학생들은 도, 라디안 및 측정하는 원 사이의 연관성을 이해하게 된다. 특히 원(또는 원의 일부)을 360도 또는 2π 라디안으로 설명할 수 있는 방법을 이해한다.
- 학생들은 도 단위와 라디안 단위 측정의 차이를 이해하고 도 단위에서 라디안 단위로 또는 그 반대로 변환한다.

학생 학습의 증거(수행 목표)

- 학생들은 원의 '조각'(부채꼴/열호)를 중심각의 크기 또는 호의 길이(둘레의 일부)로 측정하는 방법을 설명할 수 있다.
- 학생들은 크기가 같은 호의 길이와 중심각의 크기를 식별할 수 있다.
- 학생들은 라디안과 도 사이를 변환할 수 있다.
- 학생들은 어떻게 라디안이 원의 반지름을 단위로 사용한 원의 측정법인지를 설명할 수 있다.
- 학생들은 2π보다 큰 라디안 측정값을 원으로 표현할 수 있게 된다.

수업 지원

이 활동은 인터넷에 접속할 수 있는 컴퓨터 한 대를 공유하여 학생 한 쌍과 함께 진행하는 것이 가장 좋다. 교사는 다른 학생의 (익명) 응답을 학생들이 볼 수 있도록 교사용 대시보드를 학생들에게 보여줄 수 있는 방법이 있어야 한다.

사전 지식

학생들은 원의 부분(특히 원은 360도의 중심각으로 구성되며 원의 크기에 따라 반지름/원주 크기가 변한다는 점)과 원의 부분(부채꼴, 호의 길이 등)에 대한 지식을 쌓게 된다.

핵심 질문

- 원을 얼마만큼 갖고 있는지를 어떻게 설명할 수 있나요?
- 원을 다른 방식(내부 각도 대 외부 둘레 크기)으로 설명하려면 어떻게 해야 하나요?
- 라디안이란 무엇이며 원을 설명할 때 라디안이 유용한 이유는 무엇인가요?

과제 시작

속도 기능을 사용하여 과제를 시작하여 학생이 화면 1로 제한하고 활동을 일시 중지하여 아직 시작할 수 없도록 한다. 학생에게 추측 게임을 할 것이라고 말한다. 그런 다음 화면 1을 표시하고 지시문를 설명한다: 피자 한 조각의 그림이 표시된다. 그런 다음 그 크기의 피자 조각이 피자 한 판을 구성하는 조각의 수를 알아내야 한다. 일시 중지하고 아이들이 모두 첫 번째 화면에 답하게 한다. 학생들이 선택을 하면 정답이 공개된다. 모든 학생이 응답한 후에는 교사용 대시보드를 사용하여 학급 전체가 어떻게 응답했는지 빈도 표시를 보여 준다. 그런 다음 다음 몇 개의 화면도 비슷할 것이라고 설명하고 가능한 한 정확하게 답하도록 도전한다. (참고: 점수는 중요하지 않다는 것을 학생들에게 알려주자. 학생들은 최선을 다하되 틀렸더라도 걱정하지 않아도 된다.) 그런 다음 1~8번 화면을 열면 과제가 시작된다.

수업 진행 속도에 대한 제안

Desmos의 속도 기능을 사용하여 학생들이 특정 시간에 화면을 진행하도록 돕는 것이 좋다. 이렇게 하면 활동의 더 형식적인 부분으로 넘어가기 전에 학급을 모아 간단히 아이디어를 통합하는 시간을 가질 수도 있다.

화면 1–8: 먼저, 학생들을 화면 1-8로 '속도'를 맞춘다. 이 단계는 수업의 비형식적인 부분으로, 학생들이 피자 '조각'에 대한 아이디어를 가지고 놀게 하고 화면 8에서 무엇이 더 좋았을지 생각해 보도록 한다. 학생들이 화면 8의 지시문에 답한 후에는 간단한 '추측 게임'도 어려울 수 있다는 점에 유의하자. 스냅샷 도구를 사용하여 일부 학생의 답변을 선택하고 표시하여 학생들이 강조한 몇 가지 어려운 점을 지적한다. 먼저, 맥락(예: 피자)에 대해서만 생각하고 있는 응답을 표시한다(예: [그림 9.3] 참조). 그런 다음 학생들이 '이 모든 것에 있는 수학은 무엇인지'에 대해 생각하기 시작했음을 나타내는 몇 가지 응답을 표시한다. 예를 들어 [그림 9.4]를 참조하자. 그런 다음 모든 사람이 피자 조각 크기를 찾는 데 어려움을 겪었음을 강조하고 도구를 더 사용하면 조금 더 잘 추측할 수 있음을 강조한다. 그러면 화면 9의 지시문으로 이어지므로 화면 9를 연다.

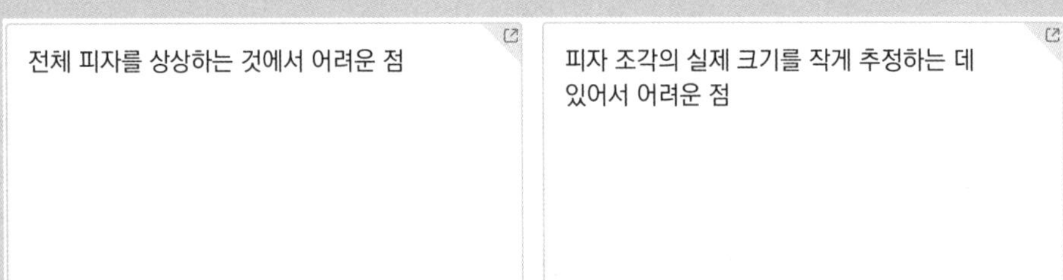

[그림 9.3] 피자 맥락에 초점을 맞춘 화면 8의 응답 사례

피자 조각의 크기가 차지하는 공간을 측정하는 데 있어서 어려운 점

정확한 각도나 피자 조각에 대해 정확하게 알지 못하는 것에 있어서 어려운 점

[그림 9.4] 수학을 암시하는 화면 8의 응답 사례

크러스트의 길이

크러스트의 길이는 좋은 단서입니다. 왜냐하면 ... 저는 손가락으로 크러스트를 측정하고 가장자리까지 측정했기 때문입니다.

크러스트의 길이

크러스트의 길이는 좋은 단서입니다. 왜냐하면 360과 비교할 수 있기 때문입니다.

각도 측정

각도 측정은 좋은 단서입니다. 왜냐하면 ... 360에서 그 값을 뺄 수 있기 때문입니다.

피자의 둘레

피자의 둘레는 좋은 단서입니다. 왜냐하면 ... 전체 피자의 둘레이기 때문입니다.

[그림 9.5] 화면 9의 응답 사례

참

180을 6으로 나눈 값의 2배는 60이고, 180을 3으로 나눈 값의 2배는 120입니다.

참

둘레가 더 작기 때문에 각도도 더 작을 것입니다.

거짓

왜냐하면 크러스트의 길이 또한 알아야 하기 때문입니다.

[그림 9.6] 화면 14에 대한 응답 사례

화면 9: 학생에게 응답할 시간을 준 다음 선택한 항목의 빈도를 표시한다. 또한 스냅샷을 사용하여 학생이 각 옵션에 대해 제공한 몇 가지 정당화를 표시하는 것이 좋다(그림 9.5 참조).

화면 13과 14: 화면 13의 시작 부분에서 함께 모여 크러스트의 길이와 각도를 어떻게 일치시

킬 수 있는지 명시적으로 논의하는 것이 도움이 된다. 부등식이 범위를 나타내며 각 범위에 맞는 피자 조각을 찾고 있다는 점을 명확히 설명한다. 학생들이 과제를 수행하는 동안 카드 분류의 정확성을 주의 깊게 살펴보고, 카드를 분류하는 데 어려움을 겪는 집단이나 개인이 있는지 살펴봐야 한다. 종종 학생들은 크러스트의 길이 측면에서 피자를 생각하는 데 어려움을 겪으며, 각도 구분을 상대적으로 더 쉽게 받아들인다. 카드 분류를 마친 학생이 14번 화면의 반성 지시문으로 넘어갈 수 있도록 활동 속도를 14번 화면까지 열어두는 것이 좋다.

모든 학생이 카드 분류를 완료한 후에는 학급 전체가 14번 화면에서 학생들이 지적한 문제를 검토하는 것이 도움이 된다. 모든 학생이 14번 문제에 답할 수는 없지만, 참과 거짓의 두 가지 입장을 모두 보여주고 이를 통해 각과 호 길이, 라디안과 도의 관계에 대해 토론하도록 이끈다. 몇 가지 응답 사례는 그림 9.6을 참조하자.

화면 15~20: 이 화면은 시간에 따라 개인 또는 그룹 작업을 위해 열어 둘 수 있다. 대부분의 그룹이 마무리되면 전체 그룹 요약으로 이동하되, 전체 그룹 요약 토론에서 말할 기회를 얻지 못한 학생도 의견을 제공할 수 있도록 20번 화면을 열어 두는 것이 좋다.

전체 수업 과제 요약

전체 수업 요약을 할 때는 전체 수업을 진행하면서 비형식적 사고 → 형식적 사고의 과정을 보여주는 것이 도움이 된다. 그런 다음 어떤 형식적인 아이디어가 다루어졌는지 명시적으로 설명한다.

전체 수업 요약에 표시되는 구체적인 화면은 다음과 같다:

- **화면 8**: 조각의 수가 다른 피자들을 볼 수 있는 화면
- **화면 13**: 크러스트의 길이(이제 라디안이라고 부른다)와 각(도)의 범위에 초점을 두고 화면 8에서 본 화면들의 순서를 다시 조정할 수 있는 화면
- **화면 15**: 슬라이더를 움직여 피자를 감싸는 크러스트의 길이(호 길이)를 라디안으로 다시 표시하는 화면
- **화면 19**: 라디안과 도를 변환/비교하는 방법을 새로 고치는 화면

또한 스냅샷을 다시 사용하여 특정 학생의 생각을 보여주거나 앞서 다루지 못한 학생의 신랄한 답변 한두 개를 뽑아낼 수도 있다. 수업 내내 눈에 띄는 학생 중 정신적으로 큰 도약이 있었고 학급 전체의 사고 과정을 설명하는 학생이 있다면 활동 내내 그 학생의 답변을 따라가면서 전체 학급이 비형식 → 형식 경로를 전체적으로 볼 수 있도록 하는 것이 도움이 된다.

이 과제를 사용하려는 교사들을 위한 조언

Andrew의 가장 큰 조언은 전체 과제를 풀면서 학생들처럼 생각해 보라는 것이다. "각 문제의 각 부분에 답하기 위해 무엇이 필요한지 알아야 합니다" Andrew는 "피자 조각을 크러스트별로 생각하기가 어렵고", "학생들에게 설명할 수 있으려면 깊이 생각해야 하기 때문에" 이 점이 자신에게 정말 중요하다고 언급했다. 그는 또한 속도를 느리게 유지하는 것에 대해서도 언급했다. "일부 학생들은 빨리 지나갈 수 있으므로 화면을 추가로 열지 마세요. 한번에 2~3개의 화면만 열어 학생들이 앞서가면서도 계속 참여할 수 있도록 하세요"

사례 3: GeoGebra에서의 기하학적 작도

이 예시인 GeoGebra 활동은 앤드류가 만든 것이다. Andrew는 "컴퍼스와 직선자를 사용하여 종이에 그림을 잘 그릴 수 없는 학생도 매번 완벽한 원을 그리고 모든 점이 정렬되도록 할 수 있기 때문에" 이 과제를 사용하여 기하학적 작도를 대해 가르치는 것을 좋아한다. 또한, 종이와 연필로 그리는 구조가 항상 페이지에 맞지 않는 것과 달리, Andrew는 '무한한 작업 공간'과 학생들이 '드래그를 통해 구조를 더 크게 또는 작게 만들어' 가능한 모든 예를 표현할 수 있기 때문에 GeoGebra를 선호한다.

과제에 대한 설명

이 활동은 3일(하루 1.5시간) 동안 진행되는 일련의 활동으로, Ku, Yin Bon(Albert), John Golden, Jonathan Garfield의 작품을 바탕으로 Andrew가 만든 기하학적 작도라는 제목의 GeoGebra book에 포함되어 있다. 학생들은 자와 컴퍼스를 사용하여 13가지 기본 작도를 완성하는 활동을 수행한다. 각 작도는 이전 작도(학습한 기술)를 기반으로 하며, 각 작도 세트의 마지막에는 학생이 새로 습득한 지식을 확장할 수 있는 작도 도전 과제가 있다.

🌐 [링크 9.3] 기하학적 작도[3)]

이 과제를 통해 학생들이 수학 탐구자가 되게 하는 방법에 대해 묻자 Andrew는 "이

3) https://www.geogebra.org/m/jh4nm8ps

과제는 학생들에게 작도를 탐구할 수 있는 기회를 주고, 컴퍼스와 자를 제공함으로써 그 도구들을 함께 사용해 보며 원과 직선의 성질을 탐구할 수 있도록 도와줍니다"라고 말했다. Andrew는 또한 이 과제가 학생들이 아이디어들을 서로 의사소통하는 것을 지원하는 다양한 방법을 지원한다는 점도 언급했다. 학생들은 함께 협력하여 작도 과제를 완성하는 과정에서 합동, 평행/수직 등 작도의 성질을 파악해야 하는 도전도 함께 맞닥뜨린다. 학생들은 작도 도구의 동적 기능을 사용하여 이러한 성질과 작도의 타당성에 대한 자신의 생각을 설명하고 주석을 달 수 있다. 또한 GeoGebra Classroom을 통해 Andrew는 모든 학생들의 작도를 즉시 확인할 수 있다. 그는 수업 토론 중에 학생들의 작업을 사용하여 "학생들의 사고력과 이해도를 높일 수 있다"고 말했다. 마지막으로 Andrew는 어떻게 학생들이 비형식적이면서 강력한 기하학적 작도에 대한 사고 방식을 개발했는지에 대해 "이 과제는 각 작도가 서로를 기반으로 확장되도록 설계되어 있다. 학생들은 기본 작도들을 결합하여 보다 정교한 작도를 만들어낼 수 있다"라고 말했다. 학생들은 자와 컴퍼스가 아닌 동적 기하 도구를 사용하기 때문에 작도를 드래그하거나 '깨뜨려' 보려고 시도하면서, 스케치와 작도 사이의 차이에 대해 사고를 정리해 가는 과정 속에서 다양한 성질들을 직접 경험하고 탐구할 수 있다. Andrew는 이 과제가 매우 강력한 이유로 "이 과제를 통해 종이나 연필로는 할 수 없는 것을 할 수 있기 때문입니다. 종이 위에서는 짧은 시간 안에 수천 개의 예시를 보여줄 수 없잖아요"라고 덧붙였다.

기하학적 작도: Andrew의 수업 계획

학습 목표

학생들은 자와 컴퍼스만 사용하여 여러 가지 작도를 만들 수 있는 방법을 이해하게 된다. 구체적으로 학생들은 다음과 같은 작도들을 과제를 수행하게 된다:

- 주어진 선분과 같은 선분 만들기
- 주어진 각과 같은 각 만들기
- 정삼각형 만들기
- 수직 이등분선 만들기
- 직선 위의 한 점을 통과하는 수직선 만들기
- 주어진 점을 통과하는 평행선 만들기
- 각의 이등분선 만들기
- 삼각형의 외심, 내심, 무게중심 찾기
- 주어진 원의 중심 찾기

학생 학습의 증거(수행 목표)

- 학생들은 자와 컴퍼스를 사용하여 학습 목표에 설명된 작도를 만들 수 있다.
- 학생들은 각 작도를 서면 또는 말로 설명할 수 있다.
- 학생들은 이전의 작도 방법을 사용하여 더 복잡한 작도를 만들면서 작도에 대한 이해를 적용할 수 있다.

수업 지원

각 학생(또는 한 쌍의 학생)은 인터넷에 접속할 수 있는 컴퓨터가 필요하다. GeoGebra에서는 학생들이 자와 컴퍼스만 가지고 과제를 수행할 수 있도록 특정 도구만 제공되도록 하여, GeoGebra에서 사용할 수 있는 다양한 도구들로 인해 부담을 느끼지 않도록 한다. 학생들은 아이디어를 스케치할 수 있는 종이나 작은 화이트보드가 있으면 도움이 될 수 있다.

사전 지식

학생들은 자와 컴퍼스에 대한 지식을 바탕으로 원의 중심, 선분 복사 등 도형의 특정 기하학적 속성을 작도하는 방법을 찾게 된다. 학생들은 선, 반직선, 선분, 원, 호의 기하학적 정의에 대한 기본적인 이해가 있어야 한다.

핵심 질문

- 자와 컴퍼스를 사용하여 기하학적 작도를 만들려면 어떻게 해야 하나요?
- 자와 컴퍼스로 어떤 기하학적 대상을 만들 수 있나요?
- 자와 컴퍼스만 사용하여 기하학적 대상의 어떤 것/부분/위치를 찾을 수 있나요?
- 작도 기법들을 결합하여 새롭고 더 복잡한 작도를 만들려면 어떻게 해야 할까요?

과제 시작

작도와 스케치의 차이점을 설명하는 것으로 시작한다. 이를 위한 좋은 방법은 학생들에게 드래그할 때 '끊어지는' 도형과 그렇지 않은 도형 두 개가 있는 GeoGebra 파일을 제공하는 것이다(사각형 사용 예는 [링크 9.4] 참조). 작도는 대상을 정의하는 속성에 따라 도구를 사용하여 구축하는 것이다. 기하학에서 도형을 작도하는 도구는 역사적으로 자와 컴퍼스였다.

◎ [링크 9.4] 스케치 또는 작도?[4)]

작도는 추론과 이러한 '기본' 도구만으로 얼마나 많은 것을 이룰 수 있는지를 확인할 수 있다는 것을 설명한다. 자와 컴퍼스만으로 복잡한 기하학적 대상을 만들 수 있을 뿐만 아니라 다른 물체의 여러 부분을 찾을 수도 있다. 작도를 사용하면 숫자, 공식, 대수 등을 사용하지 않고도 복잡한 수학적 아이디어와 논리적 추론을 '볼 수' 있다. 따라서 앞으로 며칠 동안 우리의 목표는 이러한 관계를 탐구하기 위해 작도를 사용하는 것이다.

다음으로 학생들에게 GeoGebra book 링크를 제공한다(링크 9.3). GeoGebra book을 처음 사용하는 학생에게는 왼쪽 창과 하단의 '이전' 및 '다음' 화살표에서 GeoGebra book을 탐색하는 방법과 활동을 보여준다. 그런 다음 첫 번째 책인 자와 컴퍼스를 사용하여 각 도구가 무엇이고 무엇을 할 수 있는지 표시하고 정의한다. 그런 다음 학생들에게 책의 세 번째 활동인 '자와 컴퍼스'를 열게 하자. 자와 컴퍼스 도구를 어디에서 찾을 수 있는지, 그리고 어떻게 작동하는지 보여 주자. 텍스트 도구와 실행 취소 도구를 사용하는 방법, 평면의 방향을 이동하는 방법, 공간을 새로 고쳐서 원래 설정으로 되돌릴 수 있는 방법(모든 내용이 지워짐)을 보여주는 것도 도움이 된다. 그런 다음 아이들이 잠시 도구를 가지고 놀 수 있도록 시간을 준다. 도구를 사용하여 만든 몇 가지 작품을 공유하여 토론 중에 자신의 작품을 어떻게 선택하고 표시할 수 있는지 확인할 수 있도록 한다. 이 시점에서 학생들은 작도 과제를 시작할 준비가 되었을 것이다.

수업 진행 속도에 대한 제안

전체 활동은 1일 동안 세 부분으로 구성되어 있다. 각 수업의 시작은 교사의 안내에 따라 학생들이 특정 기하학적 작도를 볼 수 있도록 한다. 그런 다음 학생들은 작도를 연습하고, 작도를 새로운 과제에 적용하고, 마지막으로 기본 작도를 새로운 방식으로 적용하는 도전 과제에 참여할 수 있다. 1일차에는 작도 1~4와 관련 연습 및 과제가, 2일차에는 작도 5~8이, 3일차에는 작도 9~13이 진행된다. 다음은 첫째 날의 권장 학습 속도이며, 3일 동안의 각 교육에 동일한 작도를 사용할 수 있다.

1일차 – 작도 1–4: 이 작도는 이후 작도에서 사용될 빌딩 블록 작도다. GeoGebra에서는 페이지 간 학생 이동을 제한하는 속도 기능이 없으므로 학생들에게 어느 페이지에 있어야 하는지 방향을 알려주는 것이 중요하다.

학생들에게 처음 두 가지 작도인 '길이가 같은 선 그리기'와 '같은 각 그리기'를 연습하게 한다. 각 페이지 상단에는 어떤 도구를 사용하고 어떻게 확인해야 하는지에 대한 지침이 적혀 있다. 하지만 어떻게 하는지는 명시적으로 알려주지 않는다. 대부분의 학생들은 도형을 처음 접하기 때문에 선 도구와 측정 도구를 사용하여 선과 각도를 복사하려고 하므로 정확하지 않을 수 있다(그림 9.7 참조).

다음으로, 학급 전체가 모여 논의하며 정확한 측정 도구가 있지만 똑같은 선을 그리고 똑같은 각을 그리는 "정확한" 방법을 찾고 싶다는 사실에 대해 이야기한다. "비슷하지만 정확하지 않은" 좋은 예가 있다면 익명으로 처리된 예와 반례가 되는 학생의 작업을 보여주고 학생들이 사용한 다양한 전략을 칭찬한다. 정확성과 "충분히 가깝다"는 것이 무엇인지에 대해서도 이야기하자. 복제가 정확해야 한다는 점(즉, 원본과 일치해야 한다는 점)을 언급한 후, 원의 속성과 컴퍼스를 사용하면 원의 모든 반지름이 일치하기 때문에 정확한 길이를 복제할 수 있다는 점을 포함하도록 토론을 이끌어 가자. 또한 선을 복제하는 것과 선의 방향이 다른 경우 복제된 것인지 아닌지에 대해 이야기하는 것도 중요하다.

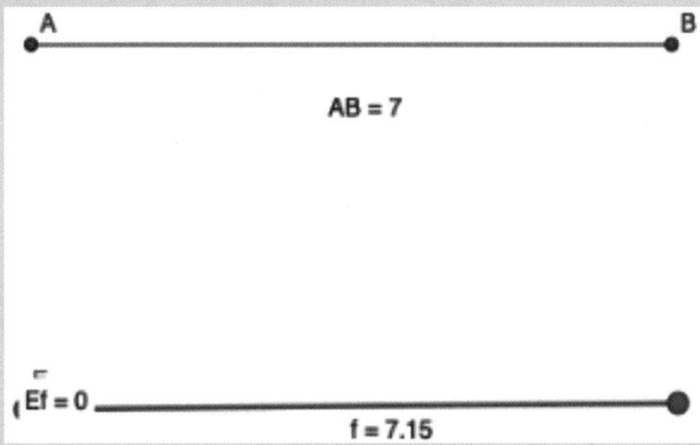

[그림 9.7] 같은 선분 그리기를 처음 한 예시

그런 다음 학생에게 돌아가서 도구를 사용하여 작도 1과 2를 완성하는 연습을 하게 한다. 답안 예시는 [그림 9.8] 및 [그림 9.9]에 나와 있다.

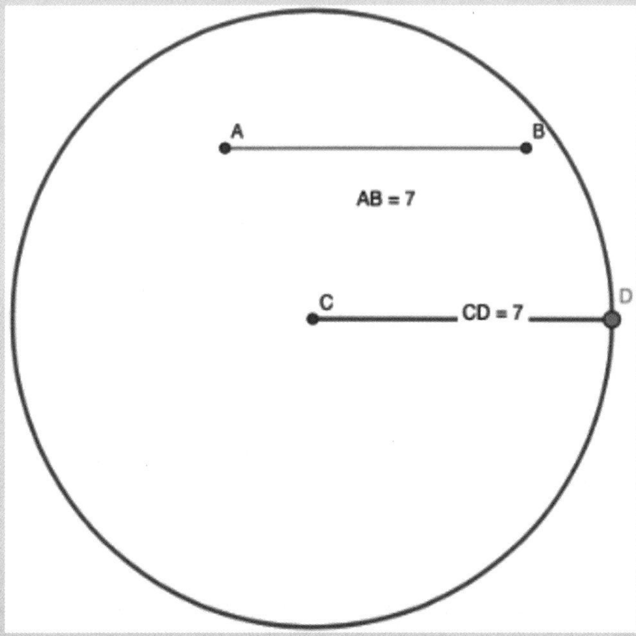

[그림 9.8] 주어진 선분 작도의 예시

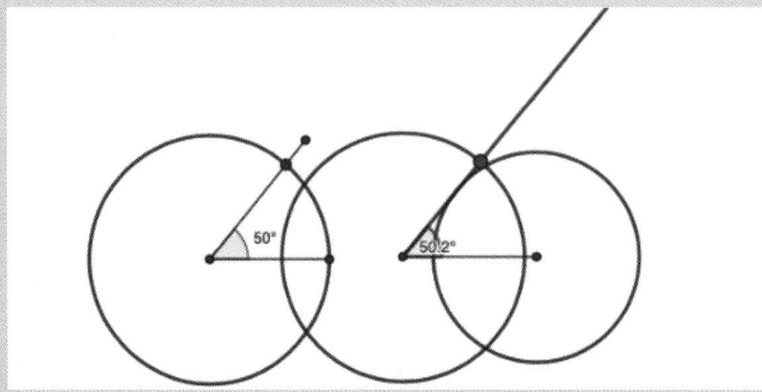

[그림 9.9] 주어진 각도 작도의 예시

비슷한 방식으로 네 가지 작도를 모두 수행한 후 잠시 멈춰서 전체 수업 요약을 한다. 그런 다음 학생들은 소그룹 또는 개별적으로 작도 연습과 과제(1-4)를 수행한다. 이 모든 단계는 학생들이 아이디어를 더 탐구하거나 아직 작도에 자신이 없는 경우 함께 연습한 단계를 연습할 수 있도록 충분히 복잡성을 더할 수 있도록 차별화되어 있다.

연습 문제와 도전 문제를 통해 학생들의 놀라운 사고력을 발견할 수 있다. 다음 날 새로운 작도를 시작하기 전에 전날의 작도를 검토하면서 이 작업 중 일부를 선택하여 표시하여 축하할 수 있도록 계획한다. [그림 9.10]과 [그림 9.11]의 예를 참조하자.

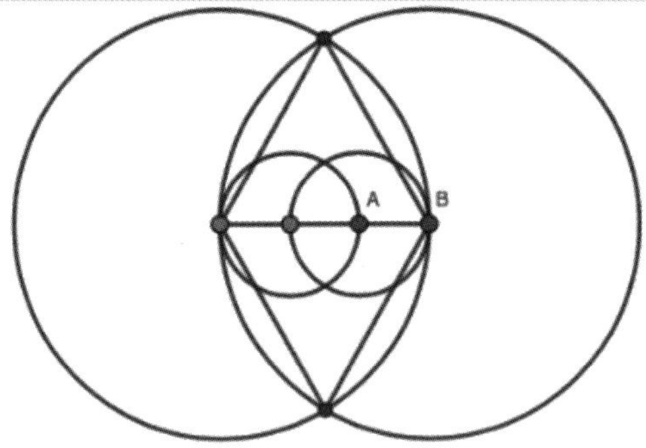

과제 14

위의 작도를 완성하기 위해 했던 단계들을 간략하게 설명해 주세요.

그리고 다음 질문에 대해 답해 주세요.
이 과제를 하기 위해 얼마나 많은 삼각형을 만들었나요? 자신이 옳다는 것을 어떻게 알 수 있나요?

답변

저는 선분의 길이를 재고, 같은 크기의 다른 두 선을 만들었습니다. 그리고 이 새로운 선 위에 두 개의 원을 만들어 두 개의 삼각형으로 만들어진 정삼각형을 만들었습니다. 두 개의 원이 모든 변의 길이가 같다는 것을 보장하기 때문에 제가 옳다는 것을 알고 있습니다.

[그림 9.10] 도전 과제 1에 대한 학생 응답 사례

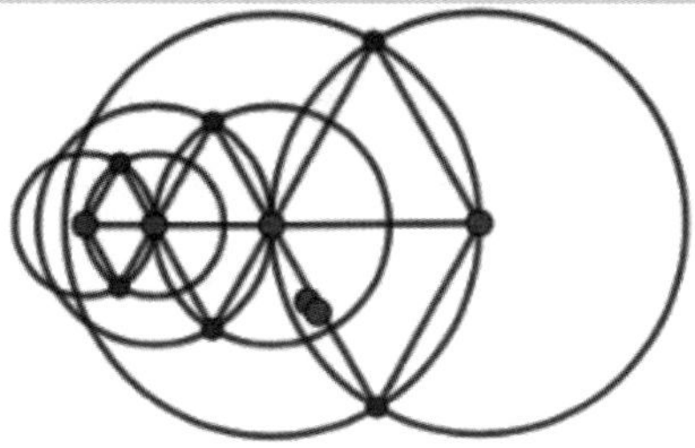

과제18

자신이 시도한 것을 간략하게 설명해 주세요, 무엇을 해야 했나요? 위의 작도를 완성하기 위해 필요한 단계들은 무엇인가요?

어떻게 작도했나요?

자신이 한 것에서 어떤 작도(#1-4)를 사용했나요?

답변

여기에서 저는 작도 #2를 사용했고, 세 개의 다른 선분의 길이를 연결해서 첫 번째 선분은 정삼각형, 두 번째 선분은 더 큰 삼각형, 세 번째 선분은 더욱 더 큰 삼각형이 되도록 만들었어요.

[그림 9.11] 과제 3에 대한 학생 응답 사례

전체 수업 과제 요약

학생들이 그날의 작도 탐색 및 다듬기 단계(이 경우 작도 1~4)를 마친 후에는 그날 다룬 모든 작도에 대한 전체 학급 요약 보고를 한다. 학생들에게 가장 마음에 들었던 작도가 무엇인지, 또는 가장 유용할 것 같은 작도가 무엇인지 물어보는 것으로 시작하자. 어떤 학생이 작도 중 하나에 대해 매우 흥분하거나 자랑스러워하는 경우, 학급에 보여줄 수 있는지 물어보고 그 학생의 작도를 축하해 주자. 학급이 서로 더 편안해지면 어떤 작도가 가장 힘들었는지, 처음에 어떤 점이 어려웠는지, 어떻게 극복하고 배웠는지 공유하고 싶은 사람이 있는지 물어볼 수도 있다. 여러 학생이 같은 작도에 흥미를 보이는 경우, 같은 결과를 얻기 위해 약간 다른 방식으로 시도할 수 있는 방법을 보여줄 수 있는 기회로 활용할 수 있다. 동일한 엄격한 규칙을 따르는 한, 작도에 대한 각 학생의 독특한 생각을 보여줄 수 있는 개성과 변형의 여지가 있다. 여기서 효율성에 대해 이야기할 수도 있겠지만, 학생들이 자신의 수학적 사고와 아이디어에 자신감을 갖는 것이 더 중요하다. McKenzie의 선생님이고 그들 옆에 서 있었다면, 이 상황 이후에 무엇을 하겠는가?

4) https://www.geogebra.org/m/wmv6dcgy

이 과제를 사용하려는 교사들을 위한 조언

GeoGebra book이 부담스러워 보이지만 Andrew는 한 권의 책으로 보관하는 것이 좋다고 제안한다. 그는 여러 권의 책이나 링크로 나누는 것도 고려했지만 학생들이 항상 이전 페이지를 다시 참조한다고 언급했다. 모든 작도를 한 권에 담는 것이 학생들에게 도움이 된다고 하였다. Andrew는 또한 각 작도를 하나하나 살펴보는 것의 중요성에 대해서도 언급했다.

> 이후 과제가 이전 과제들에서 어떻게 구축되는지 보려면 전체 범위를 볼 수 있어야 합니다. 또한 건너뛰거나 확장으로 사용할 수 있는 일부 작도도 있습니다. 따라서 어떤 작도가 향후 작도의 기초가 되는지 파악하는 것이 중요합니다.

Andrew는 도전 문제 중 일부는 "상당히 어려울 수 있다"고 설명했다. 그는 이러한 문제를 탐구할지 여부는 학생에게 맡겼다. 마지막으로, 종이에 작도를 할 때는 호(arc)만 그리지만, GeoGebra에서는 전체 원이 그려진다. 이 때문에 Andrew는 학생들이 일부 작도를 만들 때 화면이 얼마나 압도적으로 커질 수 있는지 언급했다. 이 문제를 해결하기 위해 Andrew는 학생들에게 "작도를 빨간색이나 녹색으로 만들고 페이지의 다른 모든 것을 검은색으로 남겨두게" 한다. 이렇게 하면 학생들이 스케치를 빠르게 보고 올바른 방향으로 가고 있는지 확인할 수 있다.

이 책의 모든 공학 도구 활용 과제와 보충 영상 링크는 https://www.tlmtresearch.com/teachingmathtechbook에서 확인할 수 있다.

제10장

공학 도구 활용 과제를 사용하여 확률과 통계에서 학생의 탐구 지원하기

이 책 전반에 걸쳐 확률과 통계를 가르칠 때 유용한 과제의 사례들을 공유하였다(표 10.1). 이 장에서는 Tech-Math 교사인 Nina, Joel, Shauna, Lauren이 확률과 통계영역에서 그들이 가장 좋아하는 공학 도구 활용 과제들을 공유하고 분석한다. Nina의 과제는 표준편차에 대한 개념적 이해를 발전시키는 데 중점을 두고 있다. Joel와 Shauna의 과제는 시뮬레이션을 사용하여 상황이 무작위인지 아닌지에 대해 고려하는 것에 중점을 둔다. Lauren은 COVID-19 팬데믹과 관련된 마스크 착용에 대한 인식에 관한 연구를 설계하는 맥락에서 학생들이 무작위 추출의 중요성을 학습하는 과제를 공유하였다. 이 사례들을 포함한 목적은 수업에서 활용할 수 있는 좋은 과제를 제공하는 것뿐만 아니라, 과제를 활용하기 위한 계획 과정에 통찰을 제공하는 데 있다. 각 과제에는 전체 수업 계획과 함께 교실에서 이 과제를 활용하는 것에 대한 Tech-Math 교사들의 조언이 포함되어 있다. 이 장의 나머지 부분은 확률과 통계 분야에서 선택된 과제를 공유하는 데 중점을 둔다.

[표 10.1] 앞선 장에서 통계 및 확률 과제

장	과제
2	[그림 2.7] 자료 집합 비교하기 [링크 2.2] 발렌타인 구슬 (확률 시뮬레이션) [링크 2.3] 상호작용 애플릿 조정 가능한 회전판 [링크 2.6] 몬티 홀 게임 시뮬레이션 [링크 2.7] 최소 제곱 회귀선
5	[링크 5.2] 픽사 대 드림웍스 데이터 탐색
6	[링크 6.3] 상자그림 이해하기
7	[링크 7.4] 대푯값 탐구

사례 1: 표준편차 탐구하기

이 사례는 Nina가 만든 Desmos 활동으로, 표준편차에 대한 Robert delMas의 활동에서 영감을 얻은 것이다. 학생들은 평균으로부터의 차를 표시한 동적 점그래프를 사용하여 표준편차를 탐구한다. Nina는 표준편차가 통계 수업에서 중요한 개념이지만 학생들에게는 어려운 주제라고 말한다. 그렇기 때문에 그녀는 항상 이 수업을 활용하며, 학습 목표에 잘 부합하고 학생들에게 표준편차에 대한 개념적 이해를 발전시킬 기회를 제공한다.

과제에 대한 설명

이 과제는 '표준편차 탐구하기'라는 제목의 Desmos 활동이다(링크 10.1). 과제는 학생들이 평균이 균형점이라는 것을 상기하도록 유도하면서 시작되며, 표준편차가 무엇을 측정하는지 탐구하고 이해하는 단계로 진행된다. 구체적으로, 학생들이 변량과 평균 간의 차이를 더하면 왜 0이 되는지, 그리고 이것이 평균으로부터의 차이에 대한 평균을 계산하는 데 왜 문제가 되는지 생각해 보게 한다. 표준편차를 구하는 절차가 소개된 후, 학생들이 점을 드래그하면서 표준편차가 결과적으로 어떻게 변화하는지 이해하여 개별 데이터의 점들과 평균 간의 차이(즉, 편차)와 표준편차 사이의 관계를 생각해 보게 한다. 마지막으로, 학생들은 친구에게 표준편차가 무엇을 측정하는지에 대해 설명해야 한다.

🌐 [링크 10.1] 표준편차 탐구하기 Desmos 활동[1)]

이 과제가 학생들을 수학적이고 통계적인 탐구자로서 자리매김하게 하는지에 대해 질문받았을 때, Nina는 다음과 같이 설명했다.

> 학생들은 데이터의 점들을 드래그하며 평균값의 변화, 각 점이 평균으로부터 떨어진 거리를 관찰하는 것으로 시작합니다. 이것은 모든 학생들은 평균값과 각 데이터에 해당하는 점의 거리 간의 관계를 탐구할 수 있는 기초를 제공합니다. 이후 활동에서는 데이터의 점들을 더 가깝게 또는 멀리 이동하는 것이 표준편차에 어떤 영향을 미치는지 탐구하게 됩니다.

데이터의 점들을 드래그하고 결과를 확인하는 과정은 학생들이 표준편차가 무엇을 측

---

1) https://teacher.desmos.com/activitybuilder/custom/6234ea0a179efa35c1f174d5

정하는지 탐구하는 데 매우 효과적인 방법이다. 이 과제가 학생들이 수학적 및 통계적 아이디어에 대해 의사소통하도록 어떻게 지원하는지 돌아보면서, Nina는 질문들이 학생들에게 자신의 아이디어를 의사소통하도록 했다는 것에 주목하였다. 하지만 가장 중요한 부분은 이 과제를 수행한 후 학생들이 표준편차에 대해 설명할 수 있는 능력임을 강조하였다. "학생들은 이 과제를 수행한 후, 드래그를 하면서 점들을 이동했던 경험을 구체적으로 돌아보면서, 표준편차가 무엇을 측정하는지 그리고 그것이 개념적 정의와 어떻게 연결되는지를 설명합니다" 또, Nina는 이 과제가 표준편차에 대한 비형식적인 이해를 기반으로 이루어진다는 점에서 매우 강력하다고 느꼈다. 이 과제의 초점은 형식적인 언어의 개발에 있지 않기 때문이다. 그녀는 다음과 같이 설명했다.

> 저는 학생들이 표준편차와 같은 복잡한 내용을 배우려고 할 때, 학생들이 개념을 설명하기 위해 정확한 용어를 사용하고자 집중하는 경향이 있어 이것이 오히려 그들의 이해를 방해할 수 있다고 느낍니다. 하지만 이 과제에서는, 탐구를 시작할 때 수학적 및 통계적 언어에 중점을 두지 않고, 그 대신 데이터에서 점의 움직임, 표준편차의 값이 어떻게 변화하는지, 그리고 이 모든 것들이 어떻게 연결되는지에 중점을 둡니다. 이를 통해 학생들은 표준편차가 무엇을 측정하는지를 비형식적인 방법으로 이해하기 시작합니다.

표준편차 탐구하기: Nina의 수업 계획

학습 목표

학생들은 표준편차의 개념적 정의와 절차적 정의 사이의 연결을 이해한다(제시된 정의 참조). 구체적으로, 학생들은 다음을 이해하게 된다:

- 변량과 평균의 차이의 합이 0인 이유는 무엇인가?
- 표준편차를 구하는 과정에서 평균으로부터의 차이를 제곱해야만 하는 이유는 무엇인가?
- 표준편차를 구하는 과정에서 제곱근을 취하는 이유는 무엇인가?
- 변량의 개수가 표준편차에 영향을 미치는 이유는 무엇인가?
- 변량과 평균의 차이가 표준편차에 영향을 미치는 이유는 무엇인가?

개념적 정의: 표준편차는 평균으로부터의 평균적인 차이를 측정한다.

절차적 정의: $\sigma = \sqrt{\dfrac{\sum(x-\mu)^2}{N}}$

학생 학습의 증거(수행 목표)

- 학생들은 평균과 변량의 차이의 합이 0이 되는 이유를 설명할 수 있어야 한다(글로 쓰기 그리고/또는 그들의 아이디어를 구두로 공유할 때). 구체적으로, 평균이 균형점이기 때문에 각 변량의 차이가 서로 균형을 이루어야 한다는 점을 설명할 수 있어야 한다.
- 학생들은 표준편차를 계산하는 과정에서 평균과 변량의 차이를 제곱해야 하는 이유를 설명할 수 있어야 한다(글 또는 말로 아이디어를 공유할 때). 즉, 표준편차는 차이의 평균이며, 차이의 합이 0이면 표준편차가 항상 0이 되는데, 이는 옳지 않다고 설명할 수 있어야 한다.
- 학생들은 표준편차를 계산하는 과정에서 제곱근을 취하는 이유를 설명할 수 있어야 한다(글 또는 말로 아이디어를 공유할 때). 구체적으로, 제곱한 것을 되돌리기 위해 제곱근을 취해야 한다는 것을 설명할 수 있어야 한다.
- 학생들은 표준편차에 대한 그들의 이해를 바탕으로 같은 모양이지만 변량의 개수가 다른 두 그래프가 서로 다른 표준편차를 갖는 이유에 대해 설명할 수 있어야 한다.
- 학생들은 변량과 평균으로부터의 차이가 표준편차에 어떻게 영향을 미치는지 설명할 수 있어야 한다(글 또는 말로 아이디어를 공유할 때).

수업 지원

이 활동은 인터넷 접속이 가능한 컴퓨터 한 대를 공유하는 두 명의 학생이 한 조를 이루어 진행하는 것이 가장 좋다. 교사는 학생들에게 (익명으로 처리된) 다른 학생의 응답을 보여줄 수 있는 교사용 대시보드를 보여줄 수 있는 방법을 갖추어야 한다.

사전 지식

학생들은 균형점으로서의 평균(평균에 대한 개념적 이해)에 대한 지식을 바탕으로 해야 한다.

핵심 질문

- 표준편차는 무엇을 측정하나요? 표준편차를 어떻게 계산하나요?
- 평균과 변량들 간의 차이의 합이 항상 0이 되는 이유는 무엇인가요?
- 하나의 변량이 달라지면 표준편차에 어떤 영향을 미칠까요?

과제 시작

활동의 처음 7페이지는 워밍업을 위해 설계되었으며 과제를 도입하는 데 활용된다. 여기에서는 탐구를 통해 평균의 개념적 정의에 대해 복습하는 것에 중점을 둔다. 만일 학생들이 Desmos에서 동적 자료 집합을 탐구하는 것에 익숙하지 않다면, 화면 1을 표시하면서 활동을 시작하여 각각의 파란색 점이 변량이며 이 점들을 드래그할 수 있다는 것을 설명한다. 한 점을 드래그하고 학생들에게 그들이 주목한 것이 무엇인지 물어보아라. 누군가 빨간색 x가 움직인다는 것을 지적할 것이고, 그에 따라 빨간색 x는 평균 위치를 표시한다는 점에 주목할 것이다. 학생들이 자신이 보고 있는 것이 무엇인지 이해하면, 우리가 이미 익숙한 평균에 대해 생각하면서 활동을 시작할 것이라고 설명한다. 이 시점에서 학생들은 첫 번째 화면에 본격적으로 참여할 준비가 되어 있어야 한다.

화면 1 이후에 잠시 멈추고, 활동 제작 도구의 익명화 기능을 사용하여 학생들의 응답을 표시한 후, 학생들의 응답에서 유사점과 차이점을 논의해 보기를 추천한다. 화면 2에서는 학생들에게 화면 상단에 그들이 사용할 수 있는 계산기 도구가 있다는 것을 상기시키는 것이 도움이 된다. 화면 7에서는 잠시 멈추고, 학생들이 변량의 편차의 합이 항상 0이 되는 이유를 설명하는 방식을 비교하고 대조한다.

화면 2에서 학생들의 응답에 대해 논의하는 것의 목표는 평균을 균형점으로 여기는 것에 대한 학급의 합의를 이끌어내는 것이다. 이상적으로는, 평균이 실제로 무엇을 측정하는지에 대한 논의를 통해, 평균이 같은 자료 집합이 서로 매우 다를 수 있다는 점을 지적하는 것이다. 이는 자료 집합을 설명하는 추가적인 측정의 필요성을 이끌어낼 것이다. 이번 활동에서는 데이터의 점과 평균 간의 평균적인 차이를 측정할 수 있는 방법을 탐구할 것임을 설명하자. 이 시점은, 데이터의 점과 평균과의 차가 모두 양수가 아니고 거리라는 용어가 양수를 의미하기 때문에 적합하지 않음에 주목함으로써, 평균과 점의 차이를 설명하기 위해 편차라는 용어를 도입하기 좋은 때이다. 도움이 되는 예로 친구 집에서의 거리를 들 수 있다: "내가 단지 5마일 떨어져 있다고 말하면 방향을 암시하지 않는 반면, -5라고 하면 거리에서 방향을 암시할 수 있다. 이처럼 편차는 방향을 내포하고 있다" 이 시점에서, 학생들은 남은 탐구에 생산적으로 참여할 준비가 된 것이다.

수업 진행 속도에 대한 제안

이 활동은 표준편차를 탐구하기에 앞서 평균에 대한 검토를 포함하므로, 진행 계획을 조절하는 도구가 매우 중요하다. 다음의 화면은 함께 묶어서 진행하는 것을 권장한다: 1, 2-7, 8-10, 11-12, 13-18. 화면 7, 10, 12에서 잠시 멈추고 교실 전체 논의를 계획하자. 과제에 관한 요약에 대해 교실 전체 논의를 할 때에는 화면 12를 기준점으로 삼아 참고하는 것이 도움이 된다.

수업 진행 계획 8-10: 화면 10에서 잠시 멈추고 차이(즉, 편차)의 합이 0이기 때문에 정확한 평균을 구할 수 없다는 점을 다시 한 번 강조하자. 편차의 합이 0이기 때문에 편차의 평균을 구하는 것은 의미가 없다는 것을 알았으므로, 학생들에게 수를 양수로 만들기 위해서는 어떤 수학적 연산을 사용할 수 있는지 물어보자. 학생들이 짝과 함께 이 문제에 대해 생각할 시간을 주고, 합이 0이 되지 않으면서 의미 있는 값을 유지하는 다양한 연산 목록을 작성하도록 한다(예: 절댓값, 제곱). 일부 학생들은 항상 의미 있지는 않은 좋은 제안을 할 수도 있다(예: 숫자를 두 배로 하기, 음수를 곱하기). 아이디어가 모이면, 그 중 어떤 것이 항상 의미가 있을지 물어보아라. 합이 0이 되지 않도록 차이를 조정하는 방법을 고려한 후, 학생들은 화면 11과 12로 넘어갈 준비가 된다.

수업 진행 계획 11-12: 통계학자들이 이를 수행하는 여러 가지 방법이 있음을 설명하여라. 표준편차는 제곱을 사용하며, 다른 측정들은 다른 연산들을 사용한다. 예를 들어, MAD(평균 절대 편차)는 절댓값을 사용한다. 이 과제에서는 표준편차에 중점을 둘 것임에 주목하게 한다. 이를 염두에 두고, 학생들에게 모든 편차를 제곱하면 합이 계속 0이 될지를 물어본다. 학생들이 '이제 평균을 구할 수 있나요?'라는 질문에 답하게 한다. 화면 12로 넘어가기 전에, 학생들이 제곱된 편차의 평균(9.25)을 구하게 한다.

화면 12에서, 제곱된 편차의 평균을 구하는 방법에 대해 논의한다. 그런 다음 모든 편차를 제곱하기로 결정했으므로 이를 원래대로 '되돌릴' 필요가 있다는 점을 설명한다. 제곱의 역이 되는 수학적 연산이 무엇인지(즉, 제곱을 '되돌리는' 연산이 무엇인지)를 묻는다. 표준편차가 3.332라는 것은 이 자료 집합에서 점들이 평균인 3.5에서 평균적으로 3.332만큼 떨어져 있음을 의미한다고 설명한다. 또, 학생들에게 음영 처리된 영역은 평균보다 1 표준편차 아래와 1 표준편차 위를 표현하는 것임을 보여준다(그림 10.1).

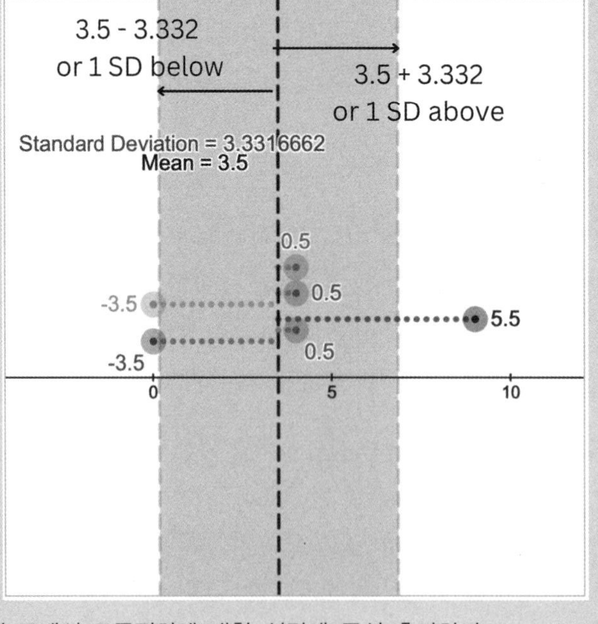

[그림 10.1] 화면 12에서 표준편차에 대한 설명에 주석 추가하기

수업 진행 계획 13-18: 학생들은 짝을 이루어 함께 화면 13-18을 수행해야 한다.
참고: 시간에 따라서, 화면 16은 조금 더 빠르게 수행 중인 그룹에게 도전 과제로 활용할 수 있다. 화면 15-17은 학생들에게 도전적인 과제가 될 수 있다. 학생들의 수행을 모니터링할 때 학생의 사고를 발전시키기 위해 제기할 수 있는 몇 가지 질문은 다음과 같다:

- 보라색 그래프와 초록색 그래프의 공통점은 무엇인가요?
- 보라색 그래프와 초록색 그래프의 차이점은 무엇인가요?

학생들은 일반적으로 보라색 그래프에 두 개의 값이 더 많다고 응답할 것이다. 그렇다면, 그 값들이 어디에 있는지 질문해 보자. 이 질문은 일반적으로 학생들의 사고를 발전시키기에 충분하다. 만약 그렇지 않다면, 학생들에게 평균이 어디에 있는지 그리고 그것을 어떻게 알 수 있는지 물어보자. 더 많은 지원이 필요하다면, 그 점들이 평균과 어떤 관계가 있는지 물어보면서 수업을 이어갈 수 있다.

전체 수업 과제 요약
활동이 완료된 후, 학생들이 활동을 통해 도출한 추측을 표준편차 공식과 연결하는 것이 중요하다. 이를 위한 한 가지 방법은 칠판에 표준편차 공식을 적고 학생들에게 공식의 각 요소가 의미하는 바와 왜 이러한 계산이 필요한지 이유를 설명하게 하는 것이다. 그런 다음, 표준편차가 무엇을 측정하는지 학생들이 직접 설명하도록 한다(예: 표준편차는 평균으로부터의 평균 차이를 나타낸다). 이 과정에서 화면 12로 돌아가 다시 참고하는 것도 도움이 될 수 있다. 이를 설명하기 위해 예시와 질문을 사용하는 것도 도움이 된다. 예를 들어, 교사가 학생들에게 시험에 대해 생각해 보라고 하면서, "시험 점수의 평균이 85이고 표준편차가 5일 때, 이것은 시험 점수에 대해 무엇을 말해 주나요? 만약 표준편차가 2라면? 10이라면?"과 같은 질문을 할 수 있다.

이 과제를 사용하려는 교사들을 위한 조언

이 과제를 사용하려는 교사에게 조언이 있냐는 질문에, Nina는 교사가 먼저 학습자의 입장에서 이 과제를 직접 해보는 경험이 중요하다고 말하였다. 과제를 진행하면서 학생들간의 논의를 촉진하기 위해 적절한 시점에 잠시 멈출 부분을 미리 계획하는 것이다. 그녀는 이 과제를 진행하는 동안 세 번에서 네 번 정도 멈추는 것을 권장하며, 학생들이 평균을 중심의 측정으로 다룬 이전의 경험에 따라 잠시 멈출 지점을 다르게 선택할 수 있다고 하였다.

▍사례 2: 시뮬레이션을 통한 무작위성의 합리성 테스트하기

이 사례는 CODAP 샘플러를 사용하여 NFL[2]의 약물 검사를 모델링하는 시뮬레이션을 생성하는 활동으로, Joel과 Shauna에 의해 고안된 것이다. 학생들은 11주 동안의 시즌 중 '무작위로' 7번의 약물 검사에 참여하도록 선택된 Eric Reid의 사례를 생각해 본다. 이것이 실제로 일어날 수 있는 것인지를 조사하기 위해 학생들은 샘플러를 만들어 상황을 모델링한다. Joel은 이 과제를 확률 시뮬레이션의 도입으로 정말 좋아하는 것이라고 했는데, 이 상황에서 나오는 숫자들은 이러한 상황이 실제로 합리적인 것인지 궁금하게 만들기 때문이다. 또, "이 도구(즉, CODAP)을 사용하여 직관을 평가하는 것에 대한 갈망과 감사를 느끼게 해준다"고 하였다. Shauna는 학생들의 '건전한 의심'을 발전시키는 것이 정말 중요하다고 강조했다. 그녀는 "소셜 미디어의 부상으로 학생들이 정보를 소비하는 방식이 변화했습니다. 나는 학생들이 접하는 모든 것을 통계적으로 의문을 제기하기를 바랍니다. 따라서 건강한 의심을 발전시킨다는 관점에서 보면, 이것은 정말 훌륭한 과제입니다"라고 설명하였다. 과제에 대한 모든 링크를 포함한 설명이 이어진다.

과제에 대한 설명

이 과제는 Eric Reid 확률 모델링 과제로, 학생들은 Eric Reid에 대해 소개받는다. Eric Reid는 NFL 선수로, NFL 경기에서 국가가 연주되는 중 공개적으로 무릎을 꿇는 퍼포먼스로 인해 (팀 동료 Colin Kaepernick과 함께) 해고된 후 캐롤라이나 팬서스 팀에 영입되었다. 학생들은 NFL의 약물 검사 정책에 관한 정보를 검토한 후, 11주 동안 7번의 약물 검사를 받았다는 Eric Reid의 소셜 미디어 게시물에 대해 논의한다. 학생들은 주어진 캐롤라이나 팬서스 팀 자료를 바탕으로 이 사건의 가능성에 대한 자신의 직관을 논의한 후, CODAP을 사용하여 Eric Reid의 11주 동안의 약물 검사 선정에 관한 200개의 표본을 모델링하는 시뮬레이션을 설계할 것이다. 이후 각 학생의 시뮬레이션 결과를 모은 후, 시뮬레이션의 증거와 Eric Reid의 의심이 가능한 이유에 대해 논의할 것이다.

🌐 [링크 10.2] Eric Reid의 확률 모델링 과제[3]

이 과제가 학생들을 수학적 및 통계적 탐구자로서 자리매김하게 하는 방식을 고려할

---

2) 역자 주: National Football League의 약자로 미국의 프로 미식축구 리그

3) https://docs.google.com/presentation/d/1ixL8t5-_qeFJVhe3CHmagKkmEktKhAy-SJlw832Ojrc/copy?usp=sharing

때, Joel은 이 과제의 맥락이, 학생들로 하여금 "무엇인가 옳지 않은 것 같지만, 내가 옳은지 아닌지를 어떻게 말해야 할지 모르겠어"라는 단계를 거치게 한다는 것에 주목하였다. 이후 학생들은 "이전의 직관을 증명"하기 위해 CODAP에서 샘플러 도구를 사용하여 적극적으로 탐구하기 시작한다. 이러한 동기는 학생들이 자료를 직접 탐색하고, 자신의 이해를 뒷받침하기 위한 통계량과 표현을 만들도록 이끈다. 나아가, 학생들이 만든 표현들은 그들의 수학적 및 통계적 아이디어에 대한 의사소통을 지원하는 데 핵심이 된다. Joel은 다음과 같이 설명한다.

> 아이들은 자신이 생각하는 바를 효과적으로 전달하기를 원합니다. 그들은 이미 자신들이 생각하고 있는 것을 전달하는 데 도움이 되는 자료 시각화를 직접 만들고 싶어 합니다. CODAP은 이러한 과정을 빠르게 수행할 수 있도록 도와줍니다. 학생들이 시뮬레이션의 결과를 보면서 점점 더 흥분하는 모습을 볼 수 있습니다. 그들은 자신이 옳다고 생각했던 것이 실제로 옳다는 것을 전달할 수 있고, 여기 그것을 뒷받침하는 그림이 있습니다.

이 과제가 학생들의 비형식적인 이해를 어떻게 발전시키는지에 대해 질문을 받았을 때, Shauna는 학생들이 평균, 형태, 변이성, 퍼짐, 상자그림 등에 대해 알고 있었던 것을 활용하여 확률 시뮬레이션 결과를 해석한다고 설명했다. 그녀는 다음과 같이 덧붙였다.

> 학생들이 "오, 7은 한 번도 나오지 않았어요. 6도 한 번도 나오지 않았어요. 5는 두 번을 얻었어요"라고 말하면서, 추가적인 요소들을 하나씩 덧붙이기 시작했어요. 이것은 평균의 의미와 그 중요성을 보다 실질적으로 이해하는 데 도움이 됩니다. 그런 다음, 학생들은 그 위에 상자그림을 그리며 데이터를 시각화하는데, 이것은 매우 결정적인 순간입니다. 이제 학생들은 자신이 비형식적으로 전달하려고 했던 내용을 형식적인 언어를 사용하여 논의하기 시작합니다.

Eric Reid 확률 모델링 과제: Joel과 Shauna의 수업 계획

학습 목표

참고: 이 과제는 7학년부터 AP 통계학까지 다양한 수준에서 활용할 수 있다. 학생들의 사전 지식과 시뮬레이션 결과를 바탕으로 새롭게 도입하고자 하는 아이디어에 따라 구체적인 학습 목표는 달라질 수 있다. 아래는 그 예시이다.

- **수학적 및 통계적 목표**: 실세계의 한계에 기반한 시뮬레이션을 설계하여 사건의 통계적

가능성을 계산한다. 모델에서 얻은 확률을 관찰된 빈도와 비교하고, 일치하지 않을 경우 그 원인을 설명한다.

- **수학적 실천 목표**: 적절한 도구(예: CODAP)를 전략적으로 사용한다. 사건의 가능성에 대한 타당한 주장을 만들고, 그것이 "우연히" 발생한 것인지에 대한 추론을 비판적으로 평가한다.
- 비판적 목표: 통계적 도구와 모델을 사용하여 부당해 보이는 사건에 대해 도전할 수 있는 자신감을 기른다.

학생 학습의 증거 (수행 목표)

- 학생들은 CODAP을 활용하여 72명의 캐롤라이나 팬서스 선수 중 약물 검사를 받을 10명을 표집하는 것을 모델링하기 위한 시뮬레이션을 생성할 수 있다. 학생들은 72명의 선수 중 한 명을 Eric Reid로 지정해야 한다. 학생들은 샘플러를 활용하여 72명 중 10명을 대상으로 한 11주 간의 약물 검사를 시뮬레이션하고, Eric Reid의 이름이 몇 번 선택되는지 확인한다.
- 학생들은 이 시뮬레이션을 200회(또는 그 이상) 반복하고 결과를 종합할 수 있다. 수집된 시뮬레이션 결과를 바탕으로, 학생들은 이 모델을 통해 11주 동안 무작위로 7번이 선택될 가능성에 대해 다음과 같은 사전 지식을 활용하여 논의한다.
    - 중심 경향성
    - 평균 절대 편차
    - 상자그림 및 이상치

수업 지원

이 활동은 학생들이 사용할 기기(태블릿, 크롬북, 노트북 – 휴대폰은 최적의 선택이 아님)를 1인당 1대 또는 2인당 1대 필요로 한다. 교사는 Google Slide를 통해 CODAP 시뮬레이션 결과를 띄울 수 있으며, 학생의 작업을 Google Slide에 공유할 수 있다.

사전 지식

학생들은 확률에 대한 기본 지식을 바탕으로 CODAP에서 Eric Reid의 "무작위" 약물 검사의 실세계 시나리오를 모델링하는 시뮬레이션을 구성할 것이다. 시뮬레이션이 완료되면, 학생들은 단일 변수의 데이터 분석 도구(점그래프, 평균/중앙값, 평균 절대 편차 등)를 활용하여 결과를 분석할 것이다.

핵심 질문

- 기존의 정책과 절차(이 사례의 경우 NFL 약물 검사 규칙 및 규정)를 사용하여, 여러 번의

반복을 통해 예상되는 결과를 도출하는 시뮬레이션을 어떻게 설계할 수 있을까?

- 확률 시뮬레이션 결과가 실세계에서는 일어날 가능성이 낮음을 보여줄 때, 이것은 무엇을 의미하는 것일까?

과제 시작

참고: 이 부분은 실제로 수업에서 매우 중요한 부분으로, 이 활동을 학생들에게 "이야기화"하여 전달하면 수업의 초반부터 흥미를 유발하고 몰입도를 높일 수 있다. 이는 매우 중요하므로, 이것이 익숙하지 않을 수 있는 교사를 위해 조언 섹션에 링크된 Desmos 활동에 Joel이 이 부분을 시연하는 동영상이 있다. 다음은 Eric Reid의 이야기를 구성하는 중요한 요소들과, 학생들이 확률적 관점에서 이야기를 생각하도록 전환하는 방법에 대한 설명이다.

수업을 시작할 때, Colin Kaepernick이 Eric Reid 옆에서 무릎을 꿇고 있는 사진을 보여주고 학생들에게 "이 사진 속 인물 중 아는 사람이 있나요?"라고 물어보아라. 많은 학생들은 Colin Kaepernick을 알아볼 가능성이 높다. 이 질문을 통해 학생들이 Kaepernick에 대해 알고 있는 것을 공유할 기회를 제공하고, 교사는 부족한 정보를 보완하면서 이야기할 수 있다. 이야기에서 중요한 것은 Kaepernick이 샌프란시스코 49ers의 주전 쿼터백으로 팀을 슈퍼볼로 이끌었으며, 흑인 남성에 대한 경찰의 폭력에 항의하기 위해 경기 전 국가가 연주되는 동안 무릎을 꿇는 퍼포먼스를 함으로써 팀에서 방출되었다는 것이다. 그는 다른 NFL 팀과 계약을 맺지 못하였다. 최근에 그는 불공정한 노동 관행에 대해 NFL에 대한 소송을 합의로 마무리했다. Kaepernick의 이야기를 들려준 후, 학생들에게 "그렇다면, 우리는 이 옆에 있는 또 다른 남성은 누구일까요?"라고 물어보아라. 대부분의 학생들은 Eric Reid의 이름을 모를 것이다.

이 시점에서, 이야기는 Eric Reid에 초점을 맞추기 시작한다. Reid 역시 2016년 시즌 이후 팀에서 방출되었지만, 다른 점은 다음 시즌 중에 캐롤라이나 팬서스에 영입되었다는 것이다. 그는 팀에서 11번째 경기를 치른 후, 경기가 끝난 후 자신의 락커에 붙어 있는 사진을 자신의 트위터 계정에 게시했다. 이 사진은 NFL이 규정에 따라 경기 후 약물 검사를 받도록 무작위로 선택되었다는 통지서였다. 그가 트위터 게시물에 남긴 유일한 말은 "7번 ... '무작위'"였다. 학생들에게 Reid가 왜 '무작위'라는 단어를 따옴표를 사용하여 표시했는지, 그리고 이러한 '의심스러운 따옴표'는 일반적으로 글을 쓰는 작성자가 어떤 의미를 전달하고자 할 때 사용되는데 Reid는 따옴표를 통해 어떤 뜻을 전달하려 했다고 생각하는지에 대해 질문을 던진다.

학생들은 대개 Reid가 그것이 전혀 무작위라고 생각하지 않는다고 추론한다. 이어서, "그가 여기에서 표적이 되었다고 느낄 만한 이유가 있을까요?"라고 질문하자. 그런 다음, 학생들에게 무작위로 선택된 횟수가 합리적인 것인지 판단하기 위해 어떤 추가적인 정보가 알고 싶은지 물어보자. 학생들이 같은 조 학생과 함께 어떤 추가 정보를 원하는지 "돌아가며 이야기"할 수 있는 시간을 제공하자.

학생들이 NFL의 약물 검사 규칙에 대해 묻는다면, 다음과 같이 설명하자: 'NFL은 매주 각 팀에서 10명의 선수를 대상으로 약물 검사를 실시한다. 캐롤라이나 팬서스에는 검사 대상 선수가 72명 있었다' 그런 다음 학생들에게 다시 "돌아가며 이야기"에서 다음의 질문에 대해 논의하도록 하여라: "만일 캐롤라이나 팬서스가 매주 72명 중 무작위로 10명의 선수를 선택했다면, Eric Reid가 11번 중 7번 선택된 것이 합리적이라고 느껴지나요?"

학생들이 서로의 의견을 공유한 후, 교실에서 투표를 진행하고, 논의할 수 있는 시간을 가져라. 일반적으로 대부분의 학생들은 11번 중 7번은 "많다" (어떤 학생들은 "너무 많다")고 느끼지만, 이를 증명하거나 입증할 수 있는 도구가 부족하다고 느낀다. 바로 이 지점에서 확률 시뮬레이션을 시작하는데, 이 시뮬레이션은 학생들이 11번 중 7번이 "너무 많다"는 직관적인 느낌을 평가할 수 있도록 도구를 제공한다.

노트북 화면을 공유하고 학생들에게 CODAP의 샘플러 도구를 보여 주자. 샘플러에서 구슬(CODAP 샘플러에 있는 동그라미)을 추가하거나 제거하는 방법, 수집할 항목의 수와 표본의 개수를 변경하는 방법을 보여 주자. 그리고 "우리는 어떻게 이 샘플러를 사용하여 이 상황을 모델링하고, 11번 중 7번이 무작위로 선택되는 것이 합리적인 것인지 확인할 수 있을까요?"라고 묻고, 학생들이 자신의 아이디어를 같은 조 학생들과 함께 논의하고 테스트할 수 있는 시간을 제공하자.

수업 진행 속도에 대한 제안

도입 이후, 과제를 세 단계로 나누어 진행한 후 교실 전체 논의를 진행할 것을 권장한다.

1단계: 학생들이 샘플러를 사용해 보도록 한 후, 보다 구체적인 질문을 던진다. 예를 들어, "이 샘플러를 사용하여 팬서스 팀에 72명의 검사 대상 선수가 있다는 사실을 어떻게 모델링할 수 있을까요?", "매주 10명의 선수가 선택된다는 것을 어떻게 모델링할 수 있을까요?", "Eric Reid가 11주 동안 팀에 있었다는 것을 모델링하려면 어떻게 해야 할까요?". 학생들은 이러한 조건을 자신의 CODAP 샘플러에 입력할 수 있다. 학생들은 종종 샘플러를 만들 때 '선택(select)'과 '수집(collect)'의 의미에 대해 혼란스러워하지만, 이를 원래의 맥락과 연결시켜 설명하면 매우 도움이 된다.

2단계: 각 그룹의 응답을 바탕으로 교실 전체에서 사용할 샘플러를 만든다(그림 10.2). 샘플러의 첫 번째 공에 'ER'이라는 레이블을 붙여 Eric Reid를 표현하고 있다는 것을 확인한다. 그런 다음 학생들에게 시뮬레이션을 여러 번 실행하고 결과를 종합하도록 하거나(이 과정은 시간이 걸릴 수 있다), 200번의 시뮬레이션이 완료된 결과를 확인하도록 할 수도 있다([링크 10.3]).

🌐 [링크 10.3] 200번의 시행이 완료된 CODAP 샘플러[4)]

4) https://codap.concord.org/releases/latest/static/dg/en/cert/index.html#shared=109416

3단계: 학생들은 자신이 수행한 시뮬레이션 또는 이미 시행이 완료된 시뮬레이션 결과를 검토한다. 이제 학생들은 단일 변수 통계에 대한 이전의 지식(점그래프, 평균/중앙값, 상자그림/이상치, 평균 절대 편차 등)을 활용하여 "11주 동안 7번 선택된 것이 정말 '무작위'로 간주하기에는 너무 많은가?"라는 질문에 답할 준비가 되었을 것이다. 그들에게 CODAP에서 생성한 텍스트와 이미지를 활용하여 주장을 구성하도록 한다. 학생들은 자신의 주장을 Google Slide에서 공유할 수 있다. CODAP에서 생성한 내용뿐만 아니라, 시뮬레이션 결과에서 도출된 결론을 설명하는 텍스트도 함께 공유하도록 한다. [그림 10.3]과 [그림 10.4]는 학생들이 구성할 수 있는 표현의 예시이다.

전체 수업 과제 요약

학생들의 응답을 선택하고 배열하여, 11주 동안 7번 선택된 것이 "무작위"로 간주하기에 너무 많은지 여부를 뒷받침하는 증거가 있는지에 대해 논의한다. 이때 다양한 표현 방식과 이에 따른 주장을 공유하는 것을 권장한다. 대부분의 교실에서는 7번 선택된 것이 매우 가능성이 낮고 사실상 '불가능'에 가깝다는 결론을 내릴 것이다. 이제, 이러한 주장을 뒷받침하는 데 사용할 수 있는 통계량과 표현이 무엇인지 논의하도록 한다. 더불어, 다음과 같은 질문에 대해 논의해 볼 수 있다: 이러한 정보를 바탕으로 우리는 무엇을 할 수 있는가? 우리가 취할 수 있는 행동은 무엇일까? '불가능'한 일이 실제로 일어났다는 것은 무엇을 의미할까? 이로 인해 초래할 수 있는 결과는 무엇일까?

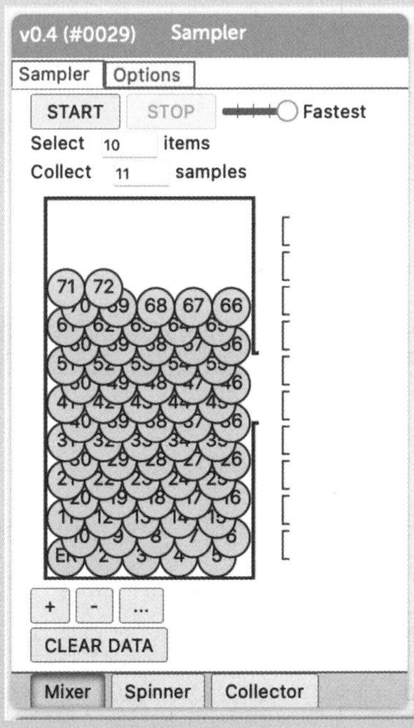

[그림 10.2] Eric Reid 맥락에 대한 샘플러 설계

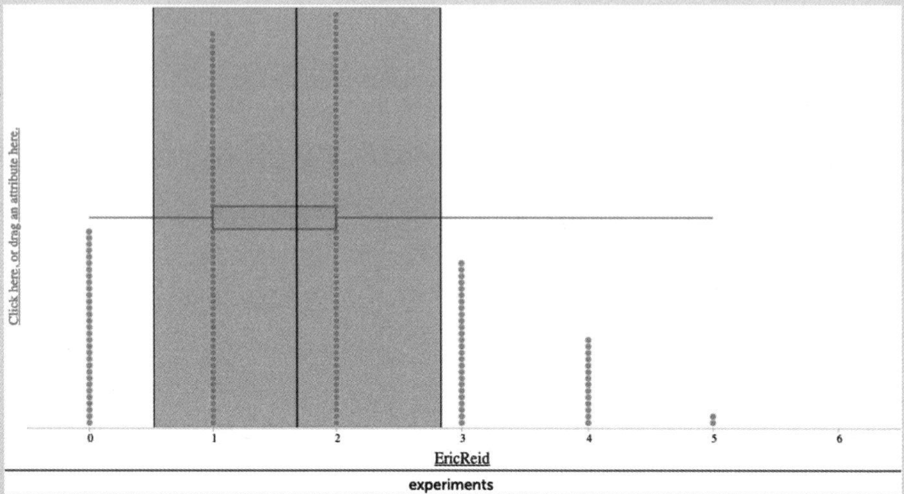

[그림 10.3] Eric Reid 시뮬레이션 결과에서 평균, 표준편차, 상자그림

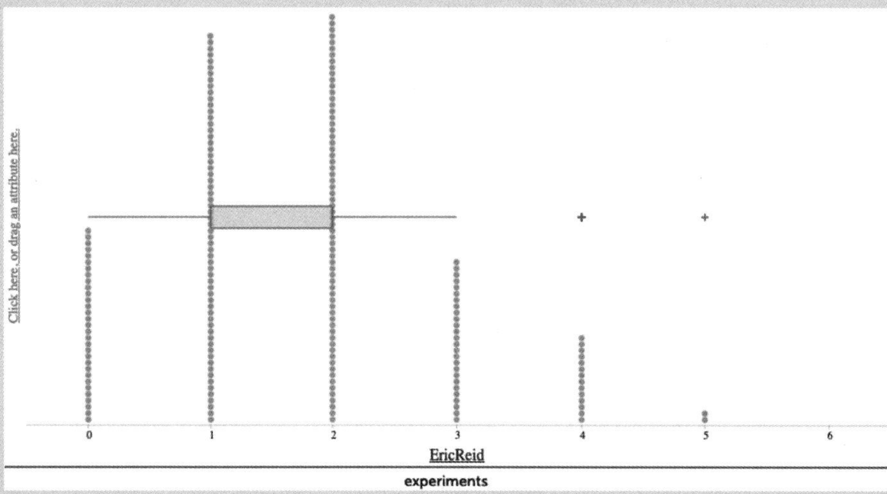

[그림 10.4] Eric Reid 시뮬레이션 결과에서 이상치를 반영한 상자그림

이 과제를 사용하려는 교사들을 위한 조언

이야기는 이 수업의 시작에서 매우 중요하다. 특히, Eric Reid의 약물 검사로 이어지는 '이야기'를 강조하는 것이 핵심이다. Colin Kaepernick의 상황은 필수적인 배경 이야기로 학생들의 몰입도와 관심을 매우 끌어올리게 된다. 학생들은 '공정성'을 매우 중요하게 여기며, Kaepernick이 불공정한 대우를 받았다는 것은 명확하다. 반면, 수업 초반에 Eric Reid가 불공정한 대우를 받았는지는 명확하지 않다. 학생들은 직관적으로 불공정하다고

느끼지만, 이러한 불공정성을 수학적으로 정의할 도구가 부족한 상태이다. 학생들은 Eric Reid의 맥락에서 공정성에 대한 의문을 해결하려는 자연스러운 동기를 통해 몰입도가 높아진다. 만약 이 이야기를 '잘 전달'할 수 있다면 하고, 이것이 익숙하지 않다면 [링크 10.4]의 Desmos 활동을 활용할 수 있다. 이 활동에는 이야기를 전하는 것이 익숙하지 않은 교사를 위해 Joel이 이 부분을 설명하는 동영상이 포함되어 있다.

🌐 [링크 10.4] 과제 시작을 위한 영상이 포함된 Eric Reid에 관한 Desmos 활동[5)]

학생들이 직접 200번의 시뮬레이션을 실행하고 결과를 종합하도록 할 수도 있다. 그러나 Joel과 Shauna는 Eric Reid 구슬의 개수를 계산하는 새로운 열을 코딩하는 과정이 때로는 학생들에게 어렵게 느껴질 수 있음을 언급하였다. 마치 학생들이 수학을 성공적으로 학습하는 데 산술적인 것이 방해가 되어서는 안 되는 것처럼, 코딩 문법 또한 장애물이 되어서는 안 된다. 이러한 이유로, 일반적으로 학생들과 함께 초기 설정을 완료한 후, 완성된 시뮬레이션을 제공하는 것이다("우리는 그냥 200번을 실행한 후, Eric Reid가 몇 번 선택되었는지를 세었어요" 이러한 방식은 학생들이 쉽게 이해할 수 있다). 마지막으로, Shauna와 Joel은 이 과제를 확장할 수 있는 두 가지 다른 방법을 제안했다. 첫 번째 방법은 학생들이 11주 동안 7번 선택되는 것이 비정상적이지 않기 위해서는 어떤 변수를 고려해야 하는지 탐색하도록 유도하는 것이다. Shauna는 다음과 같이 설명했다.

> 이 문제는 단순히 끝나는 것이 아니라 계속 확장될 수 있습니다. 우리는 무엇을 바꿔야 할까요? 이 상황이 통계적으로 유의하지 않거나 이상하지 않으려면 무엇을 조정해야 할까요? 그래서 저는 이 점이 정말 좋아요. 만약 CODAP이 없었다면 학생들이 이러한 탐구 기회를 얻기 어려웠을 것입니다.

두 번째 방법은 학생들이 조사 결과를 바탕으로 어떤 행동을 취할 수 있을지 브레인스토밍하는 활동을 포함하는 것이다. 예를 들어, 학생들에게 NFL의 CEO인 Roger Goodell에게 편지를 써서 '우연히' 일곱 번 선택된 Eric Reid의 이의 제기에 대해 지지하거나 반박하는 입장을 정리하게 할 수 있다. 이 과정에서 학생들은 시뮬레이션을 통해 얻은 이미지와 계산, 그리고 중심 경향성, 평균 절대 편차, 상자그림, 이상치에 대한 이해를 바탕으로 구체적인 증거를 제시하며 자신의 주장을 정당화해야 한다.

---

5) https://teacher.desmos.com/activitybuilder/custom/5f4569fbbfbcd734fdf9b0cb?collections=5d50d2e0dd1e3d557cc98e91

사례 3: 무작위 및 비무작위 표본에 대한 표본 통계량의 조사

이 사례는 Lauren이 만든 Desmos 활동으로, 대규모 자료 집합, 동적 표집, 동적 테이프 모델(tape diagrams)을 사용하여 비무작위 표본과 무작위 표본 간의 표본 통계량 관계를 탐구한다. Lauren은 이 과제가 학습 목표와 잘 부합하는 이유가, 학생들이 잘못 설계된 실험을 직접 경험할 수 있기 때문이라고 설명한다. 또, 학생들을 실험을 조작하는 설계자의 입장에 놓이게 함으로써, 자신의 편향이 선택과 실험 결과에 어떻게 영향을 미치는지 인식할 수 있도록 유도한다는 점에서 좋다고 평가한다. 다음은 과제에 대한 설명과 링크이다.

과제에 대한 설명

이 과제는 '같은 자료, 다른 결과'라는 제목의 Desmos 활동이다. 먼저, 학생들은 준비 활동으로 세 개의 신문 기사에서 증거로 인용된 한 과한 기사를 보고, 이 과학 기사를 기반으로 한 주장에서 무엇이 다른지에 주목하고 궁금한 점을 생각해 보도록 요청받는다. 그런 다음, 학생들에게 다음의 질문에 대한 의견을 묻는다: 마스크는 COVID-19 바이러스의 확산을 줄이는가? 학생들의 응답이 표본으로 선택되고, 통계량이 교실에 공개된다. 교실에서는 요약 화면에서 히스토그램/상자그림을 보면서 해당 통계량이 교실 전체 의견을 대표하는지 여부를 논의한다.

🌐 [링크 10.5] 같은 자료, 다른 결과에 관한 Desmos 활동[6)]

Lauren은 이 과제가 어떻게 학생들을 수학적이고 통계적인 탐구자로 자리매김하게 하는지에 대해 다음과 같이 설명한다.

> 학생들은 발견을 통해 무작위화(randomization)라는 아이디어를 접하게 됩니다. 학생들은 편향이 존재한다는 사실을 이해하는 데서 오는 어려움을 직접 경험하며, 무작위화의 필요성을 탐구하게 됩니다. 이러한 과정을 통해, 신뢰할 수 있는 결과를 도출하기 위해 실험을 설계하는 방식을 표준화하는 새로운 방법이 필요하다는 인식을 갖게 됩니다.

동적 테이프 모델을 사용하여 표집 절차를 조작하고 이를 헤드라인과 동적으로 연결하

---

6) https://teacher.desmos.com/activitybuilder/custom/6335ffc1537f156f69fd220f?lang=ko

는 것은, 학생들이 자신의 편향이 실험 결과에 미치는 영향을 탐구하는 매우 강력한 방법이다. Lauren은 이것이 학생들이 수학적 및 통계적 아이디어를 전달하는 데 중요한 지원 중의 하나라고 언급했다. 그녀는 다음과 같이 설명한다.

> 저는 공학 도구와의 상호작용을 통해 의사소통이 이루어지기를 원했습니다. 그래서 학생들이 협력하여 테이프 모델에서 어떤 변화를 주었는지 혹은 특정 효과를 얻기 위해 표본에 어떤 변화를 주었는지에 대한 주장을 구성하도록 했습니다. 그들이 동적 테이프 모델을 조작할 때, "오, 나도 이걸 시도해 보고 싶어!"라고 말하는 사람과 함께 작업해야 해요. 그리고 이처럼 정체성 형성 요소가 포함된 유형의 수업에서는, 이러한 역할과 과정에 대한 대화가 필요합니다.

Lauren은 이 과제가 학생들의 비형식적 통계적 추리에 대한 비형식적 아이디어를 발전시키는 매우 강력한 방법임을 강조하며, 다음과 같이 설명한다:

> 이 과제는 학생들이 자료 집합에서 자신을 볼 수 있게 합니다. 저는 이것이 매우 중요하다고 생각합니다. 왜냐하면 학생들을 비형식적으로 수학에 몰입하게 하고, 그들이 일어나는 일의 일부인 것처럼 느끼게 하기 때문입니다. 또, 편향이라는 단어를 사용하지 않고도 편향된 표본이 어떤 영향을 미치는지에 대한 몇 가지 가정을 할 수 있게 해줍니다. 이것은 마치 인형극을 하는 것과 비슷합니다. 학생들은 자신이 개발하고 있는 비형식적 통계적 추리를 활용하면서 무작위화의 가치를 깨닫고, 통계를 해석하는 방식에 대해 건전한 의심을 개발하는 데 도움이 됩니다.

같은 자료, 다른 결과: Lauren의 수업 계획

학습 목표

수학적 및 통계적 목표: 실험, 설문, 관찰 결과에 표집 방법이 어떻게 영향을 미치는지 이해하기; 무작위화가 잘 설계된 실험의 구성 요소인 이유를 이해하기

사회적 목표: 나와 다른 사람들에 대한 통계량이 전체 모집단을 대표하는 것은 아님을 이해하기

비판적 목표: 충분한 정보 없이 공유되는 통계량을 받아들이는 데 있어 비판적인 자세 기르기; 표집 방법이 모집단을 잘못 대표하는 것에 어떻게 사용될 수 있는지 이해하기

학생 학습의 증거(수행 목표)

- 학생들은 자료 집합 내의 분산을 설명할 수 있다.
- 학생들은 슬라이더를 사용하여 데이터세트에서 불균형적으로 표본을 추출하고 이로 인해 표본 통계량이 어떻게 변하는지 설명할 수 있다.
- 학생들은 무작위 표집과 비무작위 표집 및 표본 통계량을 비교하고 대조할 수 있다.
- 학생들은 표집 방법이 실험 결과에 어떻게 영향을 미치는지 설명할 수 있다.
- 학생들은 무작위화가 잘 설계된 실험의 구성 요소인 이유를 설명할 수 있다.

수업 지원

이 활동은 인터넷 접속이 가능한 한 대의 컴퓨터를 두 명의 학생이 함께 사용하는 것이 가장 좋다. 교사는 학생들에게 (익명으로 처리된) 다른 학생의 응답을 보여줄 수 있는 교사용 대시보드를 보여줄 수 있는 방법을 갖추어야 한다.

사전 지식

학생들은 모든 통계량이 질문을 통해 이끌어진다는 것을 이해하면서 통계적 과정에 대한 지식을 구축해갈 것이다. 학생들은 또한 통계량(예: 평균 vs. 중앙값)에 대한 개념적 이해와 절차적 유창성을 활용할 것이다.

핵심 질문

- 연구자가 선택한 표집 전략은 연구의 결론에 어떤 영향을 미칠 수 있을까? 이것은 통계에서 일반적인 것인가, 위험한 것인가?
- 무작위 표집은 항상 표본이 모집단을 대표한다고 볼 수 있는가? 왜 그렇게 생각하는가?

과제 시작

이 과제에는 선행되어야 하는 중요한 사전 활동이 포함되어 있다. 이 사전 활동에서 학생들은 과학 기사에서 발췌한 짧은 글을 읽은 후, 이 과학 기사를 참조하는 세 개의 다른 뉴스 헤드라인과 비교한다. 과학 기사의 맥락은 학교에서 COVID-19의 확산에 관한 것이다. 학생들은 화면 4와 5에서 자신의 인구 통계 자료와 "마스크 착용이 COVID-19의 확산을 줄이는가?"라는 질문에 대한 답변을 데이터베이스에 추가하며 과제를 시작한다. 학생들이 데이터베이스 내의 하나의 개별 데이터로서 과제에 참여하게 되면, 데이터베이스 외부에서 자료를 관찰하는 것과는 다른 방식으로 자료를 이해할 수 있다. 화면 6에서 학생들은 연구 참여자의 성별, 인종, 지리적 위치에 따른 특성의 분포를 살펴본다. 이를 통해 학생들은 자신이 보다 큰 데이터베이스 내의 하나의 개인이라는 점을 다시 한 번 인식하고, 데이터를 표현하는 다른 방식의 표현이 있음을 깨닫게 된다. 학생들에게 자신과 학급 친구들이 데이터베이스에 포함되어 있다고 설명하고, "모집단의 몇 %가 마스크 착용이 COVID-19의 확산을 줄인다는 것에 동의할까?"라는 질문에 답하기 위해 실험을 설계할 것임을 안내한다.

수업 진행 속도에 대한 제안

이 과제를 효과적으로 진행하기 위해 Desmos Classroom의 속도 조절 도구를 활용하는 것이 매우 중요하다. 다음의 화면은 함께 묶어서 진행하는 것을 권장한다: 1-3, 4-8, 9-11, 12. 화면 3, 8, 11에서는 잠시 멈추고 교실 전체 논의를 계획하여라. 화면 12는 전체 수업 과제 요약에서 활용하여라.

화면 3에서는 세 가지 서로 다른 헤드라인이 존재한다는 사실을 이해하려는 학생들을 찾아보자. 여기에서는 각 헤드라인이 매우 특정한 관점을 강조하고 있으며, 각각의 헤드라인은 과학 정보와 어느 정도 연결되어 있다는 점을 학생들이 인식하도록 한다. 세 가지 헤드라인의 미묘한 차이에 집중하는 학생들과, 다른 사람들이 그것을 어떻게 일반화할 수 있다고 생각하는지 탐색하도록 한다한다. 이것은 학생들이 모든 세부적인 정보를 알지 못할 때, 자신(또는 타인)이 어떤 가정을 바탕으로 생각하는지, 그리고/또는 우리가 주의를 기울이지 않을 경우 편향이 실험에서 어떤 영향을 미칠 수 있는지에 대해 탐색할 수 있는 좋은 기회가 된다. 이 단계에서는 아무것도 밝히지 않도록 주의하고, 단지 과제를 본격적으로 시작하기 전에 이러한 문제에 대해 학생들이 관심을 갖게 하는 계기가 되도록 한다.

화면 8에서는 학생들이 짝과 함께 탐구할 시간을 가진 후, 잠시 멈추고 대시보드의 학생 보기 기능을 사용하여 표본을 추출하는 과정을 시연한다(그림 10.5). 표본을 추출하는 동안 "표본을 추출할 때 무슨 일이 일어나고 있나요? 어떤 변화를 관찰할 수 있나요?"라고 질문한다. 학생들이 "통계량은 표집에 어떻게 영향을 받는가?"와 같은 질문에 대답할 수 있는 지점에 다다를 수 있기를 바란다. 특히 학생들이 종종 지니고 있는 자료에 대한 오개념에 대해 주의 깊게 살펴보아라. 오개념 중 하나는, 통계량은 변하지 않는 고정된 값이며, 표본은 한 번만 추출되므로 통계량은 변하지 않는다는 것이다. 이 활동의 목표는 학생들이 표본 추출 버튼을 클릭할 때마다 새로운 통계량이 생성되고, 새로운 통계량이 어떤 것을 표집했는지에 동적으로 연결되어 있다는 사실을 인식하고 이해하도록 하는 것이다.

이 화면에서 다루어야 할 또 다른 것은 곡선이 무엇을 나타내는지에 관한 것이다. 이 시점에서 학생들은 정규 곡선에 대해 배운 적이 없다. 따라서 학생들이 곡선의 형태, 즉 곡선의 가운데 부분은 표본을 계속해서 추출하면 대부분의 통계량들이 위치하게 되는 곳이라는 점을 이해하도록 돕는 것이 중요하다. 학생들이 이 곡선을 단순히 동의하는 사람의 수가 아니라 표집 분포로서의 곡선으로 생각하도록 지원한다. 이와 같은 논의를 위해 선택된 학생 응답 예시가 [그림 10.6]에 제시되어 있다.

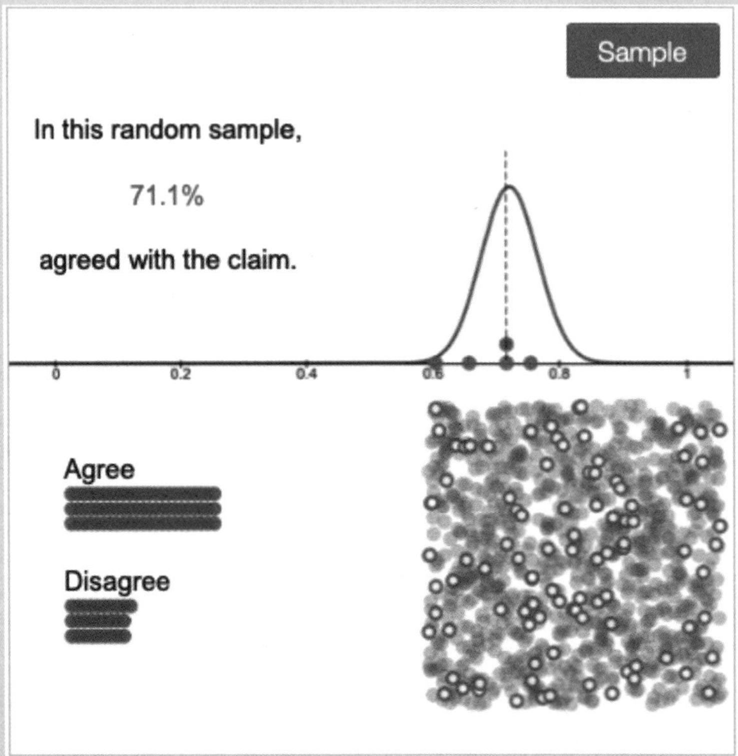

[그림 10.5] 화면 8에서 표본 추출의 시연

그래프만으로는 몇 명이 조사에 참여했는지 알 수 없다.	동의하는 사람의 비율 (%)
곡선은 동의하지 않는 사람의 수를 나타낸다	곡선은 그들이 수집한 데이터 중 일부를 백분율로 나타낸 것이다.

[그림 10.6] 곡선이 무엇을 표현하는지에 대한 학생 설명 예시

화면 11에서는 대화의 핵심이 모집단의 표집 방식을 인구통계학적 요소에 따라 변경하면 서로 다른 결과를 얻을 수 있다는 사실에 초점을 둔다. "자료를 왜곡할 수 있을까요?"라고 물어보아라. 이 질문은 학생들을 비윤리적인 상황에 놓이게 하지만, 이 활동의 목표는 자료 왜곡의 가능성과 그 영향을 인식하고, 왜 그것이 중요한지를 이해하게 하는 데 있다. 궁극적으로, 실험

을 설계하는 인간으로서 우리가 생성하는 통계량에는 의문을 제기해야 할 부분이 존재한다는 점을 깨닫게 하는 것이다. 이러한 논의를 시작하기 위해서는 학생들이 실제로 상식적인 것보다 매우 낮은 통계량이나 매우 높은 통계를 얻기 위해 만든 다양한 테이프 모델의 스크린샷을 찍어 공유하고, 다른 학생들에게 그보다 더 극단적인 값을 만들어보게 하는 것을 권장한다.

전체 수업 과제 요약

화면 12를 사용하여 전체 과제를 요약하는 활동을 진행할 것을 권장한다. 속도 조절 도구를 사용하여 화면 12에 대한 접근 권한을 학생들에게 부여하고, 무작위 표본 추출로 인해 어떤 일이 일어나고 있는지 상호작용 하면서 자유롭게 탐색해 보도록 하여라. 그런 다음 학생들에게 어떤 점에 주목하였는지, 무엇이 궁금한지 물어보아라. 특히, 학생들이 주목하는 것을 활용하여 목적을 가진 표집이 자료의 수집과 보고 과정에서 어떻게 편향을 유발할 수 있는지, 무작위 표본 추출을 사용하면 표본 통계량의 오차 한계가 훨씬 작아진다는 점을 논의하도록 대화를 이끌어라.

예를 들어, Lauren은 이 과제를 마지막으로 활용했을 때의 교사용 대시보드를 살펴보면서, [그림 10.7]에 표시된 세 가지 응답을 흥미롭게 선택하며 이를 대화에 사용할 것임을 밝혔다. 그녀는 "이 응답들에서 공통점이나 차이점을 발견한 사람이 있나요?"라고 질문할 것이다. 목표는 대화를 통해서 유사한 점을 발견하는 데 그치지 않고, 왜 특정한 특성이 일관되게 유지되는지에 대해 논의하도록 유도하는 것이다. Lauren은 다음과 같이 설명했다.

대체로 70과 비슷한 값이 나오나요?

어떤 집단이 더 많이 포함되는지에 따라 백분율은 달라질텐데, 왜 거의 70 근처에서 크게 벗어나지 않는 거죠?

무작위인 상황에서는 62%보다 백분율이 높아지는 것을 알았어요.

이러한 통계치들은 어디에서 얻어지고 있는 것인지 궁금해요.

[그림 10.7] 화면 12에서 학생들의 응답

"통계량들은 어디에서 나오는 거죠?"라고 묻는 학생의 질문을 바탕으로 설명하자면, 이것은 우리가 이전과 동일한 모집단에서 추출된 것이지만, 더 이상 표본 선택을 직접 통제하지 않습니다. 그렇다면, 무작위로 표본을 추출 할 때 통계량에는 어떤 일이 발생할까요?

또, Lauren은 학생들에게 우리가 정보를 전달할 때, 공동체로서 통계를 수행하는 방식이 왜 중요한지에 대해 생각해 보도록 유도하고 싶다고 하였다.

이 과제를 사용하려는 교사들을 위한 조언

이 과제를 사용하려는 교사들을 위한 조언이 있는지 묻자, Lauren은 이 과제가 학생들을 다양한 입장에 놓이게 한다는 것에 주목하였다. 학생들은 단순히 통계적인 작업을 수행하는 입장에 있을 뿐만 아니라, 비윤리적인 방식으로 통계를 다루는 입장에도 놓이게 된다. 이를 염두에 두고, Lauren은 다음과 같이 말했다.

> 이 과제를 활용하려는 교사들에게 드리고 싶은 조언 중 하나는, 학생들을 문제 상황에서 통계학자이자 실험 설계자의 입장에 놓이게 하는 것의 가치를 인식하는 것입니다. 이러한 접근 방식은 학생들에게 큰 혼란을 주며, 잘 설계된 실험을 만들어 보도록 요청하는 것과는 전혀 다른 방식으로 건전한 의심에 대한 필요성을 지원합니다. 이것은 완전히 다른 것입니다. 그러니 학생들이 통제할 수 있다는 느낌을 갖도록 하는 것을 두려워하지 마세요. 우리는 통계가 때때로 해롭게 활용될 수 있다는 것을 알고 있습니다. 따라서 안전한 환경에서 학생들을 실제로 그러한 조작을 수행해 보는 입장에 놓음으로써 이러한 수행이 어떻게 옳지 않은 방식으로 활용될 수 있는지에 대해 직접 경험하게 할 수 있습니다. 우리는 학생들이 세상에 나가서 실제로 통계를 수행하면서, 그 과정에서 어떤 잘못된 일이 발생할 수 있는지를 경험하게 되는 것을 원하지 않습니다. 그래서 저는 교사들에게 이러한 공간을 유지하고, 학생들이 상호작용을 통해 실제로 수행하고 몰입할 수 있도록 하며, 통제 속에서 나타나는 힘의 균형에 대해 진지한 대화를 나눌 수 있도록 하기를 진심으로 권장합니다. 열린 마음으로 이를 받아들여보기 바랍니다.

이 과제에서 중요한 또 하나의 측면은 학생들이 자신이 학습한 내용을 스스로 반성하는 것이다. Lauren은 다음에 이 과제를 활용할 때, 학생들이 잘못 설계된 실험에서 표본의 일부로서 어떤 것을 느꼈는지 생각해 보도록 하는 추가적인 반성 질문을 포함할 계획임을 밝혔다. 또, 학생들이 통계량을 통제할 수 있는 입장에 있었을 때 어떤 느낌이 들었는지, 그리고 그것이 왜 중요한지에 대해 질문할 것임을 밝혔다.

이 책의 모든 공학 도구를 활용한 과제와 보충 영상 링크는 https://www.tlmtresearch.com/teachingmathtechbook에서 확인할 수 있다.

참고문헌

Amador, J.M., Glassmeyer, D., & Brakoniecki, A. (2020). Noticing before responding. *Mathematics Teacher: Learning and Teaching PK-12, 113*(4), 310–316. [https://doi.org/10.5951/mtlt.2019.0145]

Belnap, J.K., & Parrot, A. (2020). Putting technology in its place. *Mathematics Teacher: Learning and Teaching PK-12, 113*(2), 140–146. [https://doi.org/10.5951/ MTLT.2019.0073]

Bonner, E.P. (2021). Practicing culturally responsive mathematics teaching. *Mathematics Teacher: Learning and Teaching PK–12, 114*(1), 6–15. [https://doi.org/10.5951/MTLT.2020.0119]

Boston, M., Dillon, F., Smith, M.S., & Miller, S. (2017). *Taking action: Implementing effective mathematics teaching practices in grades 9–12.* National Council of Teachers of Mathematics.

Carpenter, T.P., & Lehrer, R. (1999). Teaching and learning mathematics with understanding. In E. Fennema & T.R. Romberg (Eds.), *Mathematics classrooms that promote understanding* (pp. 19–32). Erlbaum.

Cohen, D.K., Raudenbush, S.W., & Ball, D.L. (2003). Resources, instruction, and research. *Educational Evaluation and Policy Analysis, 25*(2), 119–142. [https://doi.org/10.3102/01623737025002119]

DePeau, E.A., & Kalder, R.S. (2010). Using dynamic technology to present concepts through multiple representations. *Mathematics Teacher, 104*(4), 268–273. [https://doi.org/10.5951/MT.104.4.0268]

Desmos. (2016). The desmos guide to building great (Digital) math activities. Retrieved from: https://blog.desmos.com/articles/the-desmosguide-to-building-great-digital-math/

Dick, L., Lovett, J., McCulloch, A., Bailey, N.G., Yalmen Ozen, D., & Cayton, C. (2022). Preservice teacher noticing of students' mathematical thinking in a technology-mediated learning environment. *Submitted to Journal of Mathematics Teacher Education, 29*(3), 129–142. [https://doi.org/10.1564/ tme_v29.3.02]

Dick, L.K., McCulloch, A.W., & Lovett, J.N. (2021). When students use technology tools, what are you noticing? *Mathematics Teacher: Learning and Teaching PK-12, 114*(4), 272–283. [https://doi.org/10.5951/mtlt.2020.0285]

Dick, T.P., & Hollebrands, K.F. (2011). *Focus in high mathematics: Technology to support reasoning and sense making*. National Council of Teachers of Mathematics.

Doerr, H.M., & Zangor, R. (2000). Creating meaning for and with the graphing calculator. *Educational Studies in Mathematics, 41*(2), 143-163. [https://doi.org/10.1023/A:1003905929557]

Jackson, K.J., Shahan, E.C., Gibbons, L.K., & Cobb, P.A. (2012). Launching complex tasks. *Mathematics Teaching in the Middle School, 18*(1), 24-29. [https://doi.org/10.5951/mathteacmiddscho.18.1.0024]

Jacobs, V.R., Lamb, L.L.C., & Philipp, R.A. (2010). Professional noticing of children's mathematical thinking. *Journal for Research in Mathematics Education, 41*(2), 169-202. [https://doi.org/10.5951/jresematheduc.41.2.0169]

Kenney, R.H. (2014). Investigating a link between precalculus students' use of graphing calculators and their understanding of mathematical symbols. *International Journal for Technology in Mathematics Education, 21*(4), 157-166.

Lappen, G., Fey, J.T., Fitzgerald, W.M., Friel, S.N., & Phillips, E.D. (2009). *Connected mathematics project 2*. Pearson.

McCulloch, A., Lee, H., & Hollebrands, K. (2015). *Preparing to teach mathematics with technology: An integrated approach to algebra*. NC State University.

McCulloch, A.W., Kenney, R.H., & Keene, K.A., (2012). My answers don't math!: Using the graphing calculator to check. *Mathematics Teacher, 105*(6), 464-468. [https://doi.org/10.5951/mathteacher.105.6.0464]

Moynihan, F., Bejarano, L., & Meyer, D. (2021, February). The Desmos guide to building great (Digital) math activities v2.0. Retrieved from: https://blog.desmos.com/articles/desmos-guide-to-building-greatdigital-math-2021/

National Council of Teachers of Mathematics. (2014). *Principles to actions: Ensuring mathematics success for all*. Authors.

National Governors Association Center for Best Practices & Council of ChiefState School Officers. (2010). *Common core state standards for mathematics*. Authors.

Papert, S. (1993). *The children's machine: Rethinking school in the age of the computer*. Basic Books.

Pea, R.D. (1985). Beyond amplification: Using the computer to reorganize mental functioning. *Educational psychologist, 20*(4), 167-182. [https://doi.org/10.1207/s15326985ep004_2]

Quesada, A.R., & Maxwell, M.E. (1994). The effects of using graphing calculators to enhance college students' performance in precalculus. *Educational Studies in Mathematics, 27*(2), 205–215. [https://doi.org/10.1007/BF01278922]

Raman, M., & Weber, K. (2006). Key ideas and insights in the context of three high school geometry proofs. *Mathematics Teacher, 99*(9), 644–649. [https://doi.org/10.5951/MT.99.9.0644]

Ray-Riek, M. (2013). *Powerful problem solving: Activities for sense making with the mathematical practices*. Heinemann.

Resnick, M. (2016, August). Designing for wide walls. Design.blog. Retrieved from https://mres.medium.com/designing-for-wide-walls-323bdb4e7277

Resnick, M., & Silverman, B. (2005, June). Some reflections on designing construction kits for kids. In *Proceedings of the 2005 Conference on Interaction Design and Children* (pp. 117–122). Association for Comuting Machinery, Inc.

Sinclair, M.P. (2003). Some implications of the results of a case study for the design of pre-constructed, dynamic geometry sketches and accompanying materials. *Educational Studies in Mathematics, 52*(3), 289–317. [https://doi.org/10.1023/A:1024305603330]

Smith, M., Steele, M.D., & Sherin, M.G. (2020). *The 5 practices in practice: Successfully orchestrating mathematical discussions in your high school classroom*. National Council of Teachers of Mathematics.

Smith, M.S., & Stein, M.K. (2011). *Five practices for orchestrating productive mathematics discussions*. National Council of Teachers of Mathematics.

Su, F. (2020). *Mathematics for human flourishing*. Yale University Press.

Suh, J., Roscioli, K., Morrow-Leong, K., & Tate, H. (2022) Transformative technology for equity-centered instruction. *Proceedings of the Society for Information Technology & Teacher Education International Conference* (pp. 1392–1400). Association for the Advancement of Computing in Education (AACE).

Thomas, J., Eisenhardt, S., Fisher, M.H., Schack, E.O., Tassell, J., & Yoder, M. (2015). Professional noticing: Developing responsive mathematics teaching. *Teaching Children Mathematics, 21*(5), 294–303. [https://doi. org/10.5951/teacchilmath.21.5.0294]

Underwood, J.S., Hoadley, C., Lee, H.S., Hollebrands, K.F., DiGiano, C., & Renninger, K. (2005). IDEA: Identifying design principles in educational applets. *Educational Technology Research and Development, 53*(2), 99–112. [https://doi.org/10.1007/BF02504868]

Wilson, P.H., Webb, J., Kolb, J., & Wallis, C. (n.d.). The zip line task, Project Lead.

찾아보기

공학 도구로 수학 탐구하기

Exploring Math with Technology Practices for Secondary Math Teachers

지은이 Allison W. McCulloch · Jennifer N. Lovett
옮긴이 임해미 · 박진형 · 신동조 · 조진우 · 이지연
펴낸이 조경희
펴낸곳 경문사
펴낸날 2025년 8월 30일 1판 1쇄
등 록 1979년 11월 9일 제1979-000023호
주 소 04057, 서울특별시 마포구 와우산로 174
전 화 (02)332-2004 팩스 (02)336-5193
이메일 kyungmoon@kyungmoon.com

값 25,000원

ISBN 979-11-6073-786-8